国家社会科学基金项目·管理学系列丛书

中国北方缺水城市污水再生利用管理对策研究

刘晓君 郭振宇 司渭滨 付汉良 等 著

国家社会科学基金项目"西部干旱缺水地区城镇化背景下分散式
污水资源化管理对策研究"（课题编号：12BGL083）
教育部人文社会科学研究基金项目"支撑我国西北地区经济可持续
发展的水环境承载力研究"（课题编号：11YA790090）
陕西省社会科学基金项目"基于丝绸之路经济带建设的水资源
承载力研究——以陕西省为例"（课题编号：13SC007）
西安市科技局软科学项目"西安市中水回用调查与对策研究"
［课题编号：SF1505（5）］

资助

U0313205

科学出版社
北 京

内 容 简 介

污水的再生利用具有资源循环利用和环境质量改善的双重属性，对于解决我国城市水资源短缺和水环境污染而言，其蕴藏着巨大潜力，但实际污水再生利用率仍远低于规划目标。在国家社会科学基金项目、教育部人文社会科学研究基金项目、陕西省社会科学基金项目及西安市科技局软科学项目的资助下，西安建筑科技大学研究团队对中国北方缺水城市污水再生利用管理对策进行系统的研究，本书系统介绍该方面的研究成果。本书主要包括干旱缺水地区城市污水再生利用对提高水资源和水环境承载力的贡献、再生水利用模式、再生水阶梯水价制定、再生水需求预测、再生水项目综合评价、再生水厂市场化融资模式等。

本书可作为高等院校科研人员和污水再生利用领域相关技术人员的参考用书，也可作为工程与经济管理等相关专业研究生的参考用书，还可作为政府单位相关职能部门的参考用书。

图书在版编目（CIP）数据

中国北方缺水城市污水再生利用管理对策研究 / 刘晓君等著. —北京：科学出版社，2016

ISBN 978-7-03-049148-0

Ⅰ. ①中… Ⅱ. ①刘… Ⅲ. ①城市污水-废水综合利用-研究-华北地区 Ⅳ. ①X799.303

中国版本图书馆 CIP 数据核字（2016）第 143566 号

责任编辑：徐 倩 / 责任校对：张凤琴
责任印制：徐晓晨 / 封面设计：蓝正设计

科学出版社 出版

北京东黄城根北街 16 号

邮政编码：100717

http://www.sciencep.com

北京京华虎彩印刷有限公司 印刷

科学出版社发行 各地新华书店经销

*

2016 年 6 月第 一 版 开本：720×1000 1/16
2016 年 6 月第一次印刷 印张：16 1/4
字数：320 000

定价：98.00 元

（如有印装质量问题，我社负责调换）

前　　言

　　水资源紧缺是世界性问题，我国的水资源不足尤为突出，加之日益严重的水环境污染，使我国水资源的紧张局势进一步加剧，水资源问题已成为我国经济和社会可持续发展的主要瓶颈。污水的再生利用具有资源循环利用和环境质量改善的双重属性，对于解决我国城市水资源短缺和水环境污染来说，其蕴藏着巨大潜力，但实际污水再生利用率仍远低于规划目标。

　　在国家社会科学基金项目"西部干旱缺水地区城镇化背景下分散式污水资源化管理对策研究"（课题编号：12BGL083）、教育部人文社会科学研究基金项目"支撑我国西北地区经济可持续发展的水环境承载力研究"（课题编号：11YA790090）、陕西省社会科学基金项目"基于丝绸之路经济带建设的水资源承载力研究——以陕西省为例"（课题编号：13SC007）及西安市科技局软科学项目"西安市中水回用调查与对策研究"［课题编号：SF1505（5）］的资助下，首先，运用西安市的数据对污水再生利用对提高水资源和水环境承载力的贡献进行实证研究；其次，在此基础上从我国实际污水再生利用率偏低这一事实出发，深入查找根本原因，寻找出主要制约因素，对北方缺水城市再生水利用中的障碍进行系统分析；最后，针对制约因素，以提高再生水利用率为目标，从再生水利用模式、再生水价格制定、再生水需求预测、再生水项目综合效益评价、再生水厂市场化融资模式等方面提出适合我国国情的污水再生利用对策。主要内容如下。

　　（1）实证分析污水再生利用对我国北方缺水城市水资源承载力提升的作用。选取西安市作为我国北方缺水地区的典型城市，将该系统划分为社会、经济、水资源与水环境四个子系统，建立水资源承载力系统动力学模型，探讨再生水回用于各方向的可行性，预测污水资源化对水资源承载力的贡献并优选发展策略。

　　（2）分析我国污水再生利用率低下的根本原因。针对我国北方缺水城市再生水利用存在的两个明显反差，即污水再生利用规划目标高而实际建成产能力低，污水再生利用生产能力高而实际回用率低，分析我国水资源紧缺的实际情况和污水再生利用的必要性与紧迫性，以及污水再生利用存在的实际困难和障碍。

　　（3）提出用于景观环境补水的再生水利用模式。为尽可能简化和回避再生管网建设，提出再生水集中生产后直接用于景观环境的利用模式，即由城市污水

（municipal wastewater）处理直接生产可以满足城市杂用水质要求的再生水，通过简单的管道直接送入城市人工或者天然湿地、河流、湖泊等景观水体，作为城市生态用水和城市绿化、道路浇洒等杂用水水源。同时，以渭河为例，论证污水再生利用不仅是我国北方地区河流治理污染的必要条件，而且是保障枯水期河道生态基流的重要措施；以西安浐灞生态区为例，论证污水再生利用对未来的城市生态建设具有重要意义。

（4）建立再生水阶梯定价模型。针对北方缺水城市自来水价格及水资源费较低，而再生水的制水成本相对偏高，制定合理的再生水价格是比较困难的事实，在合理划分再生水服务市场的前提下，提出充分发挥阶梯水价调节作用的再生水定价思路和定价模型，并结合西安市实际对再生水的阶梯水量和水价进行测算。

（5）提出污水再生利用项目综合评价（comprehensive evaluation）方法。针对再生水项目评价方法不完善影响决策科学性，并最终影响水资源可持续利用的实现问题。提出与经济效果、技术效果、环境效果和社会效果相统一的污水再生利用项目综合评价方法。

（6）提出污水再生利用设施建设–经营–转让（build-operate-transfer，BOT）融资模式的改进建议。针对再生水生产具有一次性投资大、需要专业化技术管理的特点，研究我国广泛使用的再生水市场化 BOT 融资模式（方式）中存在的水量水质设计、投资方案比较与评估、成本核算、折旧移交等问题，提出相应的科学实用的解决方法，以规避和预防因为信息不对称而导致的商业陷阱，为城市污水再生利用 BOT 模式的市场化健康发展提供科学依据。

目　录

第1章　绪论 …………………………………………………………………… 1

1.1　中国水资源特点及问题分析 ……………………………………… 1

1.2　污水再生利用的必然性分析 ……………………………………… 4

1.3　中国再生水利用"两大反差"的现状分析 ……………………… 5

第2章　城市污水再生利用现状分析 ………………………………………… 8

2.1　城市污水再生利用概述 …………………………………………… 8

2.2　国内外污水再生利用的发展状况 ………………………………… 16

2.3　城市污水再生利用与管理对策研究动态 ………………………… 19

2.4　本书内容结构 ……………………………………………………… 29

第3章　污水再生利用对水资源和水环境承载力贡献研究 ………………… 30

3.1　水资源承载力的概念 ……………………………………………… 30

3.2　水资源承载力系统分析 …………………………………………… 31

3.3　水资源承载力系统动力学模型构建 ……………………………… 35

3.4　西安市水资源概况 ………………………………………………… 48

3.5　西安市水资源承载力系统动力学模型参数的确定 ……………… 63

3.6　西安市污水再生利用提高水资源承载效果模拟研究 …………… 68

3.7　污水再生利用对改善中国北方城市生态环境的贡献研究 ……… 89

第4章　中国北方缺水城市污水再生利用的障碍分析 ……………………… 95

4.1　集中式污水再生利用障碍RCA分析 ……………………………… 95

4.2　分散式再生水回用障碍的RCA分析 ……………………………… 107

第5章　污水再生利用模式研究 …………………………………………… 112

5.1　中国污水再生利用政策分析 ……………………………………… 112

5.2　模式之一：集中处理直接用于环境的模式研究 ………………… 115

5.3　模式之二：分散自循环利用模式 ………………………………… 119

5.4　模式之三：用水大户就近回用或自行处理利用模式 …………… 124

第6章　中国北方缺水城市再生水定价研究 ……………………………… 128

6.1　再生水定价的理论基础 …………………………………………… 128

6.2 再生水资源价值模型分析 ·· 131
6.3 再生水阶梯定价分析 ··· 134
6.4 再生水阶梯定价模型建立 ·· 137
6.5 西安市再生水定价实证分析 ··· 143
第7章 中国北方缺水城市再生水需求预测研究 ···························· 154
7.1 再生水和自来水的质量差异成本与消费者最优行为分析 ············ 154
7.2 再生水用户分析 ··· 163
7.3 再生水项目的需求预测 ·· 168
第8章 污水再生利用项目评价研究 ····································· 179
8.1 污水再生利用项目综合效益分析 ····································· 179
8.2 分散式污水处理回用项目综合评价指标体系的构建 ·················· 191
8.3 污水再生利用项目的综合评价模型 ··································· 198
8.4 实证分析 ·· 204
第9章 污水再生利用项目 BOT 融资模式问题与对策 ····················· 213
9.1 BOT 方式在城市污水资源化领域的适用性分析 ······················ 213
9.2 BOT 方式在城市污水资源化设施应用中的风险管理 ·················· 219
9.3 BOT 方式中的政府监管 ·· 226
9.4 城市污水和再生水处理工程 BOT 模式中的问题与对策研究 ··········· 234
参考文献 ···245

第 1 章　绪　　论

水是万物生命赖以生存、社会经济可持续发展所必不可少并无可替代的重要自然资源[1]。世界水资源总量为 14 亿立方千米，其中淡水仅占 3.5%，储量为 49 亿立方米[2]，并且绝大部分蕴藏在南极冰原和北极冰山中，可供人类生产、生活利用的地表淡水储量仅为 25 亿立方米[3]。进入 21 世纪以来，随着经济的发展和人口的增长，世界淡水资源日渐短缺，污染日益严重，地球的生态平衡系统遭到破坏，严重威胁着人类的生存和发展，许多国家陷入缺水困境。

1.1　中国水资源特点及问题分析

1.1.1　中国水资源特点

我国的水资源特点可以概括为以下几点。

（1）总量大，人均水资源占有量少。

我国的淡水资源总量为 2.8 万亿立方米，居世界第六位，但是人均占有量仅为 2 240 立方米，约为世界人均水平的四分之一[4]，排名为第 121 位（据联合国可持续发展委员会等组织在 1997 年对全世界 153 个国家和地区所做的统计）。

（2）降水年内年际变化大。

降水时间分配呈现明显的雨热同期，夏秋多、冬春少。降水量越少的地区，年内集中程度越高。北方汛期 4 个月径流量占年径流量的比例一般在 60%~80%，南方汛期 4 个月径流量占全年的 50%~60%，易形成春旱夏涝。

（3）水资源与人口、耕地分布不匹配。

我国水资源受季风气候的影响，基本上是南多北少、东多西少，山区多、平原少。全国年降水量的分布由东南的超过 3 000 毫米向西北递减至少于 50 毫米。长江及其以南地区（包括长江流域片、珠江流域片、浙闽台诸河片、西南诸河片）占全国总面积的 36.5%，却拥有全国 80.9% 的水资源量。其余 63.5% 的国土面积只有 19.1% 的水资源量。其中，在黄河、淮河、海河 3 个流域中，耕地占 35%，人口占 35%，国内生产总值（GDP）占 32%，水资源量却仅占全国的 7%，人均水资源量仅为 457 立方米，是我国水资源最紧缺的地区。

（4）水环境形势严峻。

2014 年年底，环保部公布的《2013 中国环境状况公报》中指出，2013 年，长江、黄河、珠江、松花江、淮河、海河、辽河、浙闽片河流、西北诸河和西南诸河十大流域的国控断面中，Ⅰ~Ⅲ类、Ⅳ~Ⅴ类和劣Ⅴ类水质断面比例分别为71.7%、19.3%和9.0%。全国水源地安全状况也已经受到威胁。

（5）北方地区水资源呈减少趋势。

受全球气候变暖影响，近 20 年来我国北方地区水资源量减少明显，其中黄河、淮河、海河和辽河区地表水资源量减少 17%，水资源总量减少 12%；海河区地表水资源量减少 41%，水资源总量减少 25%。

我国的水资源特点反映出，我国总体上是一个干旱缺水的国家，同时也是世界水污染情况最严重的国家之一，而水污染又加剧了我国的水资源不足。

1.1.2   中国北方缺水城市水资源特点

我国北方缺水城市，尤其是处于黄河上游流域的西北地区城市的水资源极其贫乏，很多城市年降雨量小于 400 毫米，随着城市化进程的推进和人民生活水平的日益提高，城市需水总量不断提高，城市缺水状况不断加剧，部分城市居民生活和工业用水只能依靠地下水开采。随着各行业用水需求量的增加，有些城市地下水的开采量已占到可开采量的 90%以上，局部地区已大幅度超过可开采量，造成大面积地下水位降低，加剧了地面沉降、地裂缝等环境地质问题的发生。用水量的增加带来污水排放量的增加，使城市周边地区水体污染严重，生态环境更加脆弱。在全国缺水城市中，2007 年时已有 90%以上的城市水域受到污染，约 50%的重点城镇集中饮用水水源不符合取水标准[5]。

以地处西北的西安市为例，人均水资源的占有量仅有 314 立方米，远远低于全国人均 2 240 立方米和陕西省人均 1 133 立方米的水平，也远低于地区经济和社会发展所必需的人均 1 000 立方米的临界值，属于极度缺水城市。随着新丝绸之路经济带建设规划和关中-天水经济区发展规划的实施，城市规模不断扩大，人口总量和城镇人口迅速增加，城市用水量日益增长，自来水供需矛盾将更加突出。与此同时，用水量的增加导致污水的大量产生，水污染问题随之而来，水资源与水环境的双重问题将严重影响社会经济的可持续发展。

1.1.3 中国水资源战略

我国的水资源战略可以简单概括为"总量控制、优化配置、高效利用"12 字方针。

1）总量控制

总量控制包括控制开发利用的水资源总量、排放进入水环境的污染物总量、各类水资源储存形态的合理比例和总量等。到 2030 年，全国水资源开发利用总量控制在 7 000 亿立方米以内。

2）优化配置

根据我国水资源时空分布的特点进行适当的区域调水和配置，以解决资源与需求在时空上的矛盾，为社会经济发展和人民生活水平提高提供支撑。到 2030 年之前实现南水北调的东线和中线方案。

3）高效利用

我国的水资源效率相对较低，工业、农业、生活等各个方面节水潜力非常大，节水方式包括水资源利用领域的技术进步实现、污水再生利用、水循环等，通过提高水资源的利用效率，以解决水资源供求之间的矛盾。到 2030 年，万元 GDP 水耗和万元工业增加值耗水量分别降到 70 立方米和 40 立方米。

1.1.4 中国水资源利用的问题

我国水资源利用方面的问题可以概括为以下几点。

（1）我国地域幅员辽阔，南北差异巨大，水资源与经济社会人口的布局极不协调，导致全国旱涝灾害年年发生。

（2）技术水平及经济管理等导致水资源利用率低下，浪费严重。占我国用水份额最大的农业灌溉领域，其水有效利用系数不足 0.5，同时工业综合耗水指标亦是发达国家的数倍之多，以上两点共同反映了技术与管理水平的差距。而生活用水指标则远远低于工业化国家的水平，反映了生活水平的差距[6]。

（3）水环境污染严重，湖泊富营养化及萎缩严重，加剧了可利用水资源的不足，已经严重影响到人们的生产和生活[7]。

（4）城市化发展迅速，再生回用率低下，缺水城市增多，导致每年经济损失在 2 000 亿元以上。国家"十一五"规划指出，北方城市污水资源化回用率平均达到 20%，"十一五"规划末实际完成再生水的生产能力仅占当年处理污水总量的 10%。

（5）水资源价格及收费不尽合理，发挥不了应有的杠杆作用。绝大部分仍然以支付直接运行费为原则，很少考虑回收成本、合理回报及企业发展。尤其是管网建设基本上采用投资、维护及更新全部由政府财政支付的办法。

可见，我国所面临的水资源短缺与水环境污染双重压力，已成为制约我国经济和社会可持续发展的瓶颈，而污水资源的再生利用具有提供水源和减轻污染的双重作用，对缓解水资源短缺、减轻水环境污染蕴藏着巨大的潜力，也为满足国家水资源可持续利用提供有力保障[8]。

1.2　污水再生利用的必然性分析

1.2.1　水是可再生资源

地球上的淡水存在两大循环，即大循环和小循环。大循环是指海水被蒸发后，部分被输送到陆地，与陆地的水蒸气一同遇冷凝结形成降雨，部分再度蒸发，部分以地表和地下径流的形式回归大海的过程。小循环特指陆地水蒸发与海洋蒸发的水汽一同遇冷形成降水再度被蒸发的过程。水的大小循环是人类及地球陆地一切生命体淡水来源的根本补给方式。

水循环理论告诉我们，水是可再生资源。在很多情况下，水仅仅是一种载体和介质。它可以通过各种方法再生和净化。我们所使用的一切干净的自然界的水，其实是污染水再生的结果。再生和净化使淡水资源永续不绝。因此，当自然净化能力不足时，就需要通过人工净化补充。

1.2.2　污水再生利用是解决水污染的重要途径

我国北方河流大多处于季风区，河流以降雨补给为主，在年内年际间具有不均匀性和波动性。在枯水季节河道来水减少，经济生活用水反增，导致大多数河道缺水甚至干涸，严重影响河流水生态和河流水质。河流水量的减少降低了河流稀释自净能力，在排污量不减少的情况下，河流水质变差，污染加重。为了保障河流水质，污水再生利用是减少污染负荷的最好方法之一。其优点是减少排污，增加水供给，减少河道取水，提升河流纳污能力。所以，污水再生利用是解决我国北方地区河流污染的重要途径。

1.2.3　再生水是满足城市生态需水的主要水源

努力改善城乡生态环境，践行科学发展观，是生态文明的具体体现。在提升和改善城市生态环境的过程中，大力发展城市林地、公共绿地、城市湿地都涉及对水的需求和对水的消耗。不断发展的工业、不断改善的生活、不断提升的环境都对水资源提出了更高要求。因此，把工业、生活等排放的废水和污水，收集起来，再生处理，达到回用要求，重新回归自然，是再生水回用的目标。

综上所述，从我国水资源条件和水资源战略看，节约水资源、提高水资源利用率、以循环经济理念发展污水资源化产业，不断提高再生水利用水平，将是我国今后一个时期水资源领域的重要方向和趋势。污水再生利用与远距离调水、海水淡化、雨水收集利用等方式比较，无论从可靠性、技术可实现性、经济性上看，都具有明显的优势。因此，无论从经济发展的需求，还是从环境保护的要求，还是从水资源供给的角度看，通过再生水资源化来解决与日俱增的水资源缺乏是我国的必然选择。

1.3 中国再生水利用"两大反差"的现状分析

据国家建设部和科技部 2006 年联合颁布的《城市污水再生利用技术政策》中2.2 条规定：2010 年北方缺水城市的再生水直接利用率达到城市污水排放量的10%～15%，南方沿海缺水城市达到 5%～10%；2015 年北方地区缺水城市达到20%～25%，南方沿海缺水城市达到 10%～15%，其他地区城市也应开展此项工作，并逐年提高利用率。

《"十一五"全国城镇污水处理及再生利用设施建设规划》要求：到 2010年全国北方 14 个重点省份的再生水生产利用率要达到 20%，全国新增 680 万立方米的再生水能力，相当再提高 7%（日处理 680 万立方米约相当年增加 20 亿立方米的再生水生产能力，占规划年处理污水总量（约 300 亿立方米）的 7%左右。

环境保护部、国家发展和改革委员会、水利部、住房和城乡建设部以环发〔2008〕15 号文印发的《淮河、海河、辽河、巢湖、滇池、黄河中上游等重点流域水污染防治规划(2006—2010 年)》的《黄河中上游流域水污染防治规划(2006—2010 年)》要求："西安市、太原市的城市污水再生利用率要达到污水处理量的 40%以上，西宁、兰州、银川、包头、呼和浩特、天水、宝鸡、咸阳、渭南 9 个城市污水再生利用率要达到污水处理量的 30%以上，其他省辖市污水再生利用率要达到污水处理量的 20%以上。"

西安市政府通过的《西安市城市污水再生利用规划》(2008—2020 年)也提出"在 2010 年，使城市污水再生利用率达到 30%，管网普及率达到 60%。远期2020 年，城市污水再生利用率达到 36%，管网普及率达到 80%。"

但是，根据住房和城乡建设部《中国城镇排水与污水处理状况公报（2006—2010）》（图1-1），2010年全国再生水生产能力约为1 200万米³/日，年生产能力约33.7亿立方米，再生水生产能力只占当年污水处理量的10%。

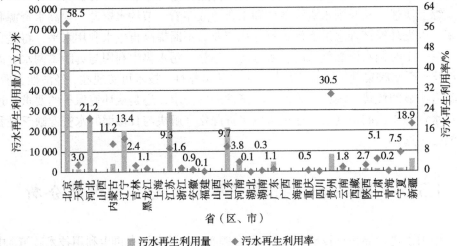

图1-1　我国污水再生利用量和利用率统计

根据西安市的统计数据，截至2014年年底，西安市污水再生利用率仅为15.02%。

由此可见，我国再生水的生产能力与规划要求有相当大的差距。

另外，根据2004年和2005年的调查数据，天津纪庄子再生水厂MF（microfilter）（微滤）生产线的设计能力为20 000米³/日，但正常日产水量仅3 000立方米左右，最大日产水量约6 000立方米；北京六水厂生产能力为17万立方米/日，但日常供水量不到20 000立方米[9]。

西安2010年再生水的日生产能力为16万吨，再生水的实际生产量仅3.3万米³/日，实际生产率只是生产能力的20%左右[10]。

青岛海泊污水处理厂的深度处理设施，由于建成后管网不配套，1999年建成后至今未用[11]。

分散式再生水回用设施的利用率更低。对北京13家分散式再生水生产设施调查发现，除两家能达到满负荷运行外，其余设施的利用率仅为60%左右[12,13]。

上述资料分析表明，我国污水再生利用领域存在两个巨大反差：一是规划的再生水回用目标值高而再生水生产能力低，即再生水回用的规划目标值与再生水生产能力之间存在较大的差距；二是再生水生产能力与再生水实际生产量之间存在较大的差距，即已经投入运行的再生水设施，大多数的实际生产量远远低于设计能力。

　　高的再生水规划目标反映了我国水资源不足的现实和再生水回用的紧迫性，而再生水生产能力与规划目标，以及再生水实际回用量与再生水生产能力之间的差距，说明我国再生水回用存在一定的障碍和困难。

　　再生水的回用率能否提高，再生水规划目标能否实现，在很大程度上取决于能否解决好再生水回用的制约问题。

　　本书正是从我国再生水回用领域存在上述两个明显反差这一实际出发，实证分析污水再生利用对提高水资源承载力的贡献，探寻再生水回用率低下的主要障碍，并通过分析、实例剖析与总结，针对我国污水再生利用的实际，提出适合我国国情可实现的再生水回用模式和经济管理举措，以推进我国再生水回用事业发展。

第2章 城市污水再生利用现状分析

2.1 城市污水再生利用概述

2.1.1 再生水及其内涵

1. 城市污水

我国《城市污水再生利用分类》(GB/T18919—2002) 中对城市污水的定义是："设市城市和建制镇排入城市污水系统的污水的统称。在河流制排水系统中，还包括生产废水和截流的雨水。"

2. 再生水

根据中华人民共和国国家质量监督检验检疫总局发布的国家标准《城市污水再生利用工业用水水质标准》(GB/T19923—2005) 中对再生水 (reclaimed water, recycled water) 的定义是 "污水经适当再生水工艺处理后，达到一定的水质标准，满足某使用功能要求，可以进行有益使用的水"。美国环境保护局 (US Environmental Protection Agency, USEPA) 制定的《污水再生利用指南》对再生水的定义为 "市政污水通过各种处理工艺使其满足特定的水质标准，可以被有益利用的水"。

再生水的定义说明，再生水的本质是受到污染被废弃、经过一定的工程措施重新恢复一定使用功能的水。所谓污染的水，本质是一些非水物质进入水中，影响了水的品质和使用功能。再生就是去除进入水中的非水物质，使水重新恢复功能的过程。由于再生水利用的领域和使用功能不同，再生水的处理程度、工程措施和水质标准也不同。

再生水水质介于自来水（上水）与排入管道内的污水（下水）之间，也称其为中水，所以再生水与中水的概念和内涵具有一致性。

3. 再生水资源

再生水是为解决水资源的稀缺、减轻水环境污染而开发的第二水源，能够满足人对水的需求和对水环境改善的愿望。在水资源缺乏日益严重的背景下，作为水资源在一定范围内的替代品，再生水也是紧缺的，具有稀缺性，因而再生水就具有了经济、社会和环境价值。再生水资源就是对可以替代新鲜水（fresh water）的不同类型再生水和不同用途再生水的统称。由于再生水的原水不同，为达到一定的水质标准所采取的再生水生产方式（即污水处理工艺）也各不相同。同时再生水的回用目的和利用方式也有很大的区别。例如，把城镇污水处理厂的处理方式称为集中式污水处理，把污水就地回收、就地处理利用的方式称为分散式污水处理，这会使再生水的利用途径也有着很大的不同，集中式污水处理需要利用敷设管线输送再生水，分散式污水处理可以就地使用。为了便于研究，凡是污水经过处理之后达到一定的水质标准，能够满足一定的用途，不区分处理方式、利用方式和利用途径，统称为再生水资源。

4. 再生水的生产和制备

再生水一般由城市污水经一级处理、二级处理和再生处理后获得[14]。

一级处理（primary treatment）就是去除污水中漂浮物和悬浮物的过程，主要措施是格栅截留和重力沉降，包括在此基础上增加化学混凝或不完全生物处理等单元以提高处理效果的一级强化处理。

二级处理（secondary treatment，biological treatment）是在一级处理基础上，用生物处理方法进一步去除污水中胶体和溶解性有机物的过程，主要为活性污泥法和生物膜法，包括具有除磷脱氮功能的二级强化处理。

再生处理（reclamation treatment）是使污水达到一定的回用水质标准，满足某种使用功能要求的净化过程。

2.1.2　城市污水再生利用

我国《城市污水再生利用分类》（GB/T18919—2002）中对城市污水再生利用（wastewater reclamation and reuse，water recycling）的定义是"以城市污水为再生水源，经再生工艺净化处理后，达到可用的水质标准，通过管道输送或现场使用方式予以利用的全过程"。

再生水利用分为直接利用和间接利用两种途径。再生水直接利用是由再生水厂通过输水管道直接送给用户使用或现场直接使用；间接利用则是由污水处理厂将生产的再生水直接排入水体，由用户再从水体中取用。

再生水直接利用有三种通用的模式：①再生水厂系统铺设再生供水管网，与城市供水管网一起形成双供水系统。②由再生水厂铺设专用管道供工业用户使用，这种方式用途单一，比较实用。③大型公共建筑和住宅楼群的污水，就地处理、回收、循环再用[15]。

再生水间接利用方式可以分为有意向间接利用和无意向间接利用。有意向间接利用是有计划地将再生水和新鲜水混合后再使用，这取决于时间和空间的安全保证。再生水从排入水体到被利用的时间滞后，以及混合后的物理化学净化作用，使再生水在自然生态系统中获得进一步的净化。在这一过程中，一方面，微生物可以由于自然死亡和吞噬而减少，挥发性有机物在水的表面丧失，有机物因为化学作用而转化；另一方面，水质也会因藻类的增长及初期雨水的排入而变坏。无意向的间接利用是以减少水体污染程度而采用的补水方式，其使用范围更加普遍。目前河流都受到不同程度的污染，向自然水体中补充再生水实际上就是再生水的无意向间接回用[15]。

再生水回用的可行性体现在以下三个方面。

（1）水源稳定。再生水的主要水源是城市污水处理厂的二级处理水和达标排放的工业废水，污水的排放量与用水人口和工业规模紧密相关，受季节、雨季、洪水、枯水年份的影响较小，可视为稳定的水源。

（2）经济合理。首先，污水再生利用比远距离引水造价低。再生水水厂一般建在城市周边，便于城市取水，相对于远距离输水而言，可减少输水管网的投资和构筑物的基本建设费用。其次，再生回用比海水淡化经济。我国分散自循环式污水再生利用供水成本接近 2 元/米^3，而与之相比海水淡化的成本为 4 ~ 7 元/米^3，故污水再生利用相对于海水淡化更为经济。

（3）外部效果明显。再生水的外部性体现在其不但具有调节气候、净化环境、美化景观的效用，而且再生水的使用能够减轻城市取水负担，缓解供水压力，减少污水排放量、减轻水体污染、维持生态平衡，从而促进水资源的良性循环，实现水资源的可持续利用，进而实现人类社会的可持续发展。

2.1.3　再生水系统的构成与分析

再生水系统是水资源系统的一个子系统，其构成如图 2-1 所示。再生水系统主要包括用途、水质、水量、水源、处理技术，以及成本、价格、系统规划、项目技术经济评价方法及管理模式等方面。

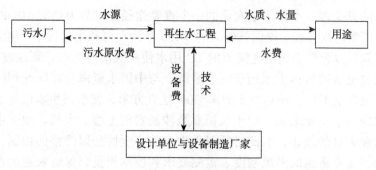

图 2-1　再生水系统构成图

1. 再生水的主要用途

根据中华人民共和国国家质量监督检验检疫总局发布的国家标准《城市污水再生利用分类》(GB/T18919—2002)，再生水按照用途分为五类，如表 2-1 所示。

表 2-1　城市污水再生利用用途表

序号	分类	范围	水质标准
1	农、林、牧、渔业用水	农田灌溉	其中用于农田灌溉的再生水水质标准按照国家强制标准《城市污水再生利用农田灌溉用水水质标准》(GB20922—2007)执行
		选种育苗	
		畜牧养殖	
		水产养殖	
2	城市杂用水	城市绿化	城市杂用的再生水水质标准参照国家推荐标准《城市污水再生利用城市杂用水水质标准》(GB/T18920—2002)执行，其中城市绿化的再生水水质标准参照国家推荐标准《城市污水再生利用绿地灌溉水质》(GB/T25499—2010)执行
		冲厕	
		道路清扫	
		车辆冲洗	
		建筑施工	
		消防	
3	工业用水	冷却用水	用于工业的再生水水质标准参照国家推荐标准《城市污水再生利用工业用水水质标准》(GB/T19923—2005)执行
		洗涤用水	
		锅炉用水	
		工艺用水	
		产品用水	
4	环境用水	娱乐性景观环境用水	用于环境改善的再生水水质标准参照国家推荐标准《城市污水再生利用景观环境用水水质标准》(GB/T18921—2002)执行
		观赏性景观环境用水	
		湿地环境用水	
5	补充水源水	补充地表水	其中补充地下水的再生水水质标准参照国家推荐标准《城市污水再生利用地下水回灌水质标准》(GB/T19772—2005)执行
		补充地下水	

农业灌溉是再生水回用于农业的一个重要途径。世界上约有 10%的人口使用再生水灌溉的农作物。美国已建成的 3 400 个污水再利用工程中，绝大部分用于农业灌溉；以色列全国农业灌溉的 1/3 用水使用城市再生水；新加坡、瑞典、法国等国家也普遍将再生水用于农业灌溉。与中国水资源总体状况相同，农业用水资源也严重不足，每年农业缺水 300 亿立方米，城市再生水已经成为农业灌溉用水的一个主要来源。由于农田灌溉涉及农田土壤、大气、地下水、农产品的品质和人群的健康，因此必须对再生水的安全性加以严格的控制，制定强制性标准，建立适当的灌溉制度、监测要求和控制规范，保证农业生态健康和农产品品质安全[16]。

再生水回用于市政杂用，主要包括厕所的冲洗、道路的冲刷、绿化用水、冲洗车辆用水、建筑降尘用水、消防用水等。这些方面的水资源消耗如果采用再生水作为替代，对城市水资源供需矛盾的改善也是十分有益的。市政杂用水一般对水质要求不高，但在使用的过程中有可能与人体有直接或间接的接触，因此其生化和卫生学指标还需要严格控制。在居民住宅用水中，冲厕用水约占生活总用水量的 30%，用水量较大且对水质的要求较低，故这一部分用水可由再生水替代[17]。

再生水回用于工业按水资源的消耗量依次为火力发电、化工企业、矿业企业、造纸业、医疗和纺织行业。冷却用水占工业用水的 60%～80%，用水量大且对水质要求不高，污水处理厂二级生化处理效果好的出水水质或经简单深度处理的再生水基本上都能满足冷却用水的水质标准，因此再生水回用于工业时主要考虑用于冷却补充水。

再生水可回用于城市生态景观用水。在生态城市的建设过程中，增加城市绿地（林草覆盖）和湿地建设将成为重要措施之一，而绿地和湿地建设都需要大量水的支持，再生水恰恰是城市绿地及湿地最经济有效的来源。

再生水还可回用于河流生态补水。我国北方地区，尤其是西北地区，枯水期河道来水减少，用水反而增加，导致河道生态基础流量严重不足，影响河流生态功能的正常发挥。此时，将城市污水变成符合回用要求的再生水之后，一方面替代了部分新鲜水，减少了河道取水；另一方面，还可以补充枯水期河道流量的不足。

再生水补给地下水是实现水资源可持续利用更为有效的一种方法，有利于生态系统、自净能力遭到破坏的水资源的修复。由于地下水是水资源中极为宝贵的组成部分，与地表水相比，一旦受到污染，其水质恢复的费用极为昂贵、技术难度大且周期很长，因此再生水补充地下水必须以不污染地下水、不引起区域性地下水质恶化、有利于地下水水质改善为原则。

随着技术进步带来的再生水处理成本降低、再生水接受程度提高及水资源进一步短缺，未来城市生活用水中除了与人体直接接触的用水外，其他用水都可能考虑用再生水替代。

2. 再生水水质、水量

不同的使用目的对相应的水质要求也不同，再生水的很多用途中，水质要求并不需要达到自来水的标准，因而为了适应再生水多用途性的要求，针对各种不同用途的再生水的水质标准就应运而生，表 2-1 中给出了不同用途再生水水质的国家标准。

对再生水回用水量的预测须建立在再生水需求分析的基础上。根据再生水用途和用水比例的分析，可以对再生水的可回用量（即最大回用量）进行估计。其计算式如下：

$$可回用水量=城市工业用水总量 \times m_1 + 城市生活用水总量 \times (n_1 + n_2 + n_3)$$
$$+绿地景观及河流生态补水$$

其中，m_1 表示城市工业用水总量中冷却用水所占比例，为 60%～80%，一般取 70%；n_1 表示城市生活用水总量中冲洗厕所用水所占比例，一般取 33%；n_2 表示城市生活用水总量中市政杂用水所占比例，一般取 8%；n_3 表示城市生活用水总量中市政建设用水所占比例，一般取 4%。

3. 再生水水源

可以作为再生水原水的水源包括生活污水或市政排水、城市污水处理厂出水及经过处理达标之后的工业废水，这些水源还必须满足《污水排入城镇下水道水质标准》（CJ343—2010）、《生物处理构筑物进水中有害物质允许浓度》（GBJ14—87）及《污水综合排放标准》（GB8978—1996）的要求。为了保证再生水回用的安全，放射性废水和医疗废水不能作为再生水原水使用。城市再生水主要以城市污水处理厂二级出水为水源，通过深度处理达到回用水水质标准。因此，城市污水二级出水应在水质和水量上满足再生水水源要求。

由于城市污水再生利用工程一般滞后于污水处理工程，因此污水处理量一般足以满足回用水量的要求。例如，西安市北石桥污水处理厂二级污水处理量为 15×10^4 米^3/日，污水回用量为 5×10^4 米^3/日，回用率仅为 33%。此外，城市污水二级出水还具有水质、水量稳定，易于收集，就地可取等优点。因此，城市污水二级出水作为再生水水源完全能够满足要求。

4. 再生水处理技术

按照我国《污水再生利用工程设计规范》的要求，城市污水再生处理，宜选用下列基本工艺：①二级处理——消毒；②二级处理——过滤—消毒；③二级处理——混凝—沉淀（澄清、气浮）—过滤—消毒；④二级处理——微孔过滤—消毒。

当用户对再生水水质有更高要求时，可增加深度处理其他单元技术中的一种或几种组合。其他单元技术包括活性炭吸附、臭氧-活性炭、脱氨、离子交换、超滤、纳滤、反渗透、膜生物反应器、曝气生物滤池、臭氧氧化、自然净化系统等。

《城镇污水再生利用技术指南（试行）》指出，在污水再生处理工程中单独使用某项单元技术很难满足用户对水质的要求，应针对不同的水质要求采用相应的组合工艺进行处理。

5. 再生水的供水成本

再生水的供水成本应考虑再生水系统的总费用，即指在考虑资金时间价值的情况下，工程从立项、设计、建设、运营直到报废整个寿命周期内所产生的总费用。供水系统的寿命周期及其费用主要包括以下三个阶段。

（1）工程建设的前期阶段，这个阶段所发生的费用主要是在工程的决策和设计阶段所发生的各种费用。具体费用包括项目方案立项、地点安排、可行性研究、技术方案选择、项目招投标及前期一些必要的实验费用等。规划设计阶段，是对工程投资影响最大的阶段，该阶段对项目总投资的影响有时会达90%以上。

（2）项目的建设阶段。这个阶段所发生的费用主要由污水处理及再利用工程内的各项建筑物与构筑物、污水处理设备、电气、管线、各种仪表、自动控制装置、污水收集和再生水回用的管网系统构成，另外还包括工程建设中产生各种人工、机械费用，以及必要的管理、质量检测、调试等费用。在这一阶段是投入资金和各种资源最为密集的阶段，直接决定了该工程是否能够最终实现污水处理和再生水回用的目标。

（3）项目的运营阶段。这个阶段的费用主要有污水处理与再生利用过程中所耗费的各种化学药品、相关材料及各种低值易耗品等直接材料费，设备运营过程中所耗用电力或燃料等动力费，设备运行时各类人员的人工工资及福利费，设备检修维护费及大修理费，以贷款形式筹集建设资金及运营期所发生的利息支出等财务费用，污泥处置费以及设备的试运转费等其他费用。

因此，再生水的供水成本主要包括固定资产折旧费、能源消耗费、药剂费、设备日常检修维护费、借款利息、工资福利、管理费用和其他费用等。由于生产工艺和技术，再生水的生产具有规模报酬递增的特点，其单位处理成本随着处理规模的增大而降低。

6. 再生水的价格

制定再生水价格时，应综合考虑再生水系统和整个水价体系两方面。首先，再生水主要是用来替代自来水的，因此再生水水价应低于自来水水价，且与自来水水价有一定的差额，以保证再生水有足够的市场需求；其次，再生水水价的制定还应符合我国现行水价确定的基本原则，即应以供水成本作为制定水价的基础。

7. 再生水需求预测及系统规划

再生水需求预测是制定城市再生水利用规划和建设项目决策的基础性工作，用户对再生水的需求与用户类型、用水结构、水价、再生水管网有很大关系。除此之外，再生水的需求还与当地民众对再生水的心理接受程度、当地政府和民众的环保意识、当地水资源的紧缺程度、当地企业的体制等有关。

8. 污水再生利用项目评价方法

再生水回用工程项目属于市政基础类项目，具有缓解水资源短缺和减少污染物排放的双重功能，有较大的外部性。而正因为其外部性难以有效补偿，再生水回用项目缺少吸引资金的内在动力，再生水的项目和技术方案评价方法不完善，影响决策的科学性，最终影响到水资源可持续利用的实现。因此以劳动价值论、效用价值论、价值工程论、环境价值论等理论为基础，建立兼顾经济效果、技术效果、社会效果和环境效果的污水再生利用项目评价方法具有十分重要的现实意义。

9. 再生水项目规划、建设及运营管理模式

再生水设施是城市基础设施建设的重要组成部分，其规划、建设及运营应按国家《城镇排水与污水处理条例》和不同时期《全国城镇污水处理及再生利用设施建设规划》执行。我国《城镇排水与污水处理条例》明确规定：国务院住房城乡建设主管部门会同国务院有关部门，编制全国的城镇排水与污水处理规划，明确全国城镇排水与污水处理的中长期发展目标、发展战略、布局、任务及保障措施等。县级以上地方人民政府应当按照先规划后建设的原则，依据城镇排水与污水处理规划，合理确定城镇排水与污水处理设施建设标准，统筹安排管网、泵站、污水处理厂以及污泥处理处置、再生水利用、雨水调蓄和排放等排水与污水处理设施的建设和改造。

城镇新区的开发和建设，应当按照城镇排水与污水处理规划确定的建设时序，优先安排排水与污水处理设施建设；未建或者已建但未达到国家有关标准的，应当按照年度改造计划进行改造，提高城镇排水与污水处理能力。

排水单位和个人应当按照国家有关规定缴纳污水处理费。污水处理费应当纳入地方财政预算管理，专项用于城镇污水处理设施的建设、运行和污泥处理处置，不得挪作他用。污水处理费的收费标准不应低于城镇污水处理设施正常运营的成

本。因特殊原因，收取的污水处理费不足以支付城镇污水处理设施正常运营成本的，地方人民政府给予补贴。

国家鼓励采取特许经营、政府购买服务等多种形式，吸引社会资金参与投资、建设和运营城镇排水与污水处理设施。

城镇污水处理设施维护运营单位应当按照国家有关规定检测进出水水质，向城镇排水主管部门、环境保护主管部门报送污水处理水质、水量和主要污染物削减量等信息，并按照有关规定和维护运营合同，向城镇排水主管部门报送生产运营成本等信息。

城镇排水主管部门应当根据城镇污水处理设施维护运营单位履行维护运营合同的情况，以及环境保护主管部门对城镇污水处理设施出水水质和水量的监督检查结果，核定城镇污水处理设施运营服务费。地方人民政府有关部门应当及时、足额拨付城镇污水处理设施运营服务费。

2.2 国内外污水再生利用的发展状况

2.2.1 国外污水再生水利用经验总结

日本早在 1962 年就开始污水再生利用，将其作为缓解水危机的途径之一，20世纪 70 年代已初见规模。随着污水再生利用技术的不断更新和发展，污水再生成本不断下降、水质不断提高，逐渐成为缓解水资源短缺的重要措施之一。90 年代初日本在全国范围内进行了污水再生利用的调查研究与工艺设计，对污水再生利用在日本的可行性进行深入的研究并开展工程示范，在严重缺水的地区广泛推广污水再生利用技术，使取水量逐年减少，节水已初见成效。赖沪内海地区污水再生利用量已达到该地区使用淡水总量的 2/3，大大缓解了水资源严重短缺问题。经过大量示范工程后，在 1991 年日本的"造水计划"中明确将污水再生利用技术作为最主要的开发研究内容加以资助，开发了很多污水深度处理工艺，在新型脱氮、脱磷技术，膜分离技术，膜生物反应器技术等方面取得很大进展的同时，对传统的活性污泥法、生物膜法进行不同水体的工艺实验。建立起以赖沪内海地区为首的许多"水再生工厂"。日本的再生水主要用于城市景观河道、工业用水、融雪和冲厕用水。其中城市景观河道和工业等用水约占 60%，融雪用水占 16%，冲厕用水占 3%[18]。日本从 1980 年开始利用处理后的污水进行"清流复活"。例如，东京市将部分城市污水处理后输送到河流上游，作为城市河流段景观用水；大阪市用处理后的城市污水改善附近居民休闲场所的水环境，或向没有固定水源的市内河流补充维持用水[19]。通过这种方式，复活了 150 余条小河，达到修复和保护水资源的目的。与其他国家相比，日本的冲厕用水所占的比例，要远高于其他国家，主要采用单独循环或区域循环模式，通过双管道系统输送再生水用于冲厕和小便池冲洗水[20]。

　　美国也是世界上采用污水再生利用最早的国家之一，20 世纪 70 年代初开始大规模污水处理厂建设，随后即开始污水再生利用。美国主要将再生水用做以下几类用途：第一类为农业灌溉，是再生水最主要的用途，如加利福尼亚（California）州约有 $300×10^6$ 米 ^{3}/年的再生水用于农业灌溉，占加利福尼亚州总再生水水量的 46%[21]。第二类是工业回用，主要用于冷却和工艺过程，因工业用水不必考虑在灌溉用水淡季储存和处理过多的再生水，并且在工业区中可避免安装大量的再生水分配管路，但为了达到特殊工艺水质要求需附加处理系统。例如，伯利醒恒钢铁厂每天将 $4×10^5$ 立方米污水回用于工业生产和工艺冷却用水；美国最大的核电站——派洛浮弟（Palo Verde）核电站，将生物膜法处理后的出水经电站深度处理后作为冷却水使用，水的循环次数达 15 次，二级处理水价为 0.001 62 美元/米 ^{3}，若从科罗拉多河（Colorado River）取水则水价为 0.016 2 ～ 0.024 3 美元/米 ^{3}，回用污水的经济效益相当明显。第三类为景观灌溉，包括公园、运动场、高尔夫球场、高速路的中间绿地，商业、办公、工业等开发区的绿化区，住宅周围的绿化区等。景观灌溉是美国再生水的第二大用户，如佛罗里达（Florida）州的圣彼得斯堡（St-petersburg），1978 年开始将再生水用于生活杂用，能够向 7 000 多户家庭提供再生水，超过 40% 的再生水用于灌溉居民区，另一主要用途是高尔夫球场灌溉[22]。第四类应用为地下水回灌，作为地下水蓄水层的储备，或是在沿海地区，防止海水浸入的水力保障。污水通过二级和二级强化处理后，再经过包括微滤、活性炭吸附、反渗透和消毒等在内的高级处理过程，水质可达到饮用水标准，但此类水只是注入饮用水含水层，用做地面或地下饮用水水源的补充，如加利福尼亚州的 Orange 县供水区的 21 水厂（1972 年至今）和得克萨斯（Texas）州的 EI Paso 和 Fred Hervey 再生水厂（1985 年至今）实施的再生水地下水回灌，弗吉尼亚（Virginia）州 Manassas 高级处理厂出水直接注入北部的 Qccoquan 水库，作为 660 000 人以上人口饮用水的主要水源。第五类再生水的用途是娱乐、环境用水，如用于景观湖泊、扩大湿地、增加河川水流等。由于管网铺设的经济因素，将再生水用于消防、卫生间冲洗水、施工用水等城市的非饮用水途经都是附带的，主要取决于再生水厂的位置和这些用途是否可与景区灌溉等结合起来[23]。在五类用途中，农业灌溉占总回用量的 60%，工业用水占总回用量的 30%，城市生活等其他方面的回用水量不足 10%。

　　以色列是水资源极度缺乏的国家，污水已成为其重要的水资源之一。以色列几乎全部的生活污水和72%的城市污水均得到了回用[24]。再生水主要用于农业灌溉（42%），地下水回灌（30%），其余用于工业及市政杂用。以色列将污水再生利用以法律的形式给予保障，污水资源化给以色列带来了极大的经济效益。

　　四面环海的新加坡是一个缺水的国家，供水来源有四大类，即国内集水、进口原水、再生水和淡化海水。其中雨水收集和进口原水占用水总量的75%，其余25%为再生水和淡化海水。由于进口原水购买费用比较可观，海水淡化关键技术未能突破、规模效益不明显等因素，再生水的地位和作用日益突显。新加坡将"再生水"称为"新生水"。"新生水"的概念是对污水进行再处理，使之清洁到可供人饮用的水。新加坡制定了在2060年达到水供给自给自足的长远目标，其中包括新生水的生产和使用。到2010年时，新加坡已经有五座新生水厂，其目标是到2020年新生水满足全国总需水量的40%。新加坡的"新生水"清洁度比世界卫生组织规定的国际饮用水标准高出50倍，当地98%的民众对"新生水"持接受态度。新生水的生产成本是海水淡化的一半，价格比自来水便宜至少10%，给用户带来了明显的经济效益。为了消除部分人观念上的障碍，新加坡政府将部分新生水以小的比例注入蓄水池或天然水体，混合后送往自来水厂，作为饮用水的天然水源[25]。

　　通过国外再生水利用经验的总结分析，可以得到以下启示，即污水再生利用的首选是回用量比较大的领域。例如，美国、以色列等国家都把农业作为污水再生利用的首选领域，把回灌地下列为污水再生利用的重要方向和领域；日本将观赏性景观用水及水源不足河流补充作为再生水的主要回用领域；新加坡则将新生水送到水源地作为水源的主要补充。这种借助环境来实现水的自净和循环，在客观上，既解决了再生水生产与回用的数量平衡问题，又简化和回避了城市再生水输配管网的困难问题。

2.2.2　国内污水再生利用的发展阶段

　　我国污水再生利用始于20世纪70年代末建设部率先在大连和青岛开展的城市污水回用研究和探索[26]。大连的小试和青岛的中试分别于1983年、1984年进行了成果鉴定。从1986年开始，污水资源化项目连续列入了国家"七五"、"八五"及"九五"重点科技（攻关）计划。主要就再生水处理技术及其集成、再生水生产工艺及其优化、再生水回用的技术经济政策等进行了研究。从"七五"到"九五"的15年间，以科技为先导，以示范工程为样板，部分污水回用技术达到了国际水平。2000年污水回用被正式写入了国家的有关文件。2000年以后，有关专业部门先后制定并完善了一系列有关污水再生利用的技术政策和规范，为全面启动污水再生利用奠定了良好的法律和技术基础。

国家发展和改革委员会、住房城乡建设部、环境保护部编制的《"十二五"全国城镇污水处理及再生利用设施建设规划》(国办发〔2012〕24 号)称,我国仍存在污水再生利用程度低、设施建设和运营资金不足、运营监管不到位等问题。

总体而言,我国再生水利用依然处于起步阶段。其主要特点如下:一方面,国家和各有关部门对污水再生利用有很高的期待和要求;另一方面,由于种种原因,污水再生利用仍然处于小规模、点状的示范、试用阶段。这些说明我国污水再生利用仍有诸多问题需要研究和解决,尤其是管理方面。

随着水资源需求不断增加及水资源紧缺的形势不断严峻,污水再生利用的呼声必将日见明显,污水再生利用的实践也必将日益扩大。因此,除了技术方面继续开发和完善之外,污水再生利用的障碍分析、适合国情可实现的污水再生利用模式、污水再生利用工程的融资等许多涉及管理层面的科学问题都亟待研究解决。

2.3 城市污水再生利用与管理对策研究动态

2.3.1 污水再生利用对水资源承载力贡献研究概况

污水再生利用,既能通过减少污染物排放而间接增加区域水资源供给[27],又可通过在生产一线制造天然水资源的替代品"再生水"而减少水资源需求。由于其所具有这一开源节流的特点,污水再生利用早已在全世界范围内得到认可,Wada 等甚至将污水再生利用作为缓解全球水资源压力的六大法宝之一[28]。国内关于推动污水再生利用进程的研究主要从再生水资源价值研究、污水再生利用费用效益研究和污水再生利用社会经济环境效益评价研究展开。

1. 再生水资源价值研究

黄廷林等认为再生水资源价值理论研究的基础是效用价值论、生态价值论和劳动价值论,再生水资源价值的定量化分析中可采用影子价格模型、边际机会成本模型及市场价格模型[29]。汪妮等认为促进再生水推广利用的依据是它的潜在价值,并在建立评价指标体系的基础上,采用改进的熵权法建立了再生水资源价值模糊综合评价模型[30]。熊家晴等提出了适用于城市再生水评价的能够有效量化再生水成本、效益及环境影响的生命周期综合价值模型[31]。

2. 污水再生利用费用效益评价研究

张俊杰等采用费用——效果分析的方法分别在静态和动态两种条件下,对北京市污水再生利用和远距离调水这两种供水方案进行了比较，并指出两种条件下再生水工程都更具有成本有效性[32]。

胡毓瑾运用费用效益分析法分析了再生水资源的利用所产生的所有费用和效益，建立了经济综合效益指标和费用指标，并从经济学的角度，把再生水的外部经济效益内部化，将无形效益转化成项目可以看得见的收入[33]。

吴珊等采用层次分析法，选择数类适宜的评价指标，初步构建出了针对"膜法再生水项目费用效益合评价"为目标，以"投资费用评价、国民经济效益"等指标为准则层和"建设吨水投资、运行成本"等 14 个指标的综合评价指标体系[34]。

3. 污水再生利用社会经济环境效益研究

范育鹏和陈卫平以北京市为例对其再生水利用的生态环境效益进行了估算，表明 2010 年北京市再生水利用具有可观的生态环境效益，其中再生水替代新鲜水的资源效益占比重最大，环境改善效益和地下水补给效益也较大，其余效益较小或为负[35]。

余化龙探讨了再生水利用的多种用途，并分析了北京房山区再生水利用存在的问题和措施，指出再生水利用在房山区水资源优化配置工作中可发挥积极作用[36]。

杨林林等阐述了再生水回用在可持续发展中的作用，同时讨论了再生水回用于不同行业部门时的水质要求，并就再生水回用问题提出了几点建议[37]。

吕立宏对再生水利用的经济效益和社会效益影响进行分析，指出城市污水采取分区集中回收处理后再用，比远距离引水便宜，比海水淡化经济，再生水供水系统运行费用较低[38]。

以上众多研究对污水再生利用事业的推进都有一定意义，但是无论是对污水再生利用产生再生水的价值研究还是对污水再生利用的费用效益分析，都只侧重于从静态角度、微观层面测算污水再生利用的价值与效益，未能动态从宏观层面充分考虑污水再生利用对水资源承载能力的贡献。而对污水再生利用的社会经济环境效益分析仅仅能够定性地的推导出污水资源化是有利的，不能动态、具体、量化地分析污水再生利用的社会、经济和环境影响，污水再生利用的实施对水资源承载力的贡献分析也缺乏数据支持。

2.3.2　污水再生利用制约因素研究概况

对再生水利用的制约因素和困难，国内学者进行了一定的研究和分析。

宋兰合的研究结果表明，我国再生水利用技术与国际先进水平之间的距离越来越接近[39]。所以再生水利用的制约主要不是技术层面的问题。宋兰合认为，妨碍我国再生水利用进程的主要原因是水价体系不健全，考核指标不完善，供排水系统不协调，以及再生水利用规划难以实施的宏观政策的偏差等。

郑兴灿等指出，我国再生水实际用水量低于设计能力的主要原因是缺乏足够的再生水用户、再生水输配管网覆盖率偏低、水质不符合用户要求及再生水收费困难等原因[40]。而集中式污水再生利用系统的主要限制因素是配水管道系统的高成本投入。管网的建设投资一般比厂内处理系统的投资高出几乎一个数量级。尽管管网投资占总投资的比例已经很高，但仍然难以满足实际需要。

周彤认为，由于我国污水再生利用刚刚起步，存在基础设施建设滞后、政策法规不完善、市场机制不健全等一系列问题[41]。

综上所述，我国污水再生利用的主要制约不在技术层面，而在技术之外的管理和政策层面。但是，研究学者并未提出主要制约因素是什么，如何解决制约因素等问题。国内缺乏进一步的深入分析。

2.3.3　污水再生利用模式研究概况

日本的污水再生利用模式是按照回用地域或者范围的大小进行分类，一般分为三类，即广域循环模式、小区循环模式和单独循环模式[42]。"广域循环模式"是将城市集中污水处理厂的出水，经深度处理制成再生水，利用城市再生水管网供应到全城市区域或者城市某区域进行利用的模式；"小区循环模式"是将某区域（组团、小区）的污废水收集起来，就地处理成再生水的利用模式；"单独循环模式"是在某些独立的建筑物（群）中安装污水处理设施，将建筑物内所排放的污废水就地处理成再生水的利用模式。美国的污水再生利用模式也分为三类，即集中式利用模式、卫星式利用模式和分散式利用模式[43]。集中式污水再生利用模式是在城市集中污水处理厂，按照特定用户的要求，直接生产再生水，并通过专门管道供应特定用户。但是，由于集中污水处理厂往往位于排水区域的最低端位置，距离利用区较远，再生水的输送代价昂贵，在很大程度上限制了这种回用模式。于是产生了卫星式利用模式，即在特定用户的附近，从污水收集系统直接取水进入再生水制水厂，以便就近给特定用户供水。分散式利用模式用于未连接到城市集中污水收集系统的区域（包括单独住宅、聚居区、独立社区、工业、研究机构等），属于污水分散处理利用类型。美国的污水再生利用模式具有明显地绕开复杂管网问题的优点。

根据中国颁布的《城市污水再生利用技术政策》要求，中国的再生水利用模式也分为三类，即集中型系统、就地（小区）型系统和建筑中水系统。集中式系统常以城市污水处理厂出水为水源，集中处理，再生水通过输送管网输送到不同的用水场所；就地（小区）型系统是在相对独立或较为分散的居住小区、开发区及公共设施组团中，就地建设再生水处理设施，以符合排入城市下水道标准的污水为水源，生产再生水并就近就地利用，这种模式适合城市污水收集系统未覆盖的地区；建筑中水系统是在具有一定规模和用水量的大型建筑群中，通过收集洗衣、洗浴排放的优质杂排水，就地进行再生处理利用[9]。

通过污水再生利用模式研究可以看出，各国基本上都是采取了集中与分散相结合的思路。但是，美国与日本属于工业化国家，市政管网建设与污水处理厂比较普及，它们的污水再生利用有管道支持。而中国的污水再生利用模式，虽然参照了工业化国家的经验，但是却没有收到工业化国家再生水的回用效果，暴露出中国的再生水利用模式与管理政策等方面可能存在不适应国情的问题。

2.3.4 再生水定价研究概况

国外研究学者对再生水价值理论进行了大量的研究，主要研究领域有再生水价格制定理论方法、依据、水价实施方式，以及水价制定和实施的影响因素。在再生水价格制定理论、方法和依据方面，认为再生水既是一种资源，也是一种商品，认为定价是为了促进效率和体现公平，同时给供水企业一份稳定的收入[44]。一般来讲，商品的定价依据成本和市场供需情况，但对于再生水资源商品来说，由于其市场的垄断性，几乎所有研究学者都认为再生水资源定价的依据是成本，对成本的认识是消费者应该支付其获得利益所产生的全部成本[45]。对于再生水生产企业而言，定价主要是弥补其服务的全部成本，价格应反应处理、储存及输水的真实成本，以此鼓励对再生水资源的开发和利用[46]。

关于再生水定价研究中，基于成本的定价方法主要有两种，即平均成本法和边际成本法，两种方法主要是成本的分摊方式和公平性不同。但实际上，国外研究学者认为边际成本定价法并不完全适用于再生水供水企业[47]。对水价的实施方式，大部分学者都认为，再生水的价格是基于水价理论制定的价格，但在具体的实施中可以采用不同的措施。但无论采用哪种措施，其目的都是为了使价格尽可能真实地反映再生水的制水成本，以保证再生水的收支相配。一般情况下，单一的计量式水价是基于平均成本定价的，并且是对全部成本的分摊，经常需要用户之间互相补助[48]。

总而言之，国外在再生水定价方面的研究较为全面，不仅奠定了再生水价格形成的理论基础，而且也在再生水供水成本实证研究的基础上，提出了切实可行的再生水价格制定方法。国外学者的研究成果，对我国再生水价格的制定和实施有着很好的借鉴作用[49]。

国内对城市供水价格制定理论与方法的研究起步比较晚，理论研究一般是以劳动价值理论和经济学相关理论为基础。虽然在对一些概念的理解上与西方经济学理论有所差别，但就供水价格的制定来讲，也是借鉴了国外研究成果并结合我国特殊国情进行研究[50]。

国内学者关于水价的研究主要包括以下内容。

1）再生水价格的构成要素及价格形成机制的研究

张钡和张世英针对再生水价格的构成要素进行了探讨，并对再生水价格区间进行了分析[51]；李明和金宇澄运用经济学需求定理，分析了再生水的价格对再生水需求的影响，并根据我国的污水再生利用的不同工艺，分析了再生水的成本构成，探讨了再生水价格的合理形成机制，并提出了合理的再生水价格构成[52]。

2）再生水的用户的支付意愿定价研究

将调查得到的用户对再生水的支付意愿，作为再生水定价的主要依据。例如，调查用户愿意支付的再生水价格与自来水价格的比值[53]。

3）再生水的平均成本定价研究

李梅和黄廷林以制水成本为依据，借鉴给水厂工程投资和输水管网的费用函数，建立了再生水资源的成本价格模型，并应用模型进行了工程的实例计算[54]。刘晓君和丁超[55]选取了成本价格模型对西安市再生水价格进行了测算，并进一步分析了西安市再生水与自来水的价格比对情况。

4）再生水的边际机会成本定价研究

段涛和刘晓君等分析了边际机会成本定价法的特点，指出了该方法应用于城市再生水定价时的作用，给出了边际机会成本定价的一般公式。通过分析得出再生水边际成本定价时需用平均增量成本代替边际机会成本，并给出了平均增量成本的计算公式[56,57]。

5）再生水的项目定价

段涛和刘晓君通过对城市再生水特许经营项目的考察，设计了一种具有可分性的再生水特许经营权拍卖机制，并分别研究了在这种拍卖机制下，项目公司向政府指定机构售水价格的影响因素，以及政府指定机构向用户售水价格的确定方法[57]。马东春和汪元元以拟建再生水厂为例，对比分析政府全投资模式和 BOT 投资模式下的再生水价格，通过水价政府管理和 BOT 政策研究分析，提出政策建议[58]。

6）模糊综合定价研究

以姜文来对水资源价值的模糊综合定价模型的研究为基础[48]，余海静和王献丽等运用模糊数学综合评价模型对再生水资源价值进行研究，结合具体实例对再生水资源价值进行评价，并测算再生水资源的价格[59]。

现有定价方法存在以下几方面的缺陷性。

1）支付意愿定价

支付意愿定价的方法比较容易被社会各方所接受，但是在实际的操作过程中存在很大的问题。在国内，再生水尚不为公众所普遍了解，此种情况下调查出来的支付意愿没有可信度。并且，支付意愿调查法不是一种精确的方法，受到被调查者的态度、心理状况，以及调查者的水平、调查技术等因素的制约，调查的结果往往与实际有较大偏差，并且调查所得的支付意愿价格通常偏低。

2）成本定价

基于成本定价常用的方法主要有平均成本定价、边际成本定价、全成本定价等，即根据成本加合理报酬率的原则，确定再生水价格。虽然方法看似简单、易于为社会各方所接受，但该方法存在着很多问题。由于再生水成本因用途和处理工艺的不同相差较大，因此在由政府制定统一价格时，其成本的确定存在很大的问题，往往会引起争议。同时，政府难以得到各企业关于再生水生产成本的完全信息，部分成本难以准确量化，对成本的估计往往偏离实际。

3）模糊综合定价

模糊综合评价模型，需要综合众多的影响因素，但不可能在模型中将所有影响因素都纳入考虑范围，只能选择最具有代表性的几个主要因素进行分析，本身就存在很大的误差性，难以反映真实的再生水资源的价值。

4）统一的低价格造成再生水回用工程经济性差

再生水作为自来水的不完全替代品，只有当再生水水价低于自来水水价一定幅度，使公众感到使用再生水具有经济上的优先性时，再生水价格的杠杆作用才能充分发挥，才能引导合理的用水消费，促进再生水的推广应用[60]。我国大部分地区尤其是西北地区，现行的自来水价格较低，进一步限制了再生水的价格只能更低，甚至低于再生水的制水成本。对于距离再生水厂较远的用户而言，由于管网的铺设成本较高，难度较大，造成该类用户对在再生水的使用过程中存在很大的困难。对于再生水厂而言，铺设长距离的管道，成本较高，较低的再生水价格难以使水厂回收资本，造成再生水厂铺设更大范围管网的经济性差，再生水的供水范围受到限制，从而进一步限制了部分用户对再生水的使用。

5）单一的定价难以起到市场调节的作用

我国的自来水价格对不同的用户类型区分了收费标准，对居民收费较低，而对工业用水收费较高，并且自来水今后也将实行阶梯收费，对用水量多的用户实行阶梯递增水价。再生水作为自来水的替代品，价格仍然由政府部门决定，实行单一的再生水定价[61]，对不同的再生水用户实行统一定价，不区分再生水的使用途径和使用量，无法有效刺激潜在用户，更多的使用再生水，也不能合理调节市场供需。

综上所述，现有的再生水定价存在着定价方法不符合实际情况、参数难以量化、部分成本计算困难，成本高、定价低造成再生水回用工程经济性差，定价单一难以调节市场需求量等问题。所以，如何制定再生水的价格，既能满足再生水厂正常扩大再生产，又能有效调节市场供需，是本书研究内容要解决的主要问题之一。

2.3.5　再生水需求预测方法研究概况

有关再生水需求预测的研究十分有限。国内现有再生水需求预测的方法有以下三种。

褚俊英等建立了考虑技术、资源、经济条件约束的区域再生水利用潜力的线性规划模型，对全国各省市污水利用潜力进行了预测，并对区域和全国水资源经济政策进行了模拟和比较[62]。

由于再生水回用的主要目的是替代自来水，且它的使用有许多与自来水相似之处，故常用的方法是根据用户自来水的用量，将再生水可替代部分的用量作为其对再生水的需求量。这种方法具有简便可操作的优点，但是没有考虑再生水需求的特殊性。再生水不是必需品，用户对其选择受诸多因素的限制，因此这种方法对需求的估计往往不准确。

用户支付意愿调查法[63]，其步骤如下：建立假想的再生水市场，通过随机抽样调查得到用户的支付意愿，估计平均支付意愿水平，构造支付意愿函数，将支付意愿及其影响因素通过回归方法进行定量分析，由此依据个体需求函数的叠加得到总体需求函数。该方法对再生水需求的预测有一定的参考价值，但不足之处主要如下：首先，意愿调查往往存在信息偏差、假想偏差、抽样偏差、调查者的调查策略偏差、想法与行动之间不一致等问题，从而使调查结果的可靠性受到怀疑。其次，意愿调查法的应用相对来说仍然比较少，虽然能够对人们的行为作出一定的解释，但研究结果只适用于特定的时间和地区，可推广性较差。最后，该方法的成本较高，时间、人力、物力消耗一般都比较大。例如，Thomas 和 Syme所开展的研究仅意愿调查阶段就耗时一年左右[64]。随着样本数的增加，数据采集与处理等方面所面临的困难都会急剧加大。

国内再生水项目建设前期的需求预测存在着相当大的主观性和随意性，造成一些城市再生水项目建成后有效需求不足，落实用户困难，生产能力不能发挥，投资不能及时回收，阻碍了污水资源化的进一步推广。

2.3.6　污水再生利用项目评价方法研究概况

将经济分析应用于水处理决策受到普遍的关注[65]，一般情况下，再生水处理规模增加，其单位成本会有所降低。另外，当再生水厂与用户的距离越远时，制水成本会增加，用户会减少，甚至导致边际成本增加到一个不经济的服务点[66]。关于再生水费用和成本的计算方法，国内外学者提出了工程投资费用模型和相关参数[67]，也有根据给水工程成本核算的理论，构建了再生水的成本费用模型。还有依据临界距离的概念，构建分散式污水再生利用的最小经济规模，确定集中式与分散污水处理厂的合理布局等[68]。

1. 项目评价相关研究

（1）社会评价相关研究。早在 1844 年，法国的工程师杜比（Jules Dupuit）在继承前人研究成果的基础上，发表了论文《论公共工程效用的度量》，他首创了费用–效益系统分析法，该方法试图确定项目的经济费用与效益，这种项目分析方法要求运用影子价格计算项目的投入产出效用和费用，通过比较项目内部收益率（internal rate of return，IRR）和社会折现率（social discount rate，SDR）来决定项目的经济可行性。由于西方自由经济国家对私人投资项目很少加以干预，经历了近一个世纪，该方法才首次被应用于 1936 年美国的洪水调榭旨令[69]。20 世纪60 年代形成以财务评价和国民经济评价相结合的项目评价，不仅对经济效益目标加以评价，也对社会公平分配目标加以评价[43]。从 70 年代开始，社会影响等评价方法逐渐发展起来，并被引入项目评价中。1975 年世界银行经济学家斯夸尔等编著了《项目经济分析》，把收入分配、就业等社会发展目标引入费用–效益分析，这被称为现代费用效益分析或社会费用–效益分析[70]。

世界银行于 1997 年成立社会发展部门，强化了项目社会评价（social assessment，SA）的作用。世界大坝委员会项目决策考虑次序如下：社会评价、生态环境评价、经济与财务评价、管理评价、技术评价[71]。

（2）环境评价相关研究。国外学者在环境损失量化方面进行了大量的研究。Dubourg 于 1996 年采用剂量–反应法得出了英格兰和威尔士汽车尾气排放的铅造成的污染损失[72]。Quah 于 2003 年采用损害函数和剂量效应法估算了新加坡大气颗粒污染物（PM10）造成的健康损失，得出 1999 年大气污染损失占当年新加坡GDP 的比重为 4.31%的结论[73]。Cowell 等运用剂量–反应法和市场价值法对欧洲酸性大气污染物腐蚀建筑物和材料造成的经济损失进行了核算[74]。

（3）综合评价研究。综合评价的研究最早可追溯至 1888 年，Edgeworth 在英国皇家统计学会的杂志上发表的论文《考试中的统计学》，其中体现了现代科学评价的思想。1913 年，Speannan 发表了《和与差的相关性》，讨论了不同加权的作用，实际运用了多元回归和典型分析[75]。此后，综合评价在英国、美国、德国、法国等发达国家得到了广泛的研究，大量的综合评价理论成果出现，如定性评价方法、技术经济方法、多属性决策方法、运筹学方法、系统工程法、模糊数学法和智能化评价方法等。1973 年，美国国会参议院在《水土资源的规划原则和标准》中提出，项目的费用与效益分析主要应从四个方面——国民经济的发展、环境的质量、地区发展和社会福利考虑，使传统的费用与效益分析方法更趋于系统化、完整化，并从公共项目向工业、农业和其他部门推广，由美国向欧洲和发展中国家推广。

2. 国内项目评价研究

（1）技术经济评价研究综述。从 20 世纪 70 年代起，污水处理工艺的技术经济评价已经萌芽了。在国外，专家们从各个处理方法的优缺点、经济效益、二次污染、能源消耗、资源消耗，以及对环境和人体健康的影响问题等方面开始对污水处理工艺的技术经济评价的问题进行探讨研究。美国曾经对城市废水的 11 种处理方法以及 12 种污泥处理方法进行了评价，这项工作仍在进行之中[76]。刘明辉和樊子君认为在进行工艺技术经济评价时，有的技术方案在局部看来效益是高的，但在全局看来则是不好的，有的技术方案在局部看来效益是不高，但在全局看来则是好的或必不可少的，这就要在坚持局部服从全局的原则下妥善处理局部与全局的关系[77]。一般来说，污水处理工艺的技术经济评价要以经济标准为主。

（2）环境评价研究。近年来国内陆续展开环境污染损失计量研究。纪丹凤等基于损害法，计算出了垃圾堆肥、填埋、焚烧处理方案对环境造成的损害，将垃圾处理带来的二次污染外部成本内部化，最后通过效益费用比值法，选取了比值最大的方案作为垃圾处理方案[78]。杨建军等给出了 2000～2009 年西安市每年二氧化硫、NO_x、烟尘的去除量和治理成本[79]。徐富海等在《关于水资源开发项目的环境评价及战略环境评价》一文中写到尽管我国水资源利用率比较高，但是关于水处理项目的环境评价已经无法保证水资源保护与开发的协调[80]。因此，提高水资源开发项目的环境评价成为环境保护中心的工作重心。

（3）社会评价文献研究。在社会评价方面，傅家骥提出项目的社会评价可以采用两种方法，即当项目产生的效益可以量化时，采用成本收入法；当项目产生的效益无法货币化时，采用成本效能法[81]。花拥军等分析了项目对社会所产生的各种影响，在合理分析的基础上将其划分为项目与社会的相互适应性、项目对社会经济、自然资源、生态环境、社会环境、其他因素的影响六个层面，在每个层面之下继续细划建立起一套较完整的社会评价指标体系，针对社会评价指标衡量单位不统一的难点，重点研究了生态资源经济价值量的计量，解决社会评价中生态资源与其他经济数量指标的比较问题[82]。吴宗法和王浣尘认为投资项目社会评价包括项目社会指标评价和对项目重要社会事项的社会分析[83]。

（4）项目综合评价研究。李燕指出城市轨道项目建设影响着城市的经济、文化、教育、社会等多个方面，因此，在对轨道项目进行评价时，应建立城市轨道交通项目综合评价体系[84]。张义庭运用环境会计理论，将环境成本分析引入综合评价，构建一套新的基于环境成本的项目综合评价指标体系，并根据其特点采用一种适当的综合评价模型，以实现项目整体效益的科学评价[85]。许丽通过分析陕西的环境现状和环境保护投资的特点，指出在对环保投资项目进行评价时，应充分考虑其带来的外部效益，并将环境状态变化指标、投资经济效益指标和社会效益指标作为环保项目的综合评价指标[86]。

2.3.7　污水再生利用项目融资模式研究概况

BOT 模式作为项目融资的一种有效方式，已经被一些发达国家和发展中国家高度重视[87]，在污水处理与再生利用投融资方面，BOT 模式被认为是最为恰当的一种市场化运行方式。研究认为，污水处理和再生水生产采取 BOT 方式可有效降低生产成本、提高设施的运行效率[88]。针对 BOT 模式的风险规避，许多学者提出了相应的防范措施[89]；在投资风险分析中，有学者应用风险概率积分模型对项目财务风险进行度量和投资风险决策分析[90]。

在污水处理与再生利用 BOT 模式下的成本与投资评估中，大量的研究集中于成本的核算方法、水价的构成和收费标准等方面。侯延辉和简放陵提出了城市污水处理 BOT 投资项目中固定资产、固定资产折旧、无形资产、建设期贷款利息等的计算方法[91]；塞兴超和金世峰根据国内已建成的污水处理厂的建设和运行经验数值，综合考虑政府和投资运营商的利益，计算出深圳滨河污水处理厂和南山污水处理厂排海工程采用托管运营方式市场化运作时的污水处理服务费及政府应付给投资运营商的合理费用[92]。

2.3.8　污水再生利用管理对策研究概况

在污水再生利用对策方面，国内外学者从经济产业政策、用户意愿方面提出了许多策略和管理方法体系，对推进再生水的利用起到了一定的促进作用。例如，在经济产业政策方面构建了污水再生利用的政策框架，分别从技术、经济、产业、安全、公众接受角度对污水再生利用的发展战略予以了全面系统的评价；对再生水利用的潜力和意愿程度进行了分析，构建了支付意愿函数，确定了潜在用户使用再生水的意愿程度[93]；对公众参与的形式、途径和方法等方面进行了系统研究[94]。

2.4　本书内容结构

本书以北方缺水城市为研究对象，提出水资源综合承载力概念，并以西安市为例实证研究了污水再生利用对提高水资源综合承载力的贡献度。同时，运用根本问题分析法发现污水再生利用率不高的主要障碍是运营管理而非污水处理技术问题。故针对制约污水再生利用的经济管理问题展开研究，提出适应北方缺水城市特点的污水再生利用管理对策。

本书内容结构如图 2-2 所示。

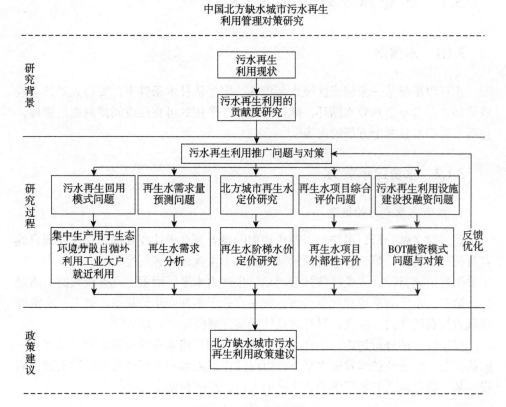

图 2-2　本书内容结构

第3章 污水再生利用对水资源和水环境承载力贡献研究

3.1 水资源承载力的概念

3.1.1 水资源

水资源是指某一流域或区域水环境在一定经济技术条件下，支持人类社会经济活动，并参与自然界水循环，维持环境生态平衡的可直接或间接利用的资源，包括水质和水量两个方面的内容[95]。

3.1.2 水资源承载力

1. 水资源承载力的概念

通过对文献分析，可知水资源承载力的概念至今未达成共识，这主要源自其自身的三个特征：第一，水资源承载力是一个主观性和客观性相统一的概念，它主要依赖研究目标、人类经济社会活动、生产力水平等因素，具有较大的不确定性。第二，水资源系统和社会经济系统一直处于不断变化的状态。第三，水资源承载力具有较强的区域性，只有对具体区域开展研究才有意义[96]。

根据以上的分析讨论，结合本书的研究目的，将水资源承载力定义如下：一定的社会、经济和技术发展水平下，以保障生态需水和经济社会可持续发展为前提，某一特定地区的水资源能够支撑的人口、经济和城市发展状态。

2. 水资源承载力的内涵

（1）水资源承载力具有明显的时空差异性。不同时段、不同区域的产业结构、节水意识和措施、社会经济与科学技术水平等因素不同，相同数量的水资源总量，其水资源承载力也会因前述因素的不同而不同。

（2）水资源承载力具有社会经济方面的内涵，具有主观性的一面[97]。水资源以具有完全自然属性的水作为研究的对象，而水资源承载力通常置于资源-经济-社会-环境的大系统下分析，以经济社会作为承载客体与重要落脚点。

（3）水资源承载力以可持续为前提。水资源承载力研究的前提条件是保障生态环境需水，水资源的使用和调配必须协调经济社会发展与生态环境之间的关系。

3.2　水资源承载力系统分析

3.2.1　城市水循环

水资源具有自然与社会的双重属性，城市水的循环除自然循环外，还受人类活动的作用而形成了社会水循环。水在城市的社会、经济系统中的运动过程即为城市水循环，这一运动过程可表述为：人类通过引、蓄、提等工程措施，不断从地下水与地表水等天然水体中取水，经过水厂的配水将水输送给工业、农业、生活、生态和城市杂用等用户，用户在使用过程中消耗一部分天然水，但大部分却变成生活污水及生产废水，废水、污水经过处理或未处理直接排放到天然水体。城市水循环过程如图 3-1 所示。

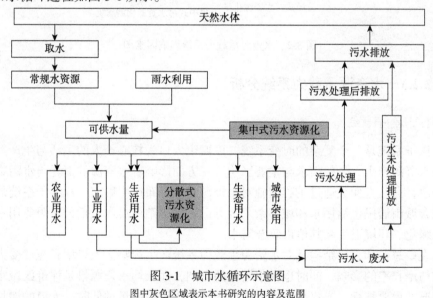

图 3-1　城市水循环示意图

图中灰色区域表示本书研究的内容及范围

3.2.2　水资源承载力系统

水资源承载力受社会、水资源、经济和环境四个方面的因素影响：社会因素分为总人口因素和城镇化率因素[98]；水资源因素分为供水总量因素和需水总量因素；经济因素分为经济总量和经济结构两个方面；环境因素分为水环境因素和生态环境因素。水资源承载力系统的影响因素如图 3-2 所示。根据影响因素，该系统包含了社会、水资源、经济和环境四个子系统，这四个子系统耦合联系作用的状态决定着水资源承载能力系统的状态。

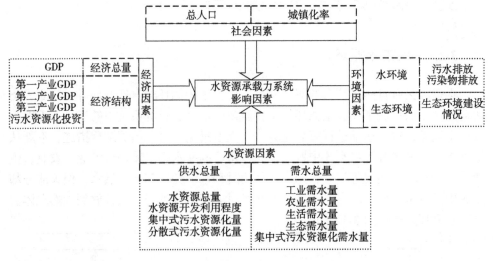

图 3-2　水资源承载力系统影响因素图

3.2.3　水资源承载力系统分析

1. 社会子系统

该子系统是一个复杂的时变系统，以城市人口为核心，人的生活与生产等过程对水资源产生大量的需求与重要影响，一方面影响着水资源的消耗与水污染物的排放，另一方面又通过工程措施对水资源时空分布产生影响。社会子系统的需水包含城市居民生活用水和城市杂用两方面，城市杂用需水包括公共服务用水、园林绿化、环境卫生和其他市政杂需水。

人口总量和人口结构都对水资源承载力系统产生影响。人口增长速度受人口基数与增长率的影响，同时也受水资源的影响，而人均水资源量是评价区域水资源情况的重要指标，人口数量过大造成人均水资源占有量过低时，人口的增长将受到水资源的制约。

2. 水资源子系统

水资源子系统由地表水、地下水、雨水利用、污水再生利用与其他水资源供水组成。水资源的需求来自于社会子系统的需求、经济子系统的需求和环境子系统的需求，具体可以分为生活需水、生产需水和生态需水。水资源的需求量与供给量之差为缺水量，缺水量通过各种缺水影响因子对社会、经济子系统造成影响。水资源供需子系统的构成及其关系如图 3-3 所示。

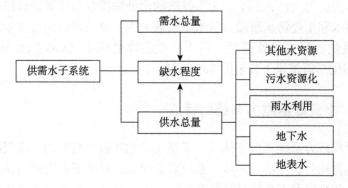

图 3-3　水资源子系统组成

3. 经济子系统

经济子系统是水资源承载力系统的重要组成，其行为对其他子系统及整个系统产生影响。首先，经济子系统中的三大产业结构及发展状况在很大程度上影响着水资源的需求量；其次，经济发展水平也影响着水资源开发利用能力和污水再生利用的能力，从而影响着水资源供给总量[99]；再次，水资源又承载着这三大产业的发展，水资源的短缺将对经济子系统的产生限制作用；最后，经济子系统产生大量的污水、废水对水环境造成影响。

按照产业结构划分，可将全部经济活动划分为第一产业、第二产业和第三产业三大类。其需水特点如下。

第一产业为农业，农业需水主要包括农田灌溉需水与林牧渔畜需水。农业需水具有量大面广和一次性消化的特点。

第二产业主要分为工业和建筑业。工业包含的产业门类众多，各行业需水情况差别很大，通常采用某一区域的万元工业增加值用水量来衡量各行业之间的需水差异。建筑业在第二产业中占据较小比例，其用水所占比例也较小。在后续的研究中，将用工业需水量代替第二产业需水量。工业需水量大，同样排放大量工业废水，工业需水受工业增加值、万元工业增加值用水量和工业用水重复利用率影响很大，废水的产生情况又与废水排放系数相关联[100]。

第三产业包括商业、餐饮业和其他服务业[101]。单位需水量和总需水量均受城镇化率的影响，一方面随着城镇化进程的加快，社会经济快速发展，提高了第三产业的单位需水量；另一方面第三产业总需水量的增加受城镇人口与单位需水量的双重作用。

4. 环境子系统

首先，水是生态环境的重要构成要素，生态环境的可持续发展要以一定的水量和水质作为前提条件；其次，污水排放和污染物排放对环境造成破坏作用。污水由生活污水和工业污水组成，污水排放量分为二级处理后的排放量和未经处理的直接排放量，经二级处理过的污水一般能降低污水 COD（chemical oxygen demand，即化学需氧量）含量的 80%~90%。

3.2.4　水资源承载力系统的特点

水资源承载力系统具有整体性，子系统间相互联系与制约。水资源子系统通过需水总量将社会、经济、环境子系统联系起来，环境子系统通过污水排放量将社会、经济和水资源子系统联系起来，社会子系统又通过城镇人口将经济子系统联系起来。水资源子系统中的集中式污水再生利用供需比将集中式污水再生利用需水子系统与污水再生利用供水子系统相联系，而环境子系统中的污水二级处理量决定了集中式污水再生利用供给量的上限，可见水资源承载力系统的各个子系统及元素是相互联系的。水资源承载力系统的特点可概括如下。

（1）水资源承载力系统影响因素众多，且各因素相互联系与作用。系统存在众多的因果关系，如人口总量与城镇化率影响到农村与城镇生活需水量，生活需水量又会影响污水排放量，进而影响到污水二级处理量与污水再生利用量；工业增加值、万元工业增加值用水量、工业用水重复利用率影响到工业需水量，以及污水再生利用回用于工业的量，以上所列的因果关系都是很直观的。但是某些非直接的、经过多重反馈而产生的因果关系，往往很难直观判断出来，如集中式污水再生利用对 COD 排放总量的影响等。

（2）水资源承载力系统具有多层次性。该系统包含社会、经济、水资源、环境四个子系统，各子系统又可分为二级子系统，如水资源子系统可以分为水资源供需子系统、污水再生利用供水子系统、集中式污水再生利用需水子系统。同时，不同层次的子系统中的因素互相影响、相互作用。

（3）水资源承载力系统具有多重反馈性。该系统中的反馈关系多而复杂，如由人口、经济造成水资源不足的影响通过缺水量反馈给人口增长速度、GDP 增长速度和工业增加值、第三产业增加值增长速度，希望降低其增长速度，从而降低需水量的增长，形成一个负反馈回路。

（4）水资源承载力系统是随时间变化的动态系统。系统中的很多因素是时间的变量，如总人口、城镇化率、万元增加值用水量、GDP 等。

3.3　水资源承载力系统动力学模型构建

系统动力学是一种模拟系统结构、分析系统间的因果关系从而建立系统回路的综合性学科，它是一种定量与定性方法相结合，能够处理非线性、时间延迟等复杂的系统问题，可以模拟不同政策下系统的响应及仿真不同政策下系统的运行结果，因此特别适合中长期系统的研究[102,103]。

根据系统动力学的基本理论及其应用实践，可以总结出其主要特点，具体如下[104]。

（1）能够从宏观、动态、系统的角度来模拟复杂系统的运行。

（2）更加注重系统结构及其变量间因果关系的研究。

（3）对历史数据精确度的要求不高。

（4）应用范围广泛，在生物、农业、能源、技术、交通、水利、社会等各个领域都有相关应用。

国内外运用系统动力学方法解决水环境承载力、水资源承载力、水资源供需平衡、再生水系统分析、水污染等方面的问题都有涉及。叶龙浩以沁河流域为例，建立了水环境承载力核算模型，并提出流域系统优化的调控方法[105]；童玉芬综合考虑了不同水来源、需水方向及其需求结构等因素，建立了对北京市水资源人口承载力分析的系统动力学模型进行仿真模拟[106]；杨开宇利用系统动力学模型分析预测我国未来城镇化对水资源供求变化趋势的影响[107]。宋剑峰等绘制了模拟再生水回用对传统水循环影响的系统动力学流图[108]。

3.3.1　系统的界限与状态变量

建立西安市水资源承载力系统动力学模型的目的是从系统的角度对西安市污水再生利用对水资源承载力的贡献进行动态、整体、量化的研究，根据这一建模目的，考虑模型界限。

将系统的空间界限定义为西安市行政辖区，总面积为 10 108 平方千米，范围包括西安市的城市总体规划（2008~2020 年）范围及沣渭新区，概括为城十区三县及五区一港两基地，城十区具体包括城六区（新城区、莲湖区、雁塔区、灞桥区、未央区、碑林区）及长安区、临潼区、阎良区和 2014 年 12 月 13 日新设立的高陵区；三县为户县、周至县、蓝田县；五区一港两基地分别为高新开发区、经济开发区、曲江新区、浐灞生态区、沣渭新区、国际港务区、航天产业基地和航空产业基地。

模拟的时间为 2009 ~ 2030 年，基准年是 2013 年，其中 2009~2013 年为历史统计数据年，是建模和验证阶段；2014~2030 年为模型仿真预测年，是预测和调整阶段。模拟时间间隔为1年。

3.3.2　系统的状态变量

模型涉及的变量有状态变量、速率变量和辅助变量，其中，状态变量随时间而变化，能够最终决定系统行为，所以，根据系统研究的目的，先确定状态变量，再通过对系统结构的分析进一步找出速率变量和辅助变量。

反映城市社会经济方面的状态变量主要包括总人口、GDP、工业增加值、第三产业增加值、灌溉面积；反映污水再生利用方面的状态变量主要包括分散式污水再生利用量、集中式污水再生利用量；反映城市生态建设和环境方面的状态变量主要包括林地草地面积、河湖生态需水量。根据上述状态变量和对系统因果关系与结构的分析可做出相应的速率变量和辅助变量。

3.3.3　模型的系统构成

水资源承载力系统为"社会-经济-水资源-环境"四个子系统的综合，这四个部分的耦合作用关系决定了水资源承载能力系统的状态。采用系统动力学的语言加以描述，水资源承载力系统包含四个子系统，以 S 表示水资源承载力系统，则系统构成的数学表达式为

$$\Pi(S) = \{S_1, S_2, S_3, S_4\} \tag{3-1}$$

其中，S_1 为社会子系统；S_2 为经济子系统；S_3 为水资源子系统；S_4 为环境子系统。

3.3.4　子系统之间的相互关系

图3-4直观地反映了各个子系统内部构成及其元素间的相互关系、相互作用，可以看出社会、经济、水资源与环境四个子系统间存在如下的相互关系。

（1）社会子系统与经济子系统：社会子系统中的城镇人口影响经济子系统中第三产业的发展，总人口决定了人均 GDP 的值。

（2）社会子系统与环境子系统：社会子系统中的农村与城镇生活需水量通过生活污水排放系数与环境子系统中的生活污水排放量相联系。

（3）社会子系统与水资源子系统：社会子系统中的生活需水量影响水资源系统中的需水总量，而水资源系统中的供水总量与需水总量的差值——缺水量通过缺水影响因子影响社会子系统中的人口增长速度。

（4）经济子系统与环境子系统：经济子系统中的工业需水量通过工业污水排放系数来影响环境子系统中的工业污水排放量。

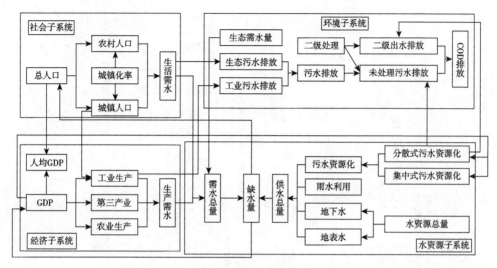

图 3-4　污水再生利用子系统相互关系图

（5）经济子系统与水资源子系统：经济子系统中的生产需水量影响水资源子系统的需水总量，而水资源总系统中的缺水量制约着经济子系统中工业增加值、第三产业增加值、GDP 和灌溉面积的发展。

（6）环境子系统与水资源子系统：环境子系统中的生态需水量影响水资源子系统中的需水总量，而水资源子系统中的分散式污水再生利用量影响环境子系统中的未处理污水排放量，集中式污水再生利用量影响着二级出水排放量。

3.3.5　系统的因果关系分析

结合水资源承载力系统构成及上文所分析的各子系统变量，绘制水资源承载力系统因果关系图，为下一步构建系统总流图做准备，见图 3-5 所示。

Vensim 软件还提供了"Causes Tree"与"Uses Tree"进行因果关系分析，下面结合因果关系图，借助这两个工具进行各主要变量间的因果关系分析。

1. 集中式污水再生利用量

影响集中式污水再生利用量的因素主要有污水二级处理量和集中式污水再生利用增长量，其中，污水二级处理量是判断变量，当污水二级处理量小于集中式污水再生利用量时，集中式污水再生利用量为二级处理量，否则集中式污水再生利用量由集中式污水再生利用增长量决定。影响集中式污水再生利用增长量的因素有集中式污水再生利用供需比、集中式污水再生利用投资不足因了、管网覆盖率和集中式污水再生利用增长率。其中，集中式污水再生利用供需比是判断变量，

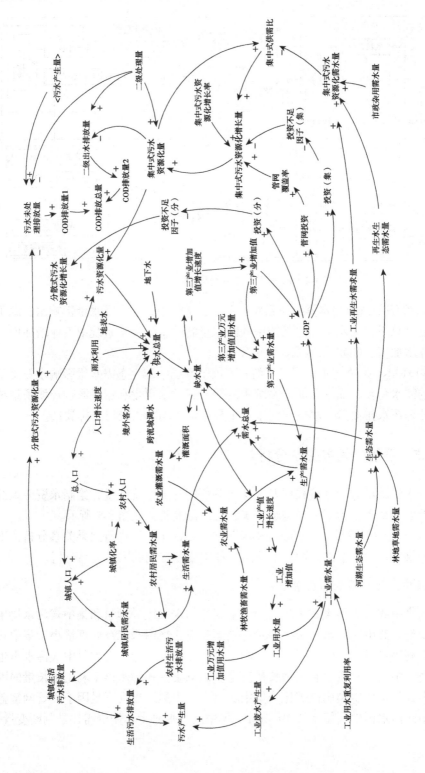

图3-5　水资源承载力系统因果关系图

判断标准为，如果集中式污水再生利用供需比大于 1，则集中式污水再生利用增长量为零，集中式污水再生利用不再增长，否则集中式污水再生利用增长量由其他变量决定；集中式污水再生利用投资不足因子反映了影响集中式污水再生利用增长的经济因素，它由集中式污水再生利用投资和集中式污水再生利用建设期望投资比较计算得出；集中式污水再生利用增长率是决策变量，其数值由人为调控，集中式污水再生利用供需比为内部变量。集中式污水再生利用量的原因树如图 3-6 所示。

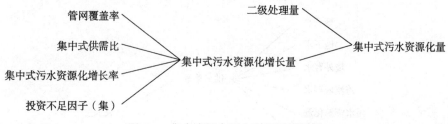

图 3-6　集中式污水再生利用量原因树

2. 分散式污水再生利用量

影响分散式污水再生利用的主要变量有城镇生活污水排放量和分散式污水再生利用增长量。其中，城镇生活污水排放量是决策变量，当分散式污水再生利用量大于城镇生活污水排放量时，分散式污水再生利用量即为城镇生活污水排放量，否则分散式污水再生利用量由分散式污水再生利用增长量决定。影响分散式污水再生利用增长量的因素有分散式污水再生利用增长率和分散式投资限制因子。集中式污水再生利用量的原因树见图 3-7。

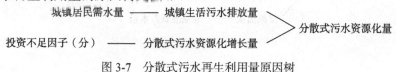

图 3-7　分散式污水再生利用量原因树

3. 城镇人口

城镇人口作为社会子系统的重要因素，不但对社会子系统内部产生作用，也联系着其他子系统，城镇人口的结果树见图 3-8。

4. 缺水量

缺水量由供水总量和需水总量决定。供水总量由地表水、地下水、境外客水、跨流域调水、污水再生利用量和雨水利用量组成；需水总量由第三产业需水量、工农业需水量、生活需水量和生态需水量组成，缺水的原因树如图 3-9 所示。而缺水量又制约着三大产业和人口的增长速度，缺水量的结果树如图 3-10 所示。

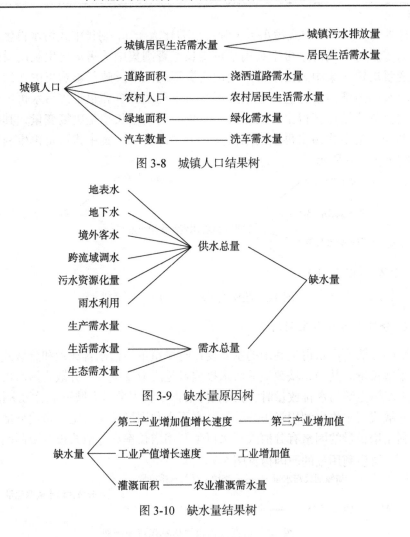

图 3-8　城镇人口结果树

图 3-9　缺水量原因树

图 3-10　缺水量结果树

3.3.6　系统的主要反馈回路

系统的反馈分为正反馈和负反馈两种，而缺水量是联系系统中各因素的重要变量，再次对其做反馈回路的分析。系统中关于缺水量的反馈回路如下。

（1）负反馈回路：缺水量→–灌溉面积→+农业灌溉需水量→+农业需水量→+生产需水量→+需水总量→+缺水量。

（2）负反馈回路：缺水量→–第三产业增加值增长速度→+第三产业增加值→+第三产业需水量→+生产需水量→+需水总量→+缺水量。

（3）负反馈回路：缺水量→–工业产值增长速度→+工业增加值→+工业用水量→+工业需水量→+生产需水量→+需水总量→+缺水量。

（4）正反馈回路：缺水量→-工业产值增长速度→+工业增加值→+GDP→+投资（集）→-投资不足因子（集）→-集中式污水再生利用增长量→+集中式污水再生利用量→+污水再生利用量→+供水总量→-缺水量。

（5）正反馈回路：缺水量→-工业产值增长速度→+工业增加值→+GDP→+投资（分）→-投资不足因子（分）→-分散式污水再生利用增长量→+分散式污水再生利用量→+污水再生利用量→+供水总量→-缺水量。

（6）正反馈回路：缺水量→-工业产值增长速度→+工业增加值→+GDP→+管网投资→+管网覆盖率→+集中式污水再生利用增长量→+集中式污水再生利用量→+污水再生利用量→+供水总量→-缺水量。

（7）正反馈回路：缺水量→+第三产业增加值增长速度→+第三产业增加值→+GDP→+投资（集）→-投资不足因子（集）→-集中式污水再生利用增长量→+集中式污水再生利用量→+污水再生利用量→+供水总量→-缺水量。

（8）正反馈回路：缺水量→-第三产业增加值增长速度→+第三产业增加值→+GDP→+投资（分）→-投资不足因子（分）→-分散式污水再生利用增长量→+分散式污水再生利用量→+污水再生利用量→+供水总量→-缺水量。

（9）正反馈回路：缺水量→-第三产业增加值增长速度→+第三产业增加值→+GDP→+管网投资→+管网覆盖率→+集中式污水再生利用增长量→+集中式污水再生利用量→+污水再生利用量→+供水总量→-缺水量。

（10）正反馈回路：缺水量→-工业产值增长速度→+工业增加值→+工业用水量→+工业需水量→+工业再生水需求量→+集中式污水再生利用需水量→+集中式供需比→+集中式污水再生利用增长量→+集中式污水再生利用量→+污水再生利用量→+供水总量→-缺水量。

3.3.7 水资源承载力系统 SD 模型的总流图

假设投资能满足集中式污水再生利用和分散式污水再生利用的需求，二者的投资不足因子和管网影响因子均设为 1，考虑分散式污水再生利用和集中式污水再生利用不受资金的影响，分析其按照政策设定的增长率来增长时所带来的投资压力，用总投资占 GDP 的比重表示，根据因果关系分析，建立如图 3-11 所示的水资源承载力系统 SD（system dynamics，即系统动态学）模型的流图。

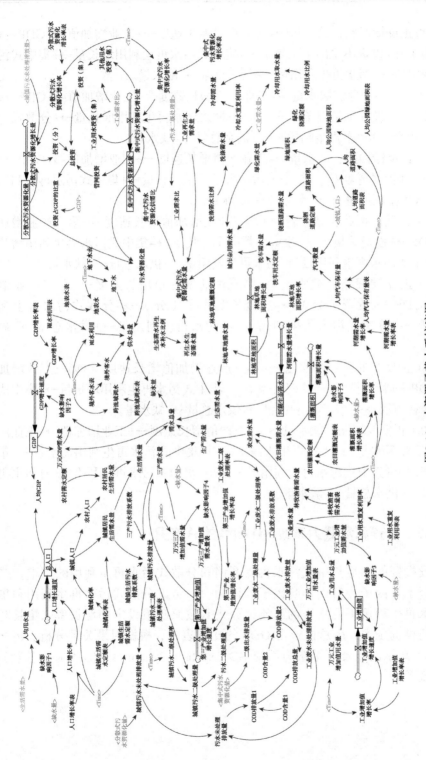

图3-11　水资源承载力系统流图

图中 "< >" 内容表示变量为隐藏式变量

3.3.8　水资源承载力系统 SD 模型的变量集

在以上模型分析的基础上，确定相应的速率变量及辅助变量，所涉及 9 个状态变量、9 个速率变量、95 个辅助变量、4 个子系统的辅助变量分别如表 3-1 所示。其中，A 表示辅助变量，R 表示速率变量，L 表示状态变量，dmnl 表示没有量纲。

表 3-1　水资源承载力系统 SD 模型变量情况

类别	变量名称	单位	类别	变量名称	单位
社会子系统					
L	总人口	万人	A	农村人口	万人
R	人口增长速度	万人	A	农村居民生活需水量	万吨
A	城镇人口	万人/年	A	农村需水定额	升/(人·日)
A	城镇化率	dmnl	A	人均 GDP	元
A	人口增长率	dmnl	A	农村需水定额	升/(人·日)
A	城镇生活需水定额	升/(人·日)	A	人均 GDP	元
A	城镇生活污水排放系数	dmnl	A	居民生活需水量	万吨
A	城镇居民生活需水量	万吨	A	人均用水量	吨
A	城镇污水排放量	万吨	A	缺水影响因子 1	dmnl
A	城镇污水二级处理率	dmnl	A	城镇污水未处理排放量	万吨
经济子系统					
L	工业增加值	亿元	A	工业用水重复利用率	dmnl
L	第三产业增加值	亿元	A	工业增加值增长率	dmnl
L	灌溉面积	万亩	A	缺水影响因子 3	dmnl
L	GDP	亿元	A	缺水影响因子 4	dmnl
R	工业增加值增长速度	亿元/年	A	GDP 增长率	dmnl
R	第三产业增加值增长速度	亿元/年	A	缺水影响因子 2	亿元
R	灌溉面积增长量	万吨/年	A	农业需水量	万吨
R	GDP 增长速度	亿元/年	A	农田灌溉需水量	万吨
A	万元三产增加值需水量	吨/元	A	林牧渔畜需水量	万吨
A	第三产业增加值增长率	dmnl	A	农田灌溉定额	吨/亩
A	三产需水量	亿吨	A	灌溉面积增长率	dmnl
A	生产需水量	万吨	A	工业废水排放系数	dmnl
A	工业需水量	万吨	A	三产污水排放系数	dmnl
A	工业废水二级处理率	dmnl	A	工业废水二级处理量	万吨
A	工业废水排放量	万吨	A	万元工业增加值用水量	吨/元
A	缺水影响因子 5	dmnl			

续表

类别	变量名称	单位	类别	变量名称	单位
水资源子系统					
A	集中式污水再生利用量	万吨	A	需水总量	万吨
A	分散式污水再生利用量	万吨	A	污水再生利用量	亿吨
A	集中式污水再生利用增长量	万吨	A	地表水	亿吨
A	分散式污水再生利用增长量	万吨	A	地下水	亿吨
A	生态需水再生水补水比例	dmnl	A	总投资	亿元
A	集中式污水再生利用增长率	dmnl	A	投资（分）	万元
A	雨水利用	亿吨	A	投资占 GDP 的比重	dmnl
A	境外客水	亿吨	A	管网投资	万元
A	跨流域调水	亿吨	A	工业用水投资（集）	万元
A	缺水量	万吨	A	其他用水投资（集）	万元
A	供水总量	万吨	A	工业需求比	dmnl
A	工业再生水需求量	万吨	A	投资（集）	万元
A	市政杂用需水量	万吨	A	浇洒道路需水量	万吨
A	洗车需水量	万吨	A	浇洒道路定额	升/(米²·日)
A	洗车用水定额	升/辆次	A	道路面积	万平方米
A	冷却需水量	万吨	A	人均汽车保有量	辆
A	冷却用水重复利用率	dmnl	A	绿化需水量	万吨
A	冷却用水取水量	万吨	A	绿地面积	万平方米
A	冷却用水比例	dmnl	A	人均园林绿地面积	平方米
A	洗涤需水比例	dmnl	A	绿化浇灌定额	吨/（公顷·日）
A	分散式污水再生利用增长率	dmnl	A	人均道路面积	米²
A	再生水生态需水量	万吨	A	洗涤需水量	万吨
环境子系统变量					
L	河湖生态需水量	万吨	A	林地草地面积增长率	dmnl
L	林地草地面积	公顷	A	河湖需水量增长率	dmnl
R	河湖需水量增长量	万吨	A	林地草地需水量	万吨
R	林地草地面积增长量	公顷	A	林地草地浇灌定额	吨/（公顷·日）
A	生态需水量	万吨	A	COD 排放总量	吨
A	COD 含量 1	毫克/升	A	COD 排放量 1	吨
A	COD 含量 2	毫克/升	A	COD 排放量 2	吨
A	污水未处理排放量	万吨	A	污水二级处理量	万吨

3.3.9　水资源承载力系统 SD 模型的基本方程

在绘制出水资源承载力系统流图的基础上，进行方程编辑，以确定流图中各变量的数量关系。采用 Vensim 软件的可视化编程语言来编辑方程式，函数关系、参数值及变量单位均可以直接输入模型中，输入界面见图 3-12。

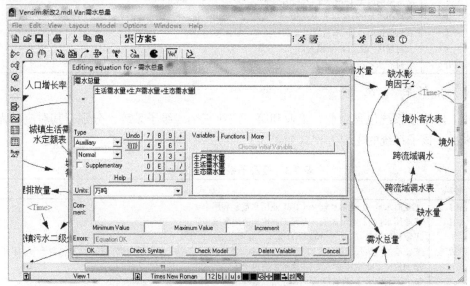

图 3-12　Vensim 软件方程输入界面

本模型包含有 9 个状态方程，9 个速率方程和众多的辅助方程，下面对四个子系统中涉及的主要方程式说明如下，其中，A、R、L 含义与表 3-1 一致，E 代表函数、Const 代表常数。

1. 社会子系统

社会子系统以总人口为核心，涉及城镇生活需水量、农村生活需水量等变量，相关的方程式如表 3-2 所示。

表 3-2　社会子系统主要方程式

种类	方程式
L	总人口=总人口+DT（人口增长速度）
A	居民生活需水量=城镇居民生活需水量+农村居民生活需水量
A	城镇人口=总人口×城镇化率
E	城镇化率=TABLE（TIME.K）
A	城镇生活需水量=城镇人均生活需水定额×城镇人口×365/1 000
E	城镇生活需水定额=TABLE（TIME.K）

种类	方程式
R	人口增长速度=IF THEN ELSE（缺水影响因子1≤0，总人口×人口增长率，总人口×人口增长率−缺水影响因子1）
E	人口增长率=TABLE（TIME.K）
A	缺水影响因子1=缺水量/人均用水量
A	人均用水量=需水总量/总人口
A	农村居民需水量=农村居民×农村需水定额×365/1 000
A	农村居民=总人口−城镇人口
C	农村需水定额= Const.

2. 经济子系统

经济子系统包含农业、工业和第三产业三个二级子系统，分别有其对应的需水量，该子系统的主要方程式如表3-3所示。

表 3-3　经济子系统主要方程式

种类	方程式
A	工业需水量=工业用水量×（1−工业用水重复利用率）
A	工业用水量=工业增加值×万元工业增加值用水量
L	工业增加值.K=工业增加值.J+DT×（工业增加值增长速度）
R	工业增加值增长速度= IF THEN ELSE（缺水影响因子3≤0，工业增加值×工业增加值增长率，工业增加值×工业增加值增长率−缺水影响因子3）
A	缺水影响因子3=缺水量/万元工业增加值需水量
A	万元工业增加值需水量=工业需水量/工业增加值
E	工业增加值增长率=TABLE（TIME.K）
E	工业用水重复利用率=TABLE（TIME.K）
E	万元工业增加值用水量=TABLE（TIME.K）
A	三产用水量=第三产业增加值×万元第三产业增加值需水量
L	第三产业增加值.K=第三产业增加值.J+DT（第三产业增加值增长速度）
R	第三产业增加值增长速度= IF THEN ELSE（缺水影响因子4≤0，第三产业增加值×第三产业增加值增长率，第三产业增加值×第三产业增加值增长率−缺水影响因子4）
E	第三产业增加值增长率=TABLE（TIME.K）
E	万元第三产业增加值需水量=TABLE（TIME.K）
A	农业需水量=农业灌溉需水量+林牧渔畜需水量
E	农业灌溉需水量=TABLE（TIME.K）
A	林牧渔畜需水量=灌溉面积×农田灌溉定额
L	农田灌溉面积.K=农田灌溉面积.J+DT（灌溉面积增长量）
R	灌溉面积增长量=灌溉面积×灌溉面积增长率
E	灌溉面积增长率=TABLE（TIME.K）
A	万元COD排放量=COD排放总量/GDP
L	GDP.K=GDP.J+DT（GDP增长速度）
R	GDP增长速度=IF THEN ELSE（缺水影响因子1≤0，人口增长率×总人口，总人口×人口增长率−缺水影响因子1）
E	GDP增长率=TABLE（TIME.K）

注：表中 K 表示现在；J 表示刚刚过去那一时刻；L 表示紧随当前的未来的那一时刻

3. 水资源子系统

污水再生利用量是水资源子系统的重要变量，污水再生利用量由分散式污水再生利用量和集中式污水再生利用量两部分组成，缺水量是联系供水总量与需水总量的变量，也是系统的核心变量，该子系统相关的方程式如表 3-4 所示。

表 3-4　水资源子系统主要方程式

种类	方程式
A	污水再生利用量=（分散式污水再生利用量+集中式污水再生利用量）/10 000
L	分散式污水再生利用量=分散式污水再生利用量+DT（分散式污水再生利用增长量）
R	分散式污水再生利用增长量=IF THEN ELSE（城镇污水未处理排放量≤0，0，分散式污水再生利用量 × 分散式污水再生利用增长率）
E	分散式污水再生利用增长率=TABLE（TIME.K）
L	集中式污水再生利用量=集中式污水再生利用量+DT（集中式污水再生利用增长量）
R	IF THEN ELSE（污水二级处理量≥集中式污水再生利用量，IF THEN ELSE（集中式污水再生利用供需比≥1，集中式污水再生利用量×集中式污水再生利用增长率），0）
E	集中式污水再生利用增长率=TABLE（TIME.K）
A	集中式污水再生利用供需比=集中式污水再生利用量/集中式污水再生利用需水量
A	集中式污水再生利用需水量=工业再生水需求量+再生水生态需水量+城市杂用需水量
A	工业再生水需求量=冷却需水量+洗涤需水量
A	冷却需水量=冷却用水取水量 ×（1–冷却水重复利用率）
A	冷却用水取水量=工业需水量 × 冷却用水比例
C	冷却用水比例=Const.
C	冷却水重复利用率=Const.
A	洗涤需水量=工业需水量 × 洗涤用水比例
C	洗涤用水比例=Const.
A	再生水生态需水量=生态需水量 × 生态需水再生水补水比例
C	生态需水再生水补水比例=Const.
A	总投资=［管网投资+投资（分）+投资（集）］/10 000
A	投资占 GDP 的比重=总投资/（GDP × 10 000）
A	投资（分）=1 739 ×（分散式污水再生利用增长量/365）$^{0.902}$
A	管网投资=135.52 × 集中式污水再生利用增长量$^{0.729\,8}$
A	投资（集）=工业用水投资（集）+其他用水投资（集）
A	工业用水投资（集）=1 080 ×（集中式污水再生利用增长量 × 工业需求比）$^{0.91}$
A	其他用水投资=2 282 ×［集中式污水再生利用增长量 ×（1–工业需求比）］$^{0.78}$
A	工业需求比=工业再生水需求量/集中式污水再生利用需水量
A	城市杂用需水量=浇洒道路需水量+绿化需水量+洗车需水量
A	浇洒道路需水量=道路面积 × 浇洒道路定额
A	道路面积=城镇人口 × 人均道路面积
C	浇洒道路定额= Const.
E	人均道路面积=TABLE（TIME.K）
A	绿化需水量=绿地面积 × 绿化浇灌定额 × 200/10 000
A	绿地面积=城镇人口 × 人均公园绿地面积
E	人均公园绿地面积=TABLE（TIME.K）
A	缺水量=需水总量–供水总量
A	需水总量=居民生活需水量+生产需水量+生态需水量
A	供水总量=（地下水+地表水+污水再生利用量+雨水利用+境外客水+跨流域调水）× 10 000

4. 环境子系统

环境子系统包含污染物排放与生态环境两部分，分别以 COD 排放总量和生态需水量这两个变量为核心，该子系统涉及的主要方程式如表 3-5 所示。

表 3-5　与需水总量相关的方程式

种类	方程式
A	COD 排放总量=COD 排放量 1+COD 排放量 2
A	COD 排放量 1=污水未处理排放量×COD 含量 1/100
C	COD 含量 1= Const.
A	污水未处理排放量=城镇污水未处理排放量+工业废水未处理排放量
A	城镇污水未处理排放量=城镇污水排放量−城镇污水二级处理量−分散式污水再生利用量
A	城镇污水排放量=城镇居民生活需水量×城镇生活污水排放系数+三产需水量×三产污水排放系数
A	城镇污水二级处理量=城镇污水排放量×城镇污水二级处理率
C	城镇生活污水排放系数= Const.
C	三产污水排放系数= Const.
E	城镇污水二级处理率=城镇污水二级处理率表函数（TIME.K）
A	工业废水未处理排放量=工业废水排放量−工业废水二级处理量
A	工业废水二级处理量=工业废水排放量×工业废水二级处理率
E	工业废水二级处理率=TABLE（TIME.K）
A	工业废水排放量=工业需水量×工业废水排放系数
A	工业废水排放系数= Const.
A	COD 排放量 2=二级出水排放量×COD 含量 2/100
C	COD 含量 2= Const.
E	二级出水排放量=二级处理量−集中式污水再生利用量
R	生态需水量=河湖生态需水量+林地草地需水量
	林地草地需水量=林地草地面积×林地草地灌溉定额×120/10 000
E	林地草地面积.K=林地草地面积.J+DT（林地草地面积增长量）
A	林地草地面积增长量=林地草地面积×林地草地面积增长率
A	林地草地面积增长率= Const.
A	河湖生态需水量=河湖生态需水量+DT（河湖需水量增长量）
A	河湖需水量增长量=河湖生态需水量×河湖需水增长率
E	河湖需水增长率=TABLE（TIME.K）

3.4　西安市水资源概况

3.4.1　西安市自然地理及社会经济发展情况

1. 地理位置、地质与地貌

西安市位于关中盆地中部，地跨渭河南北两岸，介于北纬 33°42′～34°44′，东经 107°40′～109°49′，现辖新城区、碑林区、莲湖区、灞桥区、未央区、雁塔区、阎良区、长安区、临潼区、高陵区、户县、蓝田县、周至县 10 区 3 县。西安市的地质构造兼跨秦岭地槽褶皱带和华北地台两大单元，与此同时，大断裂以北属于华北地台的渭河断陷继续沉降，在风积黄土覆盖和渭河冲积的共同作用下形成渭河平原[109]。西安地处渭河断陷盆地中部南缘地带的渭河冲积平原二、三级阶地上。地势东南高、西北低，由东南向西北阶梯下降。

2. 气候条件

西安市平原地区属暖温带半湿润大陆季风气候区，四季分明，气候温和。冬季干燥寒冷，春季宜人温暖，夏季炎热多雨，秋季凉爽湿润。全市年平均气温 13.2℃，全年最冷的 1 月份平均气温为 -0.9℃，最热的 7 月份平均气温 26.4℃，多年极端最低气温 -20.6℃，极端最高气温 43.4℃。全市年平均降水量 594.1 毫米。雨量主要分布在 7 ~ 9 月，占全年降雨量的 45 ~ 60%，年平均湿度 69.6%，年日照 2 058.2 小时。全年无霜期 207 天，年平均降雪日 13.8 天，积雪深度 20 厘米左右，冻土深度 10 厘米左右[110]。

3. 河流水系

西安市主要在黄河流域，泾河、渭河、浐河、灞河、潏河、滈河、沣河、涝河，称长安八水，曾有"八水绕长安"之称，长安八水及黑河是西安市的主要河流，9 条河流河道总长度为 1 834.9 千米，西安段河道总长度为 705.2 千米，山区段河道总长度为 270.04 千米，平原段河道总长度为 435.16 千米，长安八水及黑河情况如表 3-6 所示。此外还分布有石川河、涝河、零河等其他大大小小 54 条河流，有水库 96 座，总蓄水能力为 6.4 亿立方米。西安市水系分布如图 3-13 所示。

表 3-6 长安八水及黑河情况汇总表

河流名称	河道总长/千米	西安段河道长/千米	山区河道长/千米	平原段河道长/千米	流域面积/平方千米	年径流量/亿立方米
泾河	455.1	11	—	11	45 421	14.83
渭河	818	140.6	—	140.6	134 800	100.4
浐河	64.6	64.6	20.9	43.7	760	2.35
灞河	104.1	104.1	33.5	70.6	2 581	7.36
滈河	46.1	46.1	29.24	16.86	278.3	0.82
潏河	64.2	64.2	16.5	47.7	687	1.73
沣河	75	66.8	29.8	37	1 386	4.23
涝河	82	82	43.8	38.2	663	1.79
黑河	125.8	125.8	96.3	29.5	2 258	7.25

资料来源：《"八水润西安"规划》

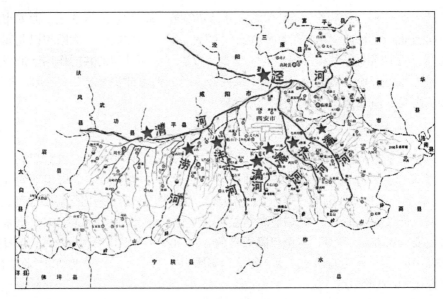

图 3-13　西安市水系分布图

4. 社会状况

2013 年末西安市常住人口为 858.81 万人，比上年末增加 3.52 万人，人口自然增长率为 4.20%，人口机械增长率为 0.26%。西安市城镇化率持续提高，城镇化率由 2005 年的 63.28%增长到 2013 年的 72.05%，城镇人口也由 2005 年的 510.55万人增长到 618.77 万人。2005~2013 年西安市人口及城镇化率变化情况如图 3-14所示。

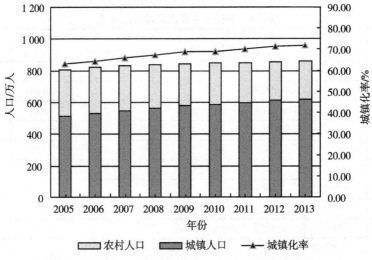

图 3-14　2005~2013 年西安市人口及城镇化率变化情况

5. 经济状况

1990~2013 年西安市 GDP 的发展变化情况如图 3-15 所示，年平均增长率高于 10%，近十年基本稳定在 10%～20%。自 2005 年开始，西安市经济发展势头强劲，GDP 由 2005 年的 1 313.93 亿元增长到 2013 年的 4 884.13 亿元。2006~2010 年 GDP 增长速度在 20%左右。

图 3-15　1990~2013 年西安市 GDP 及其增长率

1990~2013 年西安市三大产业产值的增长情况如图 3-16 所示，2013 年西安市产业结构如图 3-17 所示。第二产业、第三产业自 2005 年起增长迅速。除 1994 年外主导产业为第二产业外，其余年份主导产业一直为第三产业，2013 年占比为 52.18%，第二产业的比重稳定在 42%左右，2013 年达到 43.36%；第一产业的比重是保持下降的趋势，2013 年比重为 4.46%。可以看出，西安市的第二产业和第三产业对西安市经济的增长贡献巨大。

通过对西安市社会经济状况的分析可以看出，西安市具有较高的城镇化率与经济发展水平，而且总人口与城镇化率持续增加，经济总量蓬勃发展，这必将带来巨大的水资源需求量，造成水污染现状的加剧。

3.4.2　西安市水资源现状分析

1. 西安市水资源状况

西安市多年平均水资源总量为 23.49 亿立方米，人均占有水资源量仅为 314 立

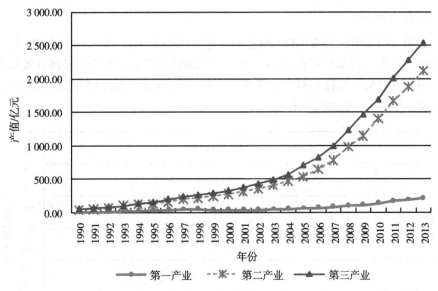

图 3-16   1990~2013 年西安市三项产业产值的增长情况

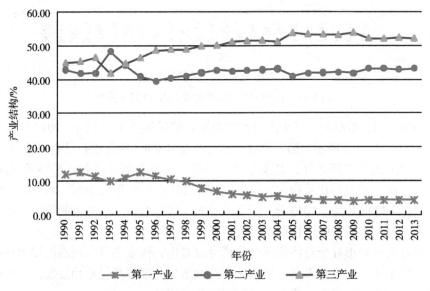

图 3-17   1990~2013 年西安市产业结构情况

方米,远低于人均每年 1 000 立方米的国际水紧缺警戒线[111],仅相当于全国平均水平 2 069 立方米的 15.18%,属于水资源承载力相对薄弱的城市。西安市具有 19.75 亿立方米的地表水资源与 14.31 亿立方米的地下水资源,其可利用量分别为 7.50 亿立方米和 9.07 亿立方米;地下水、地表水重复计算量为 10.57 亿立方米,西安市多年平均水资源情况如表 3-7 所示,2006~2013 年西安市水资源情况如表 3-8 所示。西安市水资源总量按地域分布如下：黄河流域为 22.56 亿立方米，其中，渭河南岸为 20.92 亿立方米，渭河北岸为 1.64 亿立方米；长江流域为 0.92 亿立方米。

表 3-7　西安市多年平均水资源情况

项目	地表水	地下水	重复计算量	总计
水资源总量/亿立方米	19.75	14.31	10.57	23.49
水资源可利用量/亿立方米	7.50	9.07	—	16.57

表 3-8　2006~2013 年西安市水资源情况

年份	地表水量/亿立方米	地下水量/亿立方米	重复计算量/亿立方米	水资源总量/亿立方米	人均水资源量[1]/立方米	人均水资源量[2]/立方米
2006	13.97	11.31	7.78	17.50	212.76	282.58
2007	18.19	14.12	9.48	22.84	275.00	279.85
2008	15.02	9.97	6.95	18.05	215.52	277.52
2009	21.68	13.70	9.57	25.81	306.00	275.56
2010	24.00	11.53	7.42	28.11	331.72	274.28
2011	30.79	16.21	11.10	35.90	421.69	273.01
2012	15.89	10.35	7.38	18.86	220.51	271.75
2013	15.61	10.76	7.50	18.87	219.72	270.64

1）人均水资源量以当年水资源量计算
2）人均水资源量以多年平均水资源量计算
资料来源：2006~2013 年《陕西省水资源公报》

2. 西安市水资源供需现状

2013 年西安市用水总量为 16.95 亿立方米，其中农业用水为 6.25 亿立方米（农田灌溉用水为 5.38 亿立方米，林牧渔畜用水为 0.87 亿立方米），工业用水为 3.86 亿立方米，城镇公共用水为 1.24 亿立方米，居民生活用水量为 4.10 亿立方米，生态环境用水量为 1.5 亿立方米，2013 年西安市各部门用水所占用水总量比例情况如图 3-18 所示。2006~2013 年西安市用水量变化情况如图 3-19 所示。

西安市供水来自于地表水和地下水，已开发有集中供水水源 18 处，其中地表水 9 个，地下水 9 个。西安市 2013 年总供水量为 16.95 亿立方米，2006~2013 年西安市水资源供需达到均衡。

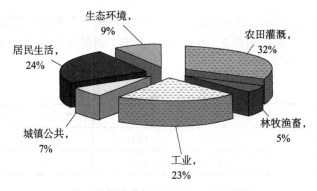

图 3-18　2013 年西安市各部门用水总量比例

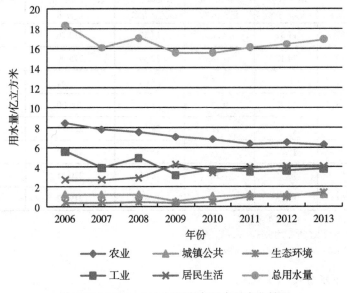

图 3-19　2006~2013 年西安市用水量变化情况

西安市供水能力基本能满足城市用水需求，但还是存在一些问题，主要表现在以下几个方面。

（1）下水水源供水能力消减严重。西安市城市供水以前一直是以地下水为主，20 世纪 90 年代初，随着黑河工程的建成投产，主城区、长安区、阎良区、户县、高陵区、周至县、蓝田县等都先后转变地表水供水为主的格局，地下水水源成为辅助和备用水源。近年来由于城市建设不断向外围发展，主城区和各区县地下水源地均受到不同程度的侵占挤压，同时随着地下水位的降低和井龄的增长，地下水开采能力逐年衰减，仅主城区地下水源的供水能力就由 2002 年的 50 万米³/日下降到 2013 年的 36.8 万米³/日，各区县也同样存在这样的问题。地下水水源供水能力的持续削减已经不能满足大西安城市供水的要求。

（2）浐河地表水供水能力削弱。主城区浐河地表水已成为季节性河流，水厂取水口又没有调节措施，加之近年来上游采砂洗砂对原水浊度影响很大，浐河地表水的实际供水量已经远远达不到其设计供水能力，高峰供水期，已经起不到多大作用。同时，随着浐河上游水源地的开发，浐河地表水供水能力也会逐渐减弱甚至消失。

（3）再生水利用率低。2013 年年底，西安市污水处理能力约为 120 万米^3/日，再生水生产能力 18 万米^3/日，而现状再生水供水量约为 2.1 万米^3/日，利用率仅 3.1%。西安是一个水资源严重不足的城市，开展城市污水再生利用是不可缺少的，相比于发达国家再生水 70% 的利用率水平，西安市污水再生利用还有很大的开发潜力。

3.4.3　西安市水环境现状分析

1. 西安市水生态环境现状

西安市历史上具有较多的水面与湿地资源，但是到近代这些水面与湿地都急剧减少，近年来，西安市开始重视并逐渐恢复和建设生态水面与湿地，累计建成生态水面 4.5 万亩，建设完成灞桥生态湿地公园，并发展水利风景区。灞桥生态湿地公园一期工程于 2011 年 10 月 24 日开放，具有绿化面积 1 650 亩，湿地面积 1 980 亩，形成了从华清池到祥玉桥总面积达 2.45 平方千米的生态景观。灞柳生态综合开发园、翠华山、灞桥湿地、汉城湖则成为国家级水利风景区。西安渭河生态景观区为西安市以堤、林、水结合的最大生态景观区，同时大唐芙蓉园、浐灞世博园公园、大明宫遗址公园、西安市城墙、曲江南湖、兴庆公园、未央湖等景区内均有水利景观。

2. 污水处理及水质现状

西安市主城区的排水设施覆盖面积为 253.5 平方千米，南北方向均以三环为界，由东至西是从纺织城到皂河。西安市除老城区及东北郊的部分管道为雨、污合流管外，其余大多为污水分流收集，拥有总长约 1 054 千米的排水管网，其中有包括雨污合流管在内的污水管道 704.9 千米，普及率达到 66%，雨水管渠 349.1 千米，普及率 55%，管渠密度约 5.9 千米/平方千米[112]。污水管网共接纳城市污水量约 154 万米^3/日。

截至 2014 年年底西安市已投入运行的污水处理厂有 14 座，污水处理总能力达到 121.6 万米^3/日，其中主城区污水处理能力为 110.0 万米^3/日，各区县污水处理能力为 11.6 万米^3/日。西安市主城区已建成污水处理厂包括第一（邓家村）污水处理厂、第二（北石桥）污水处理厂、第三污水处理厂、第四（店子村）污水处理厂、第五（袁乐村）污水处理厂、第七（西南郊）污水处理厂、第八（北郊经纬组团）污水处理厂、第九（长安县）污水处理厂。

西安市境内渭河以南各河流在出山口以上大多水质良好，出山口以下污染逐渐加重。渭河以北的石川河和清河处于河流末端，水质情况较差。检测结果表明，2010 年西安市 11 条河流中 3 条河流水质好转，它们分别是临河、涝河和渭河，其余 8 条河流（灞河、沣河、浐河、黑河、灞河、潏河、氵皂河、新河）水质污染均有不同程度加重，其中灞河和沣河水质污染加重较为明显[113]。在 11 条河流 26 个断面中，有 6 个断面水质达到其功能区划分类别（分别是灞河口、严家渠、三里桥、涝河入渭、艾蒿坪和田峪口断面）。

3.4.4　西安市污水再生利用现状分析

1. 集中式污水再生利用现状

截至 2013 年年底，西安市已建成污水再生利用设施共 4 座，处理能力为 18.0 万米^3/日，分别为西安市第一污水处理厂（邓家村）再生水处理设施、第二污水处理厂（北石桥）再生水处理设施、第三污水处理厂再生水处理设施、第七污水处理厂（西南郊）再生水处理设施，各污水处理厂的设计规模分别为 6 万米^3/日、5 万米^3/日、5 万米^3/日和 2.0 万米^3/日。第二和第三污水处理厂再生水处理设施每日提供再生水 2.1 万米^3/日，第一污水处理厂（邓家村）再生水处理设施因用户需水量过小而未运行。第七污水处理厂再生水处理设施因管网未接通而未运行。西安市主城区共铺设再生水管网共约 75.0 千米。

第二污水处理厂再生水处理设施于 2003 年建成并对外销售再生水。再生水处理工艺流程为污水处理厂出水二级提升+混凝+沉淀+气水反冲洗滤池+液氯消毒+送水泵房，再生水处理设施进水水质为一级 B 标准，出水水质达到了工业冷却用水及城市杂用水水质标准。2010 年共销售再生水量 267.7 万吨，其中工业年冷却用水量为 238.0 万吨，占总销售水量的 89.0%；小区建筑、绿化及景观补充年用水量仅为 29.7 万吨，占总销售水量的 11.0%。第三污水处理厂再生水处理设施于 2006 年建成，2007 年正式对外销售中水。再生水处理工艺流程、再生水处理设施设计进出水水质均与第二污水处理厂再生水处理设施相同。2010 年共销售再生水量 501.7 万吨，其中热电厂年冷却用水量为 499.3 万吨，占总销售水量的 99.5%；河流补充年用水量仅为 2.4 万吨，占总销售水量的 0.5%。

第二污水处理厂再生水主要用于工业冷却用水、住宅小区的建筑与绿化用水、公园景观绿化用水，主要用户包括西郊热电厂、星王公司、西安化工厂、航空四站、城管委、创业水务、高科物业、融侨置业、丰庆公园等。第三污水处理厂再生水主要用于工业冷却用水、河流补充水，主要用户为大唐灞桥热电厂、浐灞管委会[114]。

2. 分散式污水再生利用现状

截至 2013 年年底，西安市已有高校、住宅小区及宾馆实施分散式污水再生利用。高校建筑中水利用中，西安邮电大学、西北工业大学长安校区、思源学院、西安石油大学、西安电子科技大学长安校区六所高校均设有分散式污水再生利用设施，并进行了分散式污水再生利用实践，其中，思源学院实施最早也最具代表性；"西安绿地世纪城"则是西安市首个实施污水再生利用的住宅小区；此外，西安市的曲江唐城宾馆、唐隆国际酒店、高新香格里拉大酒店和陕西文苑大酒店都已开始实施分散式污水再生利用。

西安思源学院成立之初，校区没有覆盖市政供水管网与排水管网，学院新鲜水取自 6 口深井，建立了包含污水收集、污水处理、再生水生产和回用的分散式污水再生利用系统，通过管道输送实现再生水冲厕，通过景观水体调节再生水量平衡与提供绿化水源。分散式污水再生利用的实施，每天为学院节约新鲜水约 2 250 立方米，同时实现了污水的零排放[115]。

"西安绿地世纪城"位于西安高新技术产业开发区，是西安市第一个实施污水再生利用的住宅小区。该小区采用分散式污水再生利用产生的再生水单方综合成本为 0.68 元，分散式污水再生利用系统的水源来自"西安绿地世纪城仕嘉公寓"中 6 座住宅中的 508 户的生活杂排水，污水再生利用的日生产量为 400 立方米，再生水用于浇灌绿地、清扫道路和小区内的水景水面，其服务面积分别为 6 500 平方米、5 600 平方米和 6 400 平方米，服务该小区建筑面积 60 000 平方米。通过分散式污水再生利用工程的实施，每年节约了自来水水费 14.6 万元[116]。

3.4.5　西安市水务发展规划

《关中-天水经济区发展规划》将西安市列为该规划核心城市，西安将成为继北京、上海之后我国的第三个"国际化大都市"。

《西安城市总体规划（2008~2020 年）》制定西安市社会经济发展目标：至 2020年，西安市国民经济要保持年均 10%左右的增长速度，西安市总人口规模为 1 070.78 万人，城镇化率达到 79.5%；同时提出生态优先的原则，划定蓝线、绿线，保护河流、森林、湿地、田园、湖泊、公园绿地等，恢复原有的河流水系，以多种形式的绿化来增加绿地面积并构成多物种的绿色生态系统，改善城市生态环境，至 2020 年人均公共绿地达到 12 平方米[117]。

　　《西安市"十二五"水务发展规划》指出西安市将利用 5~10 年时间，把水利作为西安市基础设施建设的优先领域，坚持水资源节约保护，合理开发及优化配置，坚持污染防治与景观开发相结合，做大做强水务事业，恢复"八水绕长安"盛景[118]，实现"八水润西安"的生态水利新格局。

3.4.6　"八水润西安"工程

　　西安市于 2011 年编制《"八水润西安"规划》，次年通过评审并于 7 月启动实施，2013 年迎来了该项目的全面建设，并计划在 2020 年 12 月底全面完成。根据《"八水润西安"规划》，该项目的实施将大幅度提高西安市水面面积，新增的湖池水面将带来更大的生态用水需求[119]。

　　"八水润西安"工程规划建设"5 引水、7 湿地、10 河系、28 湖池"，即实施"571028"工程。"5 引水"保障生活、生产用水，补充生态景观用水，对灞（浐）河、荆峪沟、大峪水库、氵皂河、沣河进行生态引水，实现城市景观水循环，改善城市水景水质。"7 湿地"生态修复，开展泾渭湿地、灞渭湿地、灞桥灞河湿地、沣渭湿地、涝渭湿地、黑渭湿地、氵皂渭湿地的生态建设修复工程。"10 河系"综合治理作为水系规划的重点，开展浐河、灞河、泾河、渭河、沣河、涝河、潏河、滈河、黑河水系及引汉济渭水系 10 条河流的综合治理。"28 湖池"格局的构建及蓄水情况具体如表 3-9 所示。

表 3-9　"八水润西安"——28 湖池概况

序号	类型	名称	属性	水域面积/亩	蓄水量/万立方米
1		汉城湖	河道外	850	137
2		护城河	河道外	420	90
3		未央湖	河道外	480	64
4		丰庆湖	河道外	54	5
5		雁鸣湖	河道外	1 056	140.8
6		广运潭	河道外	3 178	278
7	已建湖池（截至 2014 年）	曲江南湖	河道外	700	55.4
8		芙蓉湖	河道外	256	36
9		兴庆湖	河道外	150	20
10		太液池	河道外	260	16.25
11		美陂湖	河道外	49.5	6.6
12		樊川湖	河道内	124	10
13		阿房湖	河道外	117.91	15.7
小计				7 695.41	874.75

续表

序号	类型	名称	属性	水域面积/亩	蓄水量/万立方米
14		昆明池外湖	河道外	9 600	1 900
15		汉护城河	河道外	951	174
16		仪祉湖	河道外	500	90
17		堰头湖	河道内	280	32
18		沧池	河道外	300	40
19		航天湖	河道外	190.5	15.23
20		天桥湖	河道外	810	162
21	拟建工程	太平湖	河道内	65.41	6.87
			河道外	85.59	8.48
22		凤凰池	河道外	375	50
23		常宁湖	河道内	162	10.8
24		西安湖	河道内	1 663.4	167
25		杜陵湖	河道外	1 007	100.8
26		高新湖	河道外	1026	118
27		幸福河	河道外	225	12
28		南三环河	河道外	108	5.8
小计				17 348.9	2 892.98
合计				25 044.31	3 767.73

资料来源:《"八水润西安"水资源配置专项规划》

3.4.7　西安市污水再生利用需求分析

1. 工业冷却水需水分析

因工业企业冷却用水情况复杂,而热电厂冷却水需水量巨大,因此,这里对工业冷却水需水量的分析仅考虑西安市五座热电厂的用水需求。根据《陕西省行业用水定额(试行)》中功率大于 300 兆瓦的热电厂的冷却水用水定额为 3.8 米^3/兆瓦时,而采用再生水将定额上浮 10%,即热电厂的冷却用再生水定额为 4.18 米^3/兆瓦时。五座热电厂的发电量及其再生水需水量情况如表 3-10 所示。

表 3-10　工业冷却水需水量表

项目	西郊热电厂	灞桥热电厂	渭河热电厂	户县热电厂	南郊热电厂
年发电量/亿千瓦时	36.30	39.58	36.50	52.60	33.00
年用水量/(万米^3/日)	1 517.34	1 654.44	1 525.70	2 198.68	1 379.40

2. 城市杂用需水量

绿化需水量分析:根据《西安统计年鉴》(2014 年),截至 2013 年年底,西安市园林绿化总面积为 17 751 公顷，根据《陕西省行业用水定额》中城市绿化用水为 30 米^3/（米^2·日），年绿化天数按 200 天统计。2013 年西安市绿化需水量为 10 650.6 万吨。

浇洒道路需水量分析：根据《西安统计年鉴》（2014 年），截至 2013 年年底，西安市人均道路面积为 17.85 平方米，城镇人口为 618.77 万人，根据《陕西省行业用水定额》中浇洒道路定额为 2 升/（米^2·日），年浇洒天数按 200 天计，2013 年西安市浇洒道路用水量为 4 418.02 万吨。

清洗车辆需水量分析：据《西安市 2014 年统计公报》显示，2013 年年底西安市汽车数量为 186.21 万辆，根据现有洗车工艺，洗车用水定额为 30 升/（辆·次），每周洗车一次，则洗车用水每年为 290.49 万吨。

3. 河湖景观需水量分析

西安市有众多的生态景观水面与河流湖泊，并且"八水润西安"工程的实施将带来更大的水面面积，河湖景观需水量巨大，且再生水的水质满足其要求，考虑河湖景观用水用再生水替代新鲜水源。

景观水体补水量按下式计算：

$$W_{补水} = W_{蒸渗} + W_{换} \qquad (3-2)$$

$$W_{蒸渗} = W_{蒸} + W_{渗} - R \qquad (3-3)$$

其中，$W_{补水}$ 表示景观水体补水量；$W_{蒸渗}$ 表示蒸发渗漏补水量；$W_{蒸}$ 表示水面蒸发量；$W_{渗}$ 表示湖泊渗水量；R 表示湖泊水面年降水量；$W_{换}$ 表示换水量。

假设渗漏量与蒸发量相同，则按照西安市降雨量 571 毫米，水面蒸发量 1 546 毫米计算，西安市单位水面的蒸发渗漏量为

$$(1\,546 - 571) \times 10\,000/1\,000 \times 2 = 19\,500 万米^3/（公顷·年） \qquad (3-4)$$

根据西安市景观水体换水方式，统一设定 11 月到次年 3 月期间，每月换水一次，4 月到 10 月期间，每月换水两次，换水量按水域容量的 1/2 计，则一年中换水量为

$$W_{换} = (M/2 \times 5) \times 1 + (M/2 \times 7 \times 2) = 9.5M \qquad (3-5)$$

其中，M 表示水域容积。

经计算，西安市主要景观补充需水量如表 3-11 所示，西安市湖池现状需水量及 2020 年"八水润西安"工程完工后湖池补充需水量如表 3-12 所示。计算表明，西安市河湖景观需水量为 2 614.7 万立方米，"八水润西安"工程将增加 6 021.53 万立方米需水量，按再生水占生态补水的 1/3 计算，再生水生态需水量将增加 2 007.18 万立方米。

表 3-11　景观补充需水量表

序号	景观名称	水域面积/ 公顷	蓄水量/ 万米³	蒸发渗漏量/ （万米³/年）	换水量/ （万米³/年）	合计量/ （万米³/年）
2	劳动公园	0.2	0.5	0.4	4.75	5.15
5	莲湖公园	2	5	4	47.5	51.5
6	儿童公园	0.3	0.5	0.6	4.75	5.35
7	革命公园	0.8	2	1.6	19	20.6
9	大雁塔风景区	2	3	4	28.5	32.5
10	动物园	2.3	6	4.6	57	61.6
11	纺织城公园	0.3	0.5	0.6	4.75	5.35
12	半坡遗址公园	0.2	0.5	0.4	4.75	5.15
15	唐城遗址公园	0.2	0.4	0.4	3.8	4.2
17	小雁塔	0.51	1.02	1.02	9.69	10.71
18	城市运动公园	4.38	10.95	8.76	104.03	112.76
19	水景公园	0.56	1.12	1.12	10.64	11.76
20	阎良新公园	2	4	4	38	42
	合计	15.75	35.49	31.5	337.16	368.63

表 3-12　湖池补充需水量表

序号	类型	名称	属性	蒸发损失量/ （万米³/年）	渗漏量/ （万米³/年）	更新水量/ （万米³/年）	总需水量/ （万米³/年）
1		汉城湖	河道外	19.66	16.44	548	584.1
2		护城河	河道外	9.66	10.8	360	380.46
3		未央湖	河道外	11.04	11.52	384	406.56
4		丰庆湖	河道外	1.38	0.6	30	31.98
5		雁鸣湖	河道外	25.82	25.35	911.91	51.17
6		广运潭	河道外	73.12	50.04	1800	123.16
7	已建 湖池	曲江南湖	河道外	16.21	6.65	221.6	244.46
8		芙蓉湖	河道外	5.86	4.32	144	154.18
9		兴庆湖	河道外	3.45	2.4	60	65.85
10		太液池	河道外	5.86	1.95	97.5	15.31
11		美陂湖	河道外	0.51	—	—	0.51
12		樊川湖	河道内	2.38	—	—	2.38
13		阿房湖	河道外	2.76	1.88	94.2	98.84
	小计			177.71	131.95	4 651.21	2 158.96

续表

序号	类型	名称	属性	蒸发损失量/（万米³/年）	渗漏量/（万米³/年）	更新水量/（万米³/年）	总需水量/（万米³/年）
14		昆明池外湖	河道外	220.74	228	2 850	3 298.74
15		汉护城河	河道外	21.73	20.88	696	738.61
16		仪祉湖	河道外	9.8	16.2	360	386
17		堰头湖	河道内	6.55	—	—	6.55
18		沧池	河道外	6.9	4.8	240	251.7
19		航天湖	河道外	3.86	1.83	60.92	66.61
20		天桥湖	河道外	9.17	19.44	1 048.92	28.61
21	拟建湖池	太平湖	河道内	0.68	—	—	0.68
			河道外	1.02	1.53	54.91	2.55
22		凤凰池	河道外	13.41	6	200	219.41
23		常宁湖	河道内	3.27	—	—	3.27
24		西安湖	河道内	38.28	—	—	38.28
25		杜陵湖	河道外	23.11	12.2	403.2	438.4
26		高新湖	河道外	23.45	14.16	472	509.61
27		幸福河	河道外	5.53	1.44	48	54.97
28		南三环河	河道外	2.41	0.7	23.2	26.31
	小计			389.91	327.18	6 457.15	6 070.30
	合计			567.62	459.13	11 108.36	8 229.26

　　结果表明，西安是一个水资源严重短缺的城市，而且西安市人口数量在稳步增加，尤其是城市人口数量迅速扩张，2013 年城镇化率达 72.05%，根据规划 2020 年将达到 79.5%，会给城市带来更大的水资源短缺压力，因而开展污水再生利用是不可缺少的。但到 2014 年年底时西安市污水处理能力约为 120 万米³/日，再生水处理能力 18 万米³/日，而现状再生水供水量约为 2.5 万米³/日，利用率仅 3.1%。相比于发达国家再生水 70%的利用率水平，再生水资源还有很大的空间和潜力有待加大力度去开发利用。

3.5 西安市水资源承载力系统动力学模型参数的确定

3.5.1 参数估计

以西安市统计年鉴、各部门报告和规划、行业标准及其调研数据等为依据，能够直接确定或通过回归分析、灰色系统等方法确定模型参数，并通过模型的调试与运行，进行参数优化。以 2013 年为情景模拟参数设定的基准年，将分散式污水再生利用增长率和集中式污水再生利用增长率作为模型的决策变量进行调试，使模型在 2013 年的主要输出变量与 2013 年的统计数据基本一致，从而近似模拟各情景从 2013 年到 2030 年的状态变化。根据上述的参数估计途径，对西安市水资源承载力系统动力学模型参数进行估计。下面列出了人口增长率、农田灌溉需水量等几项重要参数的取值方法。

1. 人口增长率

采用灰色系统 GM（1，1）模型对 2013~2030 年西安市的人口增长率进行预测，2007~2012 年西安市的常住人口数量和人口增长率如表 3-13 所示。

表 3-13   2007~2013 年西安市总人口及人口增长率

年份	2007	2008	2009	2010	2011	2012
总人口	830.54	837.52	843.46	847.41	851.31	855.29
人口增长速率/%	0.840 4	0.709 2	0.468 3	0.463 8	0.464 0	0.411 6

资料来源：根据《西安统计年鉴》（2005~2012 年）及计算获得

根据 2007~2012 年的人口增长速率，建立初始序列：

$$X^{(0)} = (0.840\,4, 0.709\,2, 0.468\,3, 0.463\,8, 0.464\,0, 0.411\,6) \quad (3\text{-}6)$$

该序列的一阶累加序列为

$$X^{(1)} = (0.840\,4, 1.549\,6, 2.017\,9, 2.481\,7, 2.945\,7, 3.357\,3) \quad (3\text{-}7)$$

一阶累加紧邻均值生成序列为

$$Z^{(1)} = \left(z^{(1)}(2),\ z^{(1)}(3), \cdots,\ z^{(1)}(5)\right)$$
$$= (1.195, 1.783\,75, 2.249\,8, 2.713\,7, 3.151\,5) \quad (3\text{-}8)$$

B 和 Y 的值分别为

$$B = \begin{bmatrix} -z^{(1)}(2) & 1 \\ -z^{(1)}(3) & 1 \\ \vdots & \vdots \\ -z^{(1)}(n) & 1 \end{bmatrix} = \begin{bmatrix} -0.943\,35 & 1 \\ -1.409\,4 & 1 \\ -1.873\,3 & 1 \\ -2.311\,1 & 1 \end{bmatrix} \quad （3\text{-}9）$$

$$Y = \begin{bmatrix} x^{(0)}(2) \\ x^{(0)}(3) \\ \vdots \\ x^{(0)}(5) \end{bmatrix} = \left(0.468\,3,\ 0.463\,8,\ 0.464\,0,\ 0.411\,6\right)^{\mathrm{T}} \quad （3\text{-}10）$$

则可以确定如下参数估计值：

$$\hat{a} = \left(B^{\mathrm{T}}B\right)^{-1} B^{\mathrm{T}}Y = \left(0.128\,2,\ 0.787\,9\right)^{\mathrm{T}} \quad （3\text{-}11）$$

根据参数确定模拟方程：

$$\hat{x}(k) = -5.303\,7e^{-0.128\,2(k-1)} + 6.144\,1 \quad （3\text{-}12）$$

则求得 2007~2012 年西安市人口的估计值为

$$\hat{X}^{(0)} = \left(0.804\,0,\ 0.638\,3,\ 0.561\,5,\ 0.493\,9,\ 0.434\,5,\ 0.382\,2\right) \quad （3\text{-}13）$$

通过对实际数据与模拟数据的对比，进行误差检验，人口增长率误差检验如表 3-14 所示。

表 3-14　人口增长率误差检验表

年份	实际数据/%	模拟数据/%	残差	相对误差
2008	0.709 2	0.638 3	0.070 9	0.099 9
2009	0.468 3	0.561 5	−0.093 2	0.199 0
2010	0.463 8	0.493 9	−0.030 1	0.065 0
2011	0.464 0	0.434 5	0.029 5	0.063 6
2012	0.411 6	0.382 2	0.029 4	0.071 5

残差平方和为 0.016 4，平均相对误差为 0.099 8，可见该模型具有较高的准确度，可以用来预测西安市的人口增长率，根据式（3-12）预测的 2013 年、2015年、2020 年、2030 年西安市的人口增长率情况如表 3-15 所示。

表 3-15　西安市人口增长率预测

年份	2013	2015	2020	2030
人口增长率/%	0.336 2	0.260 1	0.137 0	0.038 0

2. 人均道路面积

2013 年西安市人均道路面积为 17.85 平方米，2005~2013 年西安市每年的人均道路面积如表 3-16 所示。通过对历史数据进行回归分析发现幂函数的相关系数最高为 0.983，因此，采用幂函数进行人均道路面积的预测，拟合曲线如图 3-20 所示，拟合方程式为

$$y = 8.095x^{0.365} \qquad\qquad （3-14）$$

其中，y 表示人均道路面积；x 表示年份。

表 3-16　2006~2013 年西安市人均道路面积

年份	2005	2006	2007	2008	2009	2010	2011	2012	2013
人均道路面积/平方米	8.11	9.86	12.65	14.04	14.8	15.4	15.9	17.54	17.85

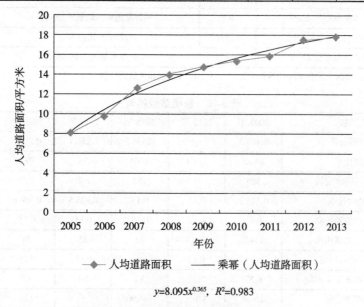

$y = 8.095x^{0.365}$，$R^2 = 0.983$

图 3-20　人均道路面积幂函数拟合曲线

据式（3-14）确定 2015 年、2020 年和 2030 年人均道路面积在模型中的取值，2015 年人均道路面积为 19.42 平方米，2020 年人均道路面积为 22.27 平方米，2030 年人均道路面积为 26.59 平方米。

3.5.2　参数值汇总

模型中常数参数的输入值如表 3-17 所示；表函数的输入数据如表 3-18 所示。

表 3-17　常数参数及状态变量初始值输入数据表

变量	取值	变量	取值
城镇生活污水排放系数/dmnl	0.8	林地草地面积/公顷	51 480
COD 含量 1/（毫克/升）	450	河湖生态需水量/万吨	2 614.7
COD 含量 2/（毫克/升）	30	分散式污水再生利用量/万吨	6 500
GDP/亿元	4 884.13	集中式污水再生利用量/万吨	930
总人口/万人	858.81	生态需水再生水补水比例/dmnl	0.4
绿化浇灌定额/［吨/（公顷·日）］	30	洗车用水定额/［升/（车·次）］	30
浇洒道路定额/［升/（米²·日）］	2	林地草地浇灌定额/［米³/（公顷·日）］	20
冷却用水比例/dmnl	0.65	洗涤用水比例/dmnl	0.2
冷却水重复利用率/dmnl	0.9	林地草地面积增长率/dmnl	0.05
林地草地面积增长率/dmnl	0.001	灌溉面积/万亩	366.23
三产污水排放系数/dmnl	0.85	工业废水排放系数/dmnl	0.7

资料来源：根据《西安统计年鉴》（2014 年），以及依据相关数据计算

表 3-18　表函数数据表

表函数	2009 年	2012 年	2013 年	2015 年	2020 年	2030 年
人口增长率	0.468 3	—	0.336 2	0.260 1	0.137 0	0.038 0
城镇化率	68.93	71.51	72.05	75	79.5	85
城镇生活需水定额	135	—	155	170	210	215
GDP 增长率	0.175 1	0.13	0.13	0.136 5	0.106 6	0.077 4
工业增加值增长率	0.23	0.12	0.15	0.15	0.15	0.08
万元工业增加值用水量	134.7	61.17	55	35	28	18
第三产业增加值	0.153 8	0.12	—	0.18	0.15	0.1
万元三产增加值需水量	6.37	5.29	5.1	5.1	4.7	2.3
农田灌溉定额	154.4	146.5	146.90	—	125	117.90
林牧渔畜需水量	10 400	10 500	8 700	10 200	10 200	10 200
工业用水重复利用率	0.792 4	0.68	0.71	—	0.72	0.80
工业废水二级处理率	0.75	—	0.8	0.82	0.85	0.9
城镇污水二级处理率	0.378 5	0.67	0.757	0.77	0.8	0.9
灌溉面积增长率	-0.011 78	-0.009 95		-0.028 9	-0.009 95	-0.009 95
河湖需水增长率	0.05		0.4		0.01	
人均公园绿地面积	7.9	—	10.7	—	15.941	21.701
人均道路面积	14.8	17.54	17.85	19.42	22.27	26.59
人均汽车保有量	0.129 8		0.3		0.633	1.543
地下水	7.65	—	7.44	—	7.39	7.39
地表水	5.94	6.16	6.38		6.44	6.47

续表

表函数	2009 年	2012 年	2013 年	2015 年	2020 年	2030 年
雨水利用	0.001	—	0.003	0.005	0.14	0.19
境外客水	2.4	—	2.3	2.13	1	0.75
跨流域调水	0	—	0.4	0.46	6.3	8.2

注：数据单位与表 3-1 一致

资料来源：根据《西安统计年鉴》（2010~2014 年）、《陕西省水资源公报》（2009~2013 年）、《西安市国民经济和社会发展统计公报》（2009~2013 年）、《"八水润西安"水资源专项配置规划》及其相关计算得到

3.5.3　系统动力学模型的检验

为保证模型的可靠性与政策模拟的有效性、真实性，应对模型进行检查与反复调试，采用直观与运行检验及历史检验的方法对西安市系统动力学模型进行检验。

1. 直观检验

直观检验主要通过系统的再分析，系统关系的衡量，检验模型的界限、变量集，模型结构与函数关系的定性关系。运行检验主要包括结构一致性、量纲一致性和参数合理性检验。

1）结构一致性检验

反复考虑西安市水资源承载力系统的构成及子系统间的相互作用，考察其因果关系，进行多次模型结构的调整与优化，最终确定了该模型，模型结构能够反映真实系统运行。参数的确定是对统计年鉴、水资源公报、规划等大量数据整理分析的基础上得到的，数据具有一定的可靠性。

2）方程与量纲一致性检验

通过运用 Vensim 中的"Unit Check"工具对所建立的西安市水资源承载力系统系统动力学模型进行了单位一致性检验，该模型通过了量纲一致性检验。

2. 历史检验

历史检验是指利用模型和历史数据进行历史情况的模拟运行，将输出值与历史真实的统计数据进行对照，考察其误差，从而检测模型的真实性。由于西安市水资源承载力模型的输出参数众多，这里仅就工业增加值、GDP、总人口这三个主要的输出变量进行历史验证，验证时间为 2009~2013 年，模型历史检验的结果如表 3-19 所示，各项误差均小于 10%，可见模型具有较高的精度。

表 3-19　历史检验误差

变量	项目	2009 年	2010 年	2011 年	2012 年	2013 年
工业增加值	实际值/亿元	1 468.95	1 694.91	2 015.13	2 288.76	2 548.71
	模拟值/亿元	1 468.95	1 691.35	1 988.13	2 218.50	2 390.18
	误差/%	0	0.21	1.34	3.07	6.22
GDP	实际值/亿元	2 724.08	3 241.69	3 862.58	4 366.1	4 884.13
	模拟值/亿元	2 724.08	3 200.521	3 730.403	4 292.313	4 772.283
	误差/%	0	1.27	3.42	1.69	2.29
总人口	实际值/万人	843.46	847.41	851.34	855.29	858.81
	模拟值/万人	843.46	593.187	838.144 2	815.091 4	839.658 5
	误差/%	0	3.0	1.55	4.7	2.23

3.6　西安市污水再生利用提高水资源承载力效果模拟研究

3.6.1　西安市水资源承载力评价指标

水资源承载力的评价指标应反映西安市社会、经济、生态环境和水资源供给情况，在保证科学性的基础上考虑可操作性。因此，选取总人口、GDP、工业增加值、第三产业增加值、灌溉面积、供水总量、COD 排放总量作为西安市水资源承载力的评价指标。各指标及其代表的意义如表 3-20 所示。

表 3-20　西安市水资源承载力的主要度量指标及意义

主要指标名称	代表意义
总人口/万人	水资源可承载的人口数量
GDP/亿元	水资源可承载的经济总量
工业增加值/亿元	水资源可承载的工业总量
第三产业增加值/亿元	水资源可承载的第三产业总量
灌溉面积/万亩	水资源可承载的农业发展情况
供水总量/万吨	供水水平
COD 排放总量/万吨	污水处理水平和污染物总量的控制情况

3.6.2 延续现状模式下的西安市水资源承载力分析

根据西安市水资源承载力系统动力学模型,采用表 3-17 与表 3-18 中的数据,使用 Vensim 软件对 2014~2030 年这 17 年间的水资源承载力评价指标的发展变化情况进行仿真模拟,得到延续现状模式下西安市水资源承载力情况,如表 3-21 所示。

表 3-21 延续现状模式下西安市水资源承载力

年份	总人口/万人	GDP/亿元	工业增加值/亿元	第三产业增加值/亿元	灌溉面积/万亩	供水总量/万吨	COD 排放总量/吨
2014	898.31	5 519	2 435	2 905	360.27	172 342	74 892
2015	939.63	6 254	2 800	3 370	352.13	172 023	77 253
2016	957.52	7 058	3 083	3 707	332.17	181 943	81 412
2017	994.29	7 979	3 546	4 353	323.83	191 870	88 926
2018	1 024	8 973	4 078	5 087	316.93	201 804	96 422
2019	1 048	10 037	4 690	5 915	311.37	211 744	103 801
2020	1 065	11 167	5 393	6 844	307.09	221 691	110 879
2021	1 073	12 358	6 202	7 880	304.04	223 671	114 396
2022	1 040	13 485	6 706	8 399	278.38	225 658	111 194
2023	1 048	14 844	7 618	9 583	275.61	227 652	113 765
2024	1 035	16 202	8 373	10 517	260.98	229 655	112 673
2025	1 044	17 740	9 394	11 892	258.38	231 665	114 131
2026	1 007	19 135	9 907	12 488	230.03	233 683	108 451
2027	1 015	20 840	10 977	13 993	227.74	235 710	108 545
2028	1 023	22 636	12 086	15 608	225.47	237 746	107 918
2029	1 031	24 520	13 222	17 328	223.23	239 791	106 525
2030	1 040	26 489	14 373	19 150	221.01	241 844	104 334

1. 延续现状发展模式下西安市供需水结构

在延续现状发展模式下,2014~2030 年西安市各部门需水情况如图 3-21 所示。生活需水量、工业需水量、三产需水量和生态需水量将不断提高,生活需水量与三产需水量增长较快,工业需水量在 2021 年前增长较快,之后因万元产值用水量与工业用水重复利用率的综合作用增长较为平缓,工业需水量与三产需水量分别在 2022 年与 2025 年前后超过农业需水量;受"八水润西安"工程实施的影响,生态需水量在 2014~2020 年增长较快,2020~2030 年增长不显著。而在灌溉面积与农田灌溉定额递减的作用下,农业需水量则是逐年降低的趋势,生活需水量在 2016 年超过农业用水量,成为第一用水大户。

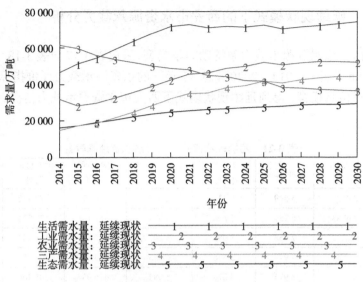

图 3-21　西安市延续现状发展模式下各行业需水情况

2. 延续现状发展模式下西安市经济发展情况

延续现状发展模式下, 2014~2030 年西安市 GDP、工业增加值和第三产业增加值的发展变化情况如图 3-22 所示。从图 3-22 中可以看出, 第三产业增加值一直高于工业增加值, 到 2019 年西安市 GDP 将超过 10 000 亿元, 2027 年将超过20 000 亿元。

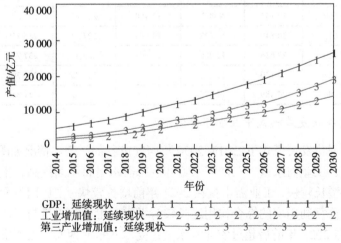

图 3-22　延续现状西安市经济发展情况

3. 延续现状发展模式下西安市人口情况

延续现状发展模式下，2014~2030 年西安市总人口、城镇人口和农村人口的发展情况如图 3-23 所示。可以看出，2014~2020 年西安市总人口逐年增加，但是2020 年后产生波动，受缺水的影响，总人口在 2021 年与 2025 年有较明显的削减，城镇人口有与总人口相似的发展趋势，农村人口则逐年降低。

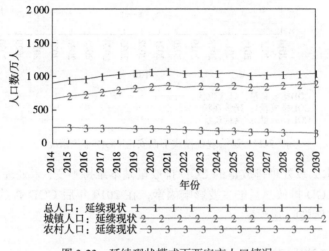

图 3-23　延续现状模式下西安市人口情况

4. 延续现状发展模式下 COD 排放情况

延续现状发展模式下，2014~2030 年西安市 COD 排放量的发展变化情况如图 3-24 所示。2014~2021 年 COD 排放总量增长较快，到 2021 年西安市 COD 排放总量达到最大值 114 396 吨，此后呈下降趋势，到 2030 年达到 104 334 吨。COD排放总量主要由未处理污水 COD 排放量决定，这是因为污水二级处理能去除污水中 90%~95%的 COD。

由表 3-21、图 3-22 和图 3-23 可知，按照现在的发展模式，到 2020 年西安市的工业增加值、第三产业增加值和 GDP 均有较大程度的提高，总人口总体也呈上升趋势，需水量逐年增加，常规水资源与境外调水已不能满足日益扩大的水资源需求，对人口增长与人口发展都产生了制约。通过对运行结果的分析，可以看出如下内容。

（1）生活用水量逐年上升，在 2016 年时超过农业需水量，用水占主导地位。

（2）具有较大的水资源缺口，在保证需水结构不变的情况下，需要增加供水以保障社会、经济的发展。

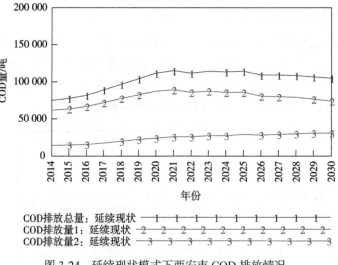

图 3-24　延续现状模式下西安市 COD 排放情况

（3）污水二级处理排放量的 COD 排放量基本维持不变，未处理污水的 COD 排放量成为 COD 排放总量的主要影响因素，在 2019 年后 COD 排放总量一直高于十万吨，水污染问题严重。

3.6.3　模拟方案设计

本模型模拟的主要目的是研究西安市污水再生利用对水资源承载力的贡献，即在西安市当前社会经济和科学技术发展水平下，确定集中式污水再生利用和分散式污水再生利用对水资源承载力的贡献，并探究西安市在不同污水再生利用发展模式下的经济发展、社会发展、污水排放趋势，从而为制定科学合理的污水再生利用实施策略提供参考。

为研究分散式污水再生利用和集中式污水再生利用的效果，需要选择分散式污水再生利用增长率和集中式污水再生利用增长率作为决策变量，将不同的分散式和集中式污水再生利用增长率输入模型，进行污水再生利用效果模拟，从总人口、GDP、工业增加值、第三产业增加值、供水总量、COD 排放总量等水资源承载力指标来衡量污水再生利用率对促进城市经济发展和减缓环境污染的影响和贡献，从而研究分散式和集中式污水再生利用的效果，以上述水资源承载力指标及其投资占 GDP 的比重为判别条件，进行策略优选。具体模拟方案如下。

（1）方案 1（延续现状）：方案 1 为延续现状发展模式。通过模拟延续现状情况下的西安市水资源利用情况，来分析水资源的利用情况、社会经济和水环境的发展趋势。本模型中的延续现状模式即按照当前社会经济发展状况顺延，不做大的调整,维持西安市分散式污水再生利用增长率 1%和集中式污水再生利用增长率 3%的发展现状不变。

（2）方案 2:仅考虑集中式污水再生利用增长率的提高,将 2013~2030 年的集中式污水再生利用增长率均设为 15%。

（3）方案 3:仅考虑分散式污水再生利用增长率的提高,考虑到西安市的分散式污水再生利用基数较低,将 2013~2030 年的分散式污水再生利用增长率设为 35%。

（4）方案 4:考虑同时提高集中式污水再生利用增长率和分散式污水再生利用增长率,该方案为方案 2 与方案 3 的综合,2013~2030 年集中式污水再生利用增长率为 15%,分散式污水再生利用增长率为 35%。

（5）方案 5:考虑同时提高集中式污水再生利用增长率和分散式污水再生利用增长率,二者的增长率分别在方案二和方案三的基础上有一定程度的降低,且近期（2013~2020 年）增长率较高,远期（2021~2030 年）增长率较低。集中式污水再生利用增长率在近期为 12%,在远期平均增长率为 8.5%;分散式污水再生利用增长率在近期为 30%,在远期平均增长率为 20%。

（6）方案 6:考虑同时提高集中式污水再生利用增长率和分散式污水再生利用增长率,且近期（2013~2020 年）增长率较低,远期（2021~2030 年）增长率较高。集中式污水再生利用增长率在近期为 8.5%,在远期平均增长率为 12%;分散式污水再生利用增长率在近期为 20%,在远期平均增长率为 30%。

在方案 1~方案 6 中,模型中其他参数的取值均依据表 3-17 和表 3-18 中的数值来确定,方案 1~方案 6 的决策变量输入情况如表 3-22 所示。

表 3-22　方案 1~方案 6 决策变量输入值（单位:%）

方案	决策变量	2013 年	2015 年	2020 年	2030 年
方案 1	分散式污水再生利用增长率	1	1	1	1
	集中式污水再生利用增长率	3	3	3	3
方案 2	分散式污水再生利用增长率	1	1	1	1
	集中式污水再生利用增长率	15	15	15	15
方案 3	分散式污水再生利用增长率	35	35	35	35
	集中式污水再生利用增长率	3	3	3	3
方案 4	分散式污水再生利用增长率	35	35	35	35
	集中式污水再生利用增长率	15	15	15	15
方案 5	分散式污水再生利用增长率	30	30	30	20
	集中式污水再生利用增长率	12	12	12	8.5
方案 6	分散式污水再生利用增长率	20	20	20	30
	集中式污水再生利用增长率	8.5	8.5	8.5	12

3.6.4   方案 2 模拟结果

将决策变量值输入 Vensim 中进行模拟，考察总人口、GDP、工业增加值、第三产业增加值、供水总量和 COD 排放总量的变化，从而分析该方案下的水资源承载力情况，并通过分散式污水再生利用量、集中式污水再生利用量、污水再生利用量、总投资、投资构成和投资占 GDP 的比重来进行分析方案可行性，各项指标的模拟数值如表 3-23 所示，污水再生利用量及投资情况如表 3-24 所示。

表 3-23   方案 2 模式下西安市水资源承载力

年份	总人口/万人	GDP/亿元	工业增加值/亿元	第三产业增加值/亿元	灌溉面积/万亩	供水总量/万吨	COD 排放总量/吨
2014	898.31	5 519	2 435	2 905	360.27	173 122	74 658
2015	939.63	6 254	2 800	3 370	352.13	173 723	76 742
2016	982.86	7 108	3 220	3 977	341.95	184 726	84 193
2017	1 020	8 035	3 703	4 670	333.37	195 923	91 675
2018	1 052	9 036	4 259	5 457	326.26	207 342	99 083
2019	1 076	10 108	4 898	6 345	320.54	219 017	106 306
2020	1 093	11 246	5 633	7 342	316.14	230 987	113 138
2021	1 101	12 445	6 477	8 454	312.99	235 320	116 175
2022	1 110	13 735	7 404	9 689	309.88	240 043	118 747
2023	1 097	15 033	8 191	10 696	294.57	245 213	117 384
2024	1 106	16 504	9 247	12 149	291.64	250 898	118 601
2025	1 115	18 070	10 376	13 738	288.74	257 174	119 018
2026	1 124	19 733	11 569	15 463	285.86	264 131	118 518
2027	1 133	21 491	12 818	17 327	283.02	271 871	116 988
2028	1 142	23 342	14 113	19 326	280.2	280 510	114 324
2029	1 151	25 285	15 440	21 456	277.41	290 185	110 428
2030	1 160	27 316	16 783	23 712	274.65	301 049	105 214

表 3-24   方案 2 模式下污水再生利用量及投资情况

年份	分散式污水再生利用量/万吨	集中式污水再生利用量/万吨	污水再生利用量/万吨	投资（分）/万元	投资（集）/万元	管网投资/万元	投资占 GDP 的比重/%
2014	939.29	7 475	0.841 4	64.05	4 868	22 786	0.050 2
2015	948.69	8 596	0.954 4	64.63	5 482	25 233	0.049 2
2016	958.17	9 885	1.084	65.21	6 130	27 942	0.048 0
2017	967.76	11 368	1.233	65.8	6 854	30 943	0.047 1
2018	977.43	13 073	1.405	66.4	7 663	34 266	0.046 5

续表

年份	分散式污水再生利用量/万吨	集中式污水再生利用量/万吨	污水再生利用量/万吨	投资（分）/万元	投资（集）/万元	管网投资/万元	投资占 GDP 的比重/%
2019	987.21	15 034	1.602	66.99	8 566	37 945	0.046 1
2020	997.08	17 290	1.828	67.6	9 574	42 020	0.045 9
2021	1 007	19 883	2.089	68.21	10 703	46 532	0.046 0
2022	1 017	22 866	2.388	68.82	11 968	51 529	0.046 3
2023	1 027	26 296	2.732	69.44	13 385	57 062	0.046 9
2024	1 037	30 240	3.127	70.07	14 969	63 190	0.047 4
2025	1 047	34 776	3.582	70.7	16 743	69 975	0.048 0
2026	1 058	39 993	4.105	71.34	18 728	77 489	0.048 8
2027	1 069	45 992	4.706	71.98	20 947	85 810	0.049 7
2028	1 079	52 890	5.397	72.63	23 427	95 025	0.050 8
2029	1 090	60 824	6.191	73.29	26 196	105 229	0.052 0
2030	1 101	69 948	7.104	73.95	29 287	116 528	0.053 4

仅通过增加集中式污水再生利用增长率时，集中式污水再生利用量在 2020 年达到 17 290 万吨，2030 年达到 66 948 万吨。集中式污水再生利用设施投资 2020 年为 90 574 万元，2030 年为 29 287 万元，管网投资在 2020 年为 42 020 万元，在 2030 年为 116 528 万元。投资占 GDP 的比重在 2014~2020 年随着 GDP 的提高而逐年下降，在 2020 年达到最低 0.045 9%，随后又因为集中式污水再生利用量的提高而逐年提高，到 2030 年达到最大值 0.053 4%，当总投资大于我国及国际一般水平 0.05%时，将对经济造成较大压力。

方案 2 通过提高集中式污水再生利用率，很大程度上降低了缺水量，从而降低了缺水对 GDP 增长速度和工业总产值增长速度的削减作用，方案 1 与方案 2 的 GDP、工业增加值、总人口与灌溉面积对比情况具体见图 3-25 中子图（a）、图 3-25 中子图（b）、图 3-25 中子图（c）和图 3-25 中子图（d），2020 年延续现状发展模式下 GDP 为 11 167 亿元，方案 2 模式下 GDP 为 11 246 亿元；2030 年延续现状发展模式下 GDP 为 26 489 亿元，方案 2 模式下 GDP 为 27 316 亿元；2020 年延续现状发展模式下总人口为 1 065 万人，方案 2 模式下总人口为 1 093 万人，2030 年延续现状发展模式下总人口为 1 040 万人，方案 2 模式下总人口为 1 160 万人。可以看出，当集中式污水再生利用增长率以 15%发展时，能使 2030 年的 GDP 提高 3.12%，使人口总量提高 11.54%。

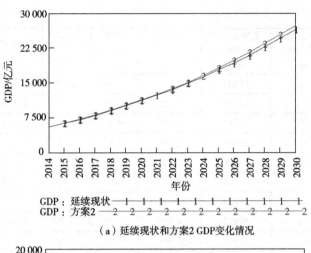

（a）延续现状和方案2 GDP变化情况

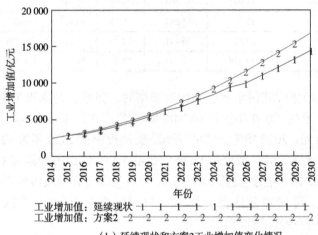

（b）延续现状和方案2工业增加值变化情况

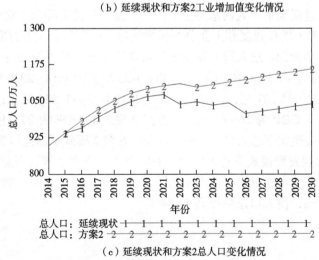

（c）延续现状和方案2总人口变化情况

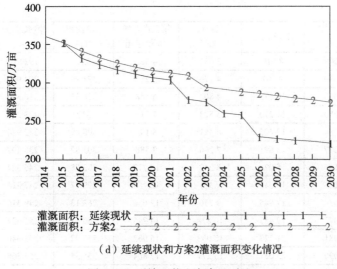

（d）延续现状和方案2灌溉面积变化情况

图 3-25　延续现状和方案 2 对比

延续现状发展模式下，2020 年 COD 排放总量为 110 879 吨，2030 年达到
104 334 吨，通过增加集中式污水再生利用增长率，降低了缺水量，从而减轻了缺
水量对人口、工业增加值、第三产业增加值和灌溉面积增长的抑制作用，从而使
其增加，进而加大了生活需水量和生产需水量，从而导致污水排放量的提高，因
此使 COD 排放总量在 2020 年上升到 113 138 吨，在 2030 年上涨到 105 214 吨。
可以看出，提高集中式污水再生利用量反而会引起 COD 排放总量的提高。

3.6.5　方案 3 模拟结果

各项指标的模拟数值如表 3-25 所示，污水再生利用量及投资情况如表 3-26
所示。可以看出，仅通过增加分散式污水再生利用增长率时，污水再生利用量有
小幅度提升，到 2020 年污水再生利用量为 15 594 万吨，2030 年污水再生利用量
为 529 442 万吨。分散式污水再生利用投资 2020 年为 10 431 万元，投资占 GDP
的百分比 2020 年为 0.017 21%，均小于我国平均水平，因此投资是能满足这种分
散式污水再生利用增长率要求的。

表 3-25　方案 3 模式下西安市水资源承载力

年份	总人口/万人	GDP/亿元	工业增加值/亿元	第三产业增加值/亿元	灌溉面积/万亩	供水总量/万吨	COD 排放总量/吨
2014	898.31	5 519	2 435	2 905	360.27	172 658	73 469
2015	939.63	6 254	2 800	3 370	352.13	172 769	73 894
2016	971.26	7 085	3 158	3 853	337.48	183 273	77 389

续表

年份	总人口/万人	GDP/亿元	工业增加值/亿元	第三产业增加值/亿元	灌溉面积/万亩	供水总量/万吨	COD排放总量/吨
2017	1 008	8 010	3 631	4 525	329	193 991	81 531
2018	1 039	9 007	4 176	5 287	321.99	204 996	84 400
2019	1 063	10 075	4 803	6 148	316.35	216 386	85 452
2020	1 080	11 210	5 523	7 114	312	228 294	83 903
2021	1 088	12 405	6 351	8 192	308.89	232 924	75 618
2022	1 097	13 691	7 260	9 388	305.82	238 492	62 800
2023	1 106	15 070	8 247	10 712	302.78	245 324	43 892
2024	1 115	16 545	9 311	12 168	299.77	247 316	46 267
2025	1 064	17 845	9 756	12 656	263.13	249 316	39 274
2026	1 073	19 487	10 878	14 245	260.51	251 324	40 211
2027	1 081	21 223	12 053	15 962	257.92	253 340	40 407
2028	1 090	23 051	13 271	17 804	255.35	255 365	39 796
2029	1 099	24 970	14 518	19 766	252.81	257 399	38 327
2030	1 107	26 976	15 782	21 844	250.29	259 442	35 962

表3-26　方案3模式下污水再生利用量及投资情况

年份	分散式污水再生利用量/万吨	集中式污水再生利用量/万吨	污水再生利用量/万吨	投资（分）/万元	投资（集）/万元	管网投资/万元	投资占GDP的比重/%
2014	1 255	6 695	0.795	2 055	1 232	6 495	0.017 7
2015	1 694	6 895	0.859	2 694	1 277	6 637	0.017 0
2016	2 288	7 102	0.939	3 532	1 309	6 782	0.016 4
2017	3 089	7 315	1.04	4 631	1 341	6 930	0.016 1
2018	4 170	7 535	1.17	6 070	1 373	7 081	0.016 1
2019	5 629	7 761	1.339	7 957	1 405	7 235	0.016 5
2020	7 600	7 994	1.559	10 431	1 437	7 393	0.017 2
2021	10 260	8 234	1.849	13 674	1 470	7 554	0.018 3
2022	13 851	8 481	2.233	17 925	1 504	7 719	0.019 8
2023	18 699	8 735	2.743	0	1 539	7 887	0.006 3
2024	18 699	8 997	2.769	0	1 576	8 059	0.005 8
2025	18 699	9 267	2.796	0	1 616	8 235	0.005 5
2026	18 699	9 545	2.824	0	1 656	8 415	0.005 2
2027	18 699	9 831	2.853	0	1 697	8 598	0.004 9
2028	18 699	10 126	2.882	0	1 740	8 786	0.004 6
2029	18 699	10 430	2.912	0	1 784	8 977	0.004 3
2030	18 699	10 743	2.944	0	1 830	9 173	0.004 1

从表3-25和图3-26可以看出，分散式污水再生利用能显著地降低COD排放

量,延续现状发展模式下,2021 年 COD 排放总量达到最大值 114 396 吨,通过增加分散式污水再生利用增长率,使 COD 排放总量在 2019 年达到最高 85 452 吨,在 2030 年下降到 35 962 吨。可以看出当分散式污水再生利用增长率为 35%时,能够降低 COD 排放最大量的 84.7%,提高分散式污水再生利用增长率能够有效地降低 COD 排放总量。从表 3-26 中可以看出,按照 35%的分散式污水再生利用增长率,到 2023 年,城镇污水未处理排放量为 0,分散式污水再生利用不再继续增加,分散式污水再生利用量达到最大值 18 699 万吨。污水再生利用投资占 GDP 的比重在 2022 年达到最大值 0.019 8%。

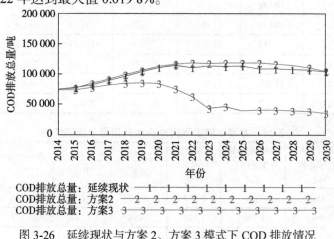

图 3-26　延续现状与方案 2、方案 3 模式下 COD 排放情况

3.6.6　方案 4 模拟结果

方案 4 模式下各项指标的模拟数值如表 3-27 所示,污水再生利用量及投资情况如表 3-28 所示。

表 3-27　方案 4 模式下西安市水资源承载力

年份	总人口/万人	GDP/亿元	工业增加值/亿元	第三产业增加值/亿元	灌溉面积/万亩	供水总量/万吨	COD 排放总量/吨
2014	898.31	5 519	2 435	2 905	360.27	173 438	73 235
2015	939.63	6 254	2 800	3 370	352.13	174 469	73 384
2016	982.86	7 108	3 220	3 977	341.95	186 056	78 208
2017	1 020	8 035	3 703	4 670	333.37	198 044	82 129
2018	1 052	9 036	4 259	5 457	326.26	210 535	84 716
2019	1 076	10 108	4 898	6 345	320.54	223 660	85 414

续表

年份	总人口/万人	GDP/亿元	工业增加值/亿元	第三产业增加值/亿元	灌溉面积/万亩	供水总量/万吨	COD排放总量/吨
2020	1 093	11 246	5 633	7 342	316.14	237 590	83 424
2021	1 101	12 445	6 477	8 454	312.99	244 573	74 536
2022	1 110	13 735	7 404	9 689	309.88	252 877	60 994
2023	1 119	15 119	8 411	11 055	306.79	262 885	41 218
2024	1 128	16 598	9 496	12 557	303.74	268 559	42 560
2025	1 137	18 174	10 654	14 199	300.72	274 825	43 084
2026	1 146	19 846	11 880	15 983	297.73	281 772	42 670
2027	1 155	21 613	13 163	17 909	294.76	289 501	41 204
2028	1 165	23 476	14 492	19 975	291.83	298 130	38 577
2029	1 174	25 430	15 855	22 177	288.93	307 793	34 690
2030	1 183	27 472	17 234	24 508	286.05	318 647	29 455

表 3-28　方案 4 模式下污水再生利用量及投资情况

年份	分散式污水再生利用量/万吨	集中式污水再生利用量/万吨	污水再生利用量/万吨	投资（分）/万元	投资（集）/万元	管网投资/万元	投资占GDP的比重/%
2014	1 255	7 475	0.873	2 055	4 868	22 786	0.053 8
2015	1 694	8 596	1.029	2 694	5 482	25 233	0.053 4
2016	2 288	9 885	1.217	3 532	6 130	27 942	0.052 9
2017	3 089	11 368	1.445	4 631	6 854	30 943	0.052 8
2018	4 170	13 073	1.724	6 070	7 663	34 266	0.053 1
2019	5 629	15 034	2.066	7 957	8 566	37 945	0.053 9
2020	7 600	17 290	2.489	10 431	9 574	42 020	0.055 2
2021	10 260	19 883	3.014	13 674	10 703	46 532	0.057 0
2022	13 851	22 866	3.671	17 925	11 968	51 529	0.059 3
2023	18 699	26 296	4.499	0	13 383	57 062	0.046 6
2024	18 699	30 240	4.893	0	14 968	63 190	0.047 1
2025	18 699	34 776	5.347	0	16 742	69 975	0.047 7
2026	18 699	39 993	5.869	0	18 727	77 489	0.048 5
2027	18 699	45 992	6.469	0	20 946	85 810	0.049 4
2028	18 699	52 890	7.159	0	23 427	95 025	0.050 5
2029	18 699	60 824	7.952	0	26 197	105 229	0.051 7
2030	18 699	69 948	8.864	0	29 289	116 528	0.053 1

3.6.7　方案 5 模拟结果

方案 5 模式下各项指标的模拟数值如表 3-29 所示,污水再生利用量及投资情况如表 3-30 所示。

表 3-29　方案 5 模式下西安市水资源承载力

年份	总人口/万人	GDP/亿元	工业增加值/亿元	第三产业增加值/亿元	灌溉面积/万亩	供水总量/万吨	COD 排放总量/吨
2014	898.31	5 519	2 435	2 905	360.27	173 197	73 503
2015	939.63	6 254	2 800	3 370	352.13	173 903	74 072
2016	982.86	7 108	3 220	3 977	341.95	185 058	79 537
2017	1 020	8 035	3 703	4 670	333.37	196 471	84 419
2018	1 052	9 036	4 259	5 457	326.26	208 199	88 428
2019	1 076	10 108	4 898	6 345	320.54	220 314	91 209
2020	1 093	11 246	5 633	7 342	316.14	232 905	92 241
2021	1 101	12 445	6 477	8 454	312.99	238 110	85 896
2022	1 110	13 735	7 404	9 689	309.88	243 782	77 342
2023	1 119	15 119	8 411	11 055	306.79	249 936	66 367
2024	1 128	16 598	9 496	12 557	303.74	256 563	52 836
2025	1 137	18 174	10 654	14 199	300.72	263 634	36 718
2026	1 146	19 846	11 880	15 983	297.73	267 385	34 774
2027	1 155	21 613	13 163	17 909	294.76	271 127	31 938
2028	1 165	23 476	14 492	19 975	291.83	274 832	28 181
2029	1 174	25 430	15 855	22 177	288.93	278 468	23 500
2030	1 183	27 472	17 234	24 508	286.05	282 004	17 915

表 3-30　方案 5 模式下污水再生利用量及投资情况

年份	分散式污水再生利用量/万吨	集中式污水再生利用量/万吨	污水再生利用量/万吨	投资(分)/万元	投资(集)/万元	管网投资/万元	投资占 GDP 的比重/%
2014	1 209	7 280	0.848 9	1 729	3 986	18 992	0.044 8
2015	1 571	8 153	0.972 5	2 190	4 399	20 629	0.043 5
2016	2 043	9 132	1.117	2 775	4 816	22 408	0.042 2
2017	2 656	10 227	1.288	3 516	5 273	24 340	0.041 2
2018	3 453	11 455	1.49	4 455	5 771	26 439	0.040 6
2019	4 488	12 829	1.731	5 645	6 316	28 719	0.040 2
2020	5 835	14 369	2.02	7 152	6 911	31 195	0.040 2
2021	7 586	16 093	2.368	8 515	7 208	32 430	0.038 7

续表

年份	分散式污水再生利用量/万吨	集中式污水再生利用量/万吨	污水再生利用量/万吨	投资（分）/万元	投资（集）/万元	管网投资/万元	投资占GDP的比重/%
2022	9 710	17 912	2.762	9 951	7 459	33 467	0.037 0
2023	12 235	19 811	3.204	11 404	7 654	34 268	0.035 3
2024	15 171	21 772	3.694	12 801	7 784	34 800	0.033 4
2025	18 509	23 775	4.228	0	7 842	35 026	0.023 6
2026	18 509	25 796	4.43	0	7 817	34 914	0.021 5
2027	18 509	27 808	4.631	0	7 704	34 435	0.019 5
2028	18 509	29 782	4.829	0	7 496	33 562	0.017 5
2029	18 509	31 688	5.019	0	7 187	32 270	0.015 5
2030	18 509	33 495	5.2	0	6 774	30 538	0.013 6

3.6.8　方案 6 模拟结果

方案 6 模式下各项指标的模拟数值如表 3-31 所示，污水再生利用量及投资情况如表 3-32 所示。

表 3-31　方案 6 模式下西安市水资源承载力

年份	总人口/万人	GDP/亿元	工业增加值/亿元	第三产业增加值/亿元	灌溉面积/万亩	供水总量/万吨	COD排放总量/吨
2014	898.31	5 519	2 435	2 905	360.27	172 876	73 990
2015	939.63	6 254	2 800	3 370	352.13	173 169	75 268
2016	978.64	7 099	3 197	3 932	340.33	183 792	81 146
2017	1 016	8 026	3 677	4 617	331.78	194 523	87 400
2018	1 047	9 026	4 229	5 395	324.71	205 379	93 338
2019	1 071	10 096	4 863	6 274	319.01	216 377	98 800
2020	1 088	11 233	5 593	7 259	314.63	227 538	103 524
2021	1 097	12 430	6 432	8 358	311.5	230 912	104 053
2022	1 077	13 617	7 091	9 150	293.03	234 671	98 891
2023	1 086	14 989	8 056	10 440	290.11	238 921	96 126
2024	1 084	16 409	8 979	11 671	281.19	243 812	89 350
2025	1 092	17 967	10 075	13 197	278.39	249 549	80 938
2026	1 101	19 620	11 233	14 855	275.62	256 419	68 169
2027	1 110	21 367	12 446	16 645	272.88	264 831	49 417
2028	1 119	23 208	13 704	18 565	270.16	269 680	47 946
2029	1 128	25 140	14 992	20 612	267.47	275 132	45 405
2030	1 137	27 160	16 296	22 779	264.81	281 320	41 716

表 3-32　方案 6 模式下污水再生利用量及投资情况

年份	分散式污水再生利用量/万吨	集中式污水再生利用量/万吨	污水再生利用量/万吨	投资（分）/万元	投资（集）/万元	管网投资/万元	投资占 GDP 的比重/%
2014	1 116	7 052	0.816 8	1 115	2 950	14 428	0.033 5
2015	1 339	7 651	0.899 1	1 315	3 177	15 313	0.031 7
2016	1 607	8 302	0.990 9	1 550	3 392	16 252	0.029 9
2017	1 928	9 008	1.093	1 827	3 621	17 249	0.028 3
2018	2 314	9 773	1.208	2 154	3 864	18 307	0.027 0
2019	2 776	10 604	1.338	2 539	4 122	19 431	0.025 8
2020	3 332	11 505	1.483	2 993	4 397	20 623	0.024 9
2021	3 998	12 483	1.648	3 845	4 995	23 189	0.025 8
2022	4 878	13 632	1.851	4 976	5 682	26 087	0.027 0
2023	6 049	14 982	2.103	6 494	6 469	29 376	0.028 2
2024	7 622	16 570	2.419	8 552	7 380	33 128	0.029 9
2025	9 756	18 442	2.819	11 371	8 436	37 427	0.031 9
2026	12 683	20 655	3.333	15 271	9 666	42 371	0.034 3
2027	16 742	23 278	4.002	0	11 104	48 081	0.027 7
2028	16 742	26 398	4.314	0	12 792	54 697	0.029 1
2029	16 742	30 120	4.686	0	14 779	62 392	0.030 7
2030	16 742	34 578	5.132	0	17 124	71 371	0.032 6

3.6.9　方案优选分析

6 种方案在经济、社会、环境、水资源方面各项指标的比较见图 3-27。

1. 经济方面比较

经济状况可以由 GDP、工业增加值、第三产业增加值和灌溉面积四个指标来表示，各方案下这四项指标的变化情况如图 3-27 的（a）、（b）、（c）和（d）子图所示。从图 3-27 中可以看出六种方案下的 GDP、工业增加值、第三产业增加值和灌溉面积四个指标的变化一致，由大到小分别为：方案 4（和方案 5 重合且最大）、方案 2、方案 6、方案 3、方案 1。

2. 社会方面比较

可以通过人口的变化情况来反映社会的发展情况，各方案下总人口变化情况如图 3-27 中（e）子图所示，方案 4 和方案 5 下人口总量最大，方案 1 人口总量最小，从社会方面比较，方案 4 和方案 5 均为最优。

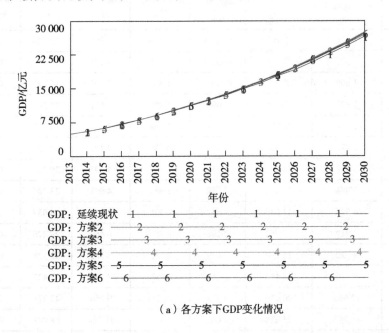

（a）各方案下 GDP 变化情况

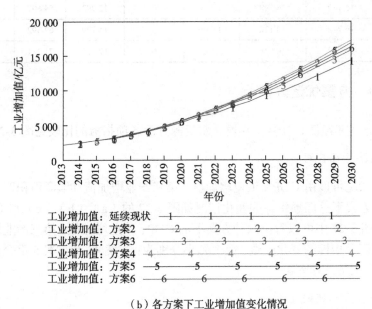

（b）各方案下工业增加值变化情况

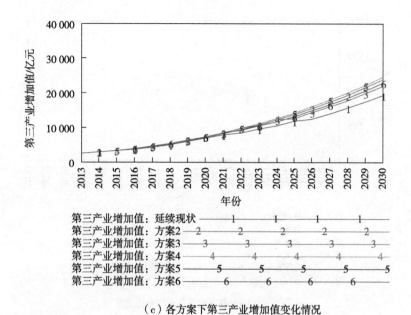

（c）各方案下第三产业增加值变化情况

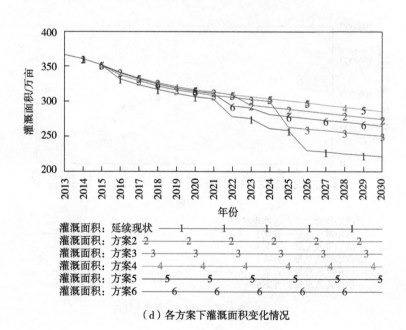

（d）各方案下灌溉面积变化情况

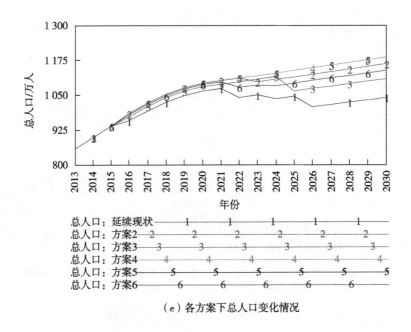

（e）各方案下总人口变化情况

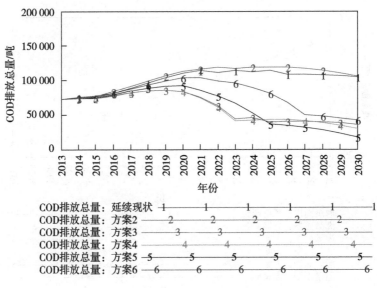

（f）各方案下COD排放总量变化情况

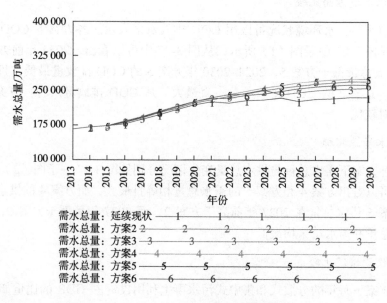

（g）各方案下需水总量变化情况

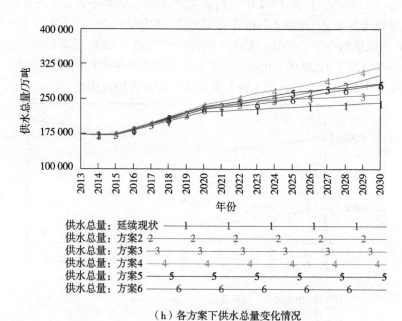

（h）各方案下供水总量变化情况

图 3-27　6 种方案的各项指标比较

3. 水环境方面比较

如前所述，水环境状况可以用 COD 排放量来表示。各方案下 COD 排放总量情况见图 3-27 中子图（f）所示，从图 3-27 中可以看出，2024 年前方案 4 的 COD 排放总量低于方案 5，2024~2030 年方案 5 的 COD 排放量最低，且二者差距较小，方案 2 的 COD 排放总量一直最大。从 COD 排放量来看，方案 4、方案 5 相对较优。

4. 水资源指标

六种方案下需水总量与供水总量变化情况分别见图 3-27 中子图（g）和（h），从图中可以看出方案 4 和方案 5 的需水总量相等且最大，而方案 4 的供水总量最大，方案 5 供水总量在 2027 年前高于方案 2，而 2027 年后低于方案 2，方案 1 的供水总量和需水总量均最低。

5. 投资情况比较

各方案下每年的分散式和集中式污水再生利用投资占 GDP 的比重如图 3-28 所示。从图 3-28 中可以看出，方案 4 的投资占 GDP 的比重在 2023 年前一直最大，在 0.05% 与 0.06% 之间，到 2022 年达到最大值，2023~2030 年方案 4 的投资占 GDP 的比重略低于方案 2；方案 5 的投资逐年下降，均低于 0.05%；方案 3 和 6 的投资占 GDP 的比重均小于 0.05%。方案 4 的投资普遍高于 GDP 的 0.05%，方案 2 部分年份的投资高于 GDP 的 0.05%，高于我国对污水再生利用的正常投资，会对经济造成比较大的压力，而其他 4 种方案的投资均在合理范围内。

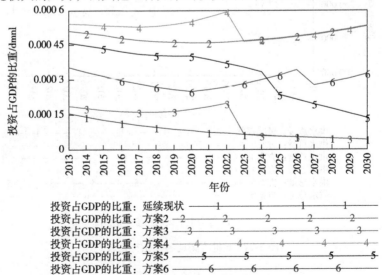

图 3-28　各方案投资占 GDP 的比重变化情况

通过最优方案 5 的分析，可以看到污水再生利用能显著提高西安市水资源承载力：即考虑同时提高分散式污水再生利用增长率和集中式污水再生利用增长率，且近期（2013~2020 年）增长率较高，远期（2021~2030 年）增长率较低：集中式污水再生利用增长率在近期为 12%，在远期为 8.5%；分散式污水再生利用增长率在近期为 30%，在远期为 20%。在该方案下，与延续现状模式相比，到 2030 年，西安市总人口为 1 183 万人；GDP 为 27 472 亿元；工业增加值为 17 234 亿元；第三产业增加值为 24 508 亿元；灌溉面积为 286.05 万亩；供水总量为 282 004 万吨；COD 排放总量为 17 915 吨，COD 排放总量最大值出现在 2020 年。

3.7　污水再生利用对改善中国北方城市生态环境的贡献研究

污水处理是解决水污染最基本的要求和措施。但随着城市人口数量的增多，生活水平不断提高，污水产生量越来越大时，单纯依靠污水处理达标排放来解决水污染问题会相当困难，尤其在污染物排放的绝对量超过水环境容量的西北地区，问题更为严重。

3.7.1　渭河及关中地区水污染现状

渭河是黄河流域第一大支流，发源于甘肃省渭源县，在陕西潼关入黄，全长为 818 千米，流域面积为 13.48 万平方千米，其中陕西占 49.8%，约为 6.7 万平方千米。渭河多年入黄径流量介于 100 亿~120 亿立方米，是黄河流域第一大支流。

关中地区素称"八百里秦川"，城镇人口 2 200 万人，城市集中、经济发达、交通方便、旅游资源丰富、教育设施先进，在国家发展中占有重要地位。

1. 关中地区污染物排放量统计

2001~2010 年关中地区污废水及 COD 排放量统计结果如表 3-33 所示。由表 3-33 可知，关中地区 10 年间，人口呈逐步增加趋势；年排放污水量近两年来已超过 10 亿立方米，且以每年 12% 的速率增长，其中工业废水增长率为 9% 左右，生活污水的增长率为 14% 左右，生活污水的增长速度明显高于工业废水；工业虽然一直在进行结构调整，但用水量并没有减少，可见高技术产业对水资源的依赖和需求同样很高；主要污染物（以 COD 计）的排放量，从 2005 年以后开始下降，这与国家的控制政策有直接关系，说明政策是解决环境污染非常有效的手段和措施。

表 3-33　渭河关中地区污废水及 COD 排放量统计

年份	人口/万人	总废水量/万吨	工业废水/万吨	生活废水/万吨	COD 排放量/万吨	工业排放/万吨	生活排放/万吨
2001	3 659	64 917.1	28 634.1	36 283.0	33.4	14.00	19.40
2002	3 674	67 010.2	30 496.2	36 514.0	32.28	13.02	19.26
2003	3 690	70 764.9	33 525.9	37 239.0	32.11	12.15	19.96
2004	3 705	75 810.1	36 833.1	38 977.0	33.82	12.29	21.53
2005	3 720	83 368.1	42 819.1	40 549.0	35.04	14.93	20.11
2006	3 735	86 654.3	40 568.4	46 085.9	34.34	13.44	20.90
2007	3 748	99 606.9	48 844.3	50 762.6	34.4	17.42	16.98
2008	3 762	104 882.9	48 476.9	56 406.0	33.22	13.25	19.97
2009	3 772	112 191.8	49 929.7	62 262.1	31.81	11.64	20.17
2010	3 732	119 092.2	48 049.5	71 042.7	30.78	10.61	20.17

2. 渭河河流 COD 水质统计分析

2001~2010 年渭河各断面 COD 浓度监测数据如表 3-34 所示。

表 3-34　2001~2010 年渭河 13 断面 COD 浓度监测数据

年份	2001	2002	2003	2004	2005	2006	2007	2008	2009	2010
COD 浓度/（毫克/升）	79.03	109.14	103.01	88.71	69.33	61.32	63.11	38.91	31.96	31.69
COD 指数/dmnl	3.95	5.46	5.15	4.44	3.47	3.07	3.16	1.95	1.60	1.58

注：指数是污染物浓度与标准值的比值，其大于 1 意味着水质浓度超标，小于 1 意味着水质良好

由渭河各断面 COD 浓度的监测数据可以看出，渭河 COD 总体以 9.6% 的速度下降，河流水质得到改善。2008 年之后尤其明显，与污染治理和源削减一致。根据国家统计局统计资料：截至 2010 年年底，陕西省共建成污水处理厂 73 座，日处理能力达 254.25 万吨，是 "十五" 末（2005 年）的 4.6 倍。

尽管如此，渭河水质按照陕西省水功能区划要达到正常健康状态（地表水Ⅲ类水质标准），仍然有相当大的困难。单纯依靠城市污水处理厂的达标排放，无法使河流水质达到健康状态（地表水Ⅲ类水质标准）。

3.7.2　污水再生利用是我国西北地区河流治污的必要条件

1. 枯水期西北地区河流的河道水量

以渭河宝鸡峡为例。2001 ~2010 年渭河林家村水文站年径流量及枯水期流量统计如表 3-35 所示；不同水平年下渭河宝鸡峡最枯月河道流量统计结果如表3-36 所示。

渭河是黄河第一大支流,其枯水期流量具有典型的代表性。由表3-35 和表3-36 可以看出，在大部分年份里最枯月渭河河道来水量非常小，在如此小的流量下，其稀释自净能力十分有限，甚至无法实现河流正常的纳污功能。

表 3-35　2001~2010 年渭河林家村水文站径流量统计表

年份	2001	2002	2003	2004	2005	2006	2007	2008	2009	2010
年径流量/亿米^3	8.74	7.79	5.06	15.61	8.67	18.27	11.34	10.18	7.36	7.93
河道水量/亿米^3	5.2	4.8	3.1	10.1	5.3	12.8	8.4	6.6	4.3	4.8
枯水期平均流量/（米^3/秒）	0.7	0.5	0.2	1.2	0.4	1.1	0.8	0.6	0.3	0.5

表 3-36　1971~2005 年渭河林家村水文站不同保证率下的最枯月流量、流速统计表

Q=90%最枯月		Q=75%最枯月		Q=50%最枯月		备注
流量/（米^3/秒）	流速/（米/秒）	流量/（米^3/秒）	流速/（米/秒）	流量/（米^3/秒）	流速/（米/秒）	
0.34	0.36	0.34	0.36	0.35	0.36	河道水量

注：陕西省水利厅《水资源规划》（1971~2005 年）资料整理计算所得

2. 污水达标排放模式下西北地区河流枯水期无法承担正常的纳污功能

渭河是宝鸡市建成区污水的唯一接纳河流。其建成区的污水最终全部进入渭河宝鸡段。目前宝鸡市建成区日排放城市污水 30 万立方米。假定全部实现达标排放（达到污水排放的一级 A 标准——最严格的污水排放标准），其排放污染物的浓度和数量如表 3-37 所示。

表 3-37　宝鸡市城市污水排放量、处理程度、COD 排放量统计表

项目	污水量/（万米^3/日）	污水处理能力/（万米^3/日）	处理率/%	排放标准/（毫克/升）	COD 量/（吨/日）	备注
数量	30	30	100	50	15	假设理想状态

渭河宝鸡段的城市污水处理程度和河流的稀释自净能力共同决定该段水体的水质。表3-38 为上述评分条件下的河流水质预测结果。

表 3-38　宝鸡市林家村水文站枯水期不同来情况下的河道水质预测表

项目	基流量/ （米³/秒）	基流量/ （万米³/日）	背景浓度/ （毫克/升）	混合后 COD 浓度（毫克/升）	水质评价
来水量	2	17.28	10	35.38	V 类水
需求流量	10.4	90.00	10	20.00	达到Ⅲ类水所需流量

由表 3-38 可以看出，当宝鸡市建成区的污水全部处理且按照一级 A 标准排放，即使当上游来水量保持 2 米³/秒的流量，在枯水期渭河宝鸡段的河流水质能依然是 V 水质标准。如果来水小于 1 米³/秒流量，则水质将为劣 V 水质。

要实现渭河宝鸡段枯水期水质达标（Ⅲ类水质标准），则最小流量要达到 10.4 个流量，即在枯水期保障来水量为 90 万米³/日。这对宝鸡市来说，在很长一段时间内是难以实现的。

由此可见，我国西北地区河流的水污染治理，不保障最小河道生态基流，治污是难以完成的。也就是说，对我国北方河流来说，除了必要的污水处理达标排放外，还必须有其他的措施，其中污水再生利用是河流水体治污，实现水质达标的重要途径。

3. 污水再生利用模式下排污对河流水质影响的分析研究

如果城镇污水处理达标后部分污水进行再生利用，一方面减少了向渭河排放污水及其污染物，另一方面也减少了向渭河取水，给河道留下了更多的稀释水量和自净能力。表 3-39 是按照污水回用率为 50% 的情况的计算结果，当污水减排一半时，河道稀释水量的需求也减少了一半。不难想象，如果污水再生全部资源化利用，则河流无须稀释水量，也就不存在水质的污染问题了。因此，对我国西北地区河流来说，污水再生利用是河流治污的必要条件。

表 3-39　不同程度再生水回用下的水量和 COD 排放量预测

方案	污水量/ （万米³/日）	污水处理能力/ （万米³/日）	排放标准[1]/ （毫克/升）	COD 量/ （吨/日）	备注
1	30	30	50	15	再生水回用率为 0
2	15	15 达标排放 15 再生回用	50	7.5	再生水回用率为 50%

1）污水按照一级 A 标准，且以 COD 为基准进行计算

根据国家科技重大专项《渭河水污染防治专项技术研究与示范》（2009ZX07212-002-003）的研究，确定渭河林家村水文站河道生态基流量，第一阶段（2015 年前）为 4 米³/秒[120]。

经过计算，当河道生态流量满足 4 米³/秒，要保证河水水质达到Ⅲ类水质目标（表 3-40），宝鸡市城区城市污水的再生水回用率需达到 61.6%。即必须减少 61% 的污水排放量。

表 3-40　4 米³/秒河道生态流量下满足河流水质目标（Ⅲ类）的再生水回用率预测

基流量/ （米³/秒）	基流量/ （万米³/日）	背景浓度/ （毫克/升）	混合后 COD 浓度/ （毫克/升）	再生水回用率/%
4	34.56	10	20.00	61.6

可见，污水的再生回用不仅节约了水资源，减少了河道取水量，而且是控制我国部分河流水污染的必不可或缺的条件之一。

污水再生利用产生的再生水直接回用的好处如下：第一，不需要河流稀释水量；第二，解决了污水排放标准与河流水质标准之间的差距；第三，再生水比传统的污水处理厂出水增加了更多的污染物去除能力和去除量；第四，增加了河流水量供给，减少了河流取水量，改善了河流水环境质量。

从经济学的角度看，虽然污水再生利用比单纯的污水处理达标排放增加了投资成本和处理费用；但是，由于它产生了可用的新水源——再生水，可产生巨大的环境、经济和社会价值。

污水达标排放与污水的再生利用的综合比较见表 3-41。

表 3-41　污水处理达标排放与污水再生利用综合比较

类别	污水处理达标排放	污水再生利用
环境效益	向水体排水同时排少量污染物	不向水体排水及污染物（零排放）
社会效益	增加就业机会	更多的增加就业机会
经济效益	无商品产出	有商品产出
	服务性收费	服务性收费+产品销售收入
	需要稀释，消耗水资源	不需稀释，增加新水源
其他	污水处理成本	污水处理成本+深度处理成本
	污水处理占地	污水处理占地+深度处理占地
	污水处理耗能	污水处理耗能+深度处理耗能

通过比较可以看出，污水再生利用具有多方面的效益，对我国北方地区来说尤其重要，因为其不仅是治理水环境污染不可或缺的条件，也是河流生态恢复和维持河流生态健康的必要条件。污水的再生利用应当成为我国北方地区水污染防治和水生态健康恢复决策的一个重要内容和依据。

3.7.3　污水再生利用对未来城市生态建设的贡献

西安浐灞生态区成立于 2004 年，规划总面积为 129 平方千米，成立之初即定位为生态型城市新区，目的在于通过生态新区的建设，来提升和改善西安市城市生态品味和生态环境质量。为了发挥浐灞生态区的生态服务功能，生态建设的基础措施是从土地利用规划上确保生态用地指标，即将不低于 30% 的土地专门规划为生态用地，即用于大片林地、草地、水面、湿地的建设。

截至 2013 年年底，集中治理区的面积已经达到 89 平方千米。在完成的 89 平方千米的范围内，浐灞生态区通过水生态的保护与修复，已形成水面面积超过 11 平方千米，林地面积达到 13.7 平方千米。这些林草和水面增大了水分的蒸发和蒸腾作用，一方面，改善了长生生态环境；另一方面，也增加了水资源的消耗。因此，林草和水面湿地需要大量的水资源予以支持和维系。再生水是支持和维系浐灞大片林草和水面湿地的最好水源。浐灞生态区内共有两座污水处理厂，日处理污水约为 28 万立方米，其中再生水为 14 万立方米，全部回用于生态环境用水。

景观水体湿地和林草环境的营造，使浐灞生态区产生了巨大的环境和生态效益。根据对西安浐灞生态区所做的生态效应计算研究表明[121,122]，其水面年蒸发量约为 700 万立方米，植被蒸腾作用蒸散到空气中的水量每年约为 1 300 立方米，仅此两项年平均输入空气中的水量约为 2 000 万立方米，建设浐灞生态区夏季的平均气温比城区低大约 3℃，同时使城区的空气平均湿度提高近 10%。浐灞生态区已经成为西安市生态环境最好的区域之一，成为生态文明建设的典范，被国家环保部授予"国家生态区"称号，已步入"国家生态文明试点"建设阶段。

由此可见，增加城市空气湿度、降低城市热岛效应，最有效的方式是通过增加城市林草绿地和水面湿地来换取城市生态环境质量的提升和改善，在这个过程中，水是最大的需求。再生水在城市生态建设过程中找到了用武之地。

通过以上实证研究证明：污水再生利用对改善我国北方地区生态环境至少有三方面的贡献：第一，污水再生利用不仅是我国北方地区河流水污染治理的重要措施，更是必不可少的条件。第二，我国北方地区，尤其是西北地区，枯水期河道来水减少，用水反而增加，导致河道生态基础流量严重不足，影响河流生态功能的正常发挥。此时，将城市污水变成符合回用要求的再生水之后，一方面替代了部分新鲜水，减少了河道取水；另一方面还可以补充枯水期河道流量的不足。因而，成为我国北方河流枯水期生态基流的重要补充。第三，在生态城市的建设过程中，增加城市绿地（林草覆盖）和湿地建设将成为重要措施之一。而绿地和湿地建设都需要大量水的支持。再生水恰恰是城市绿地及湿地最经济有效的来源。因此，污水再生利用对提升北方缺水城市生态环境品质，改善城市生态环境质量具有重要贡献。

第4章 中国北方缺水城市污水再生利用的障碍分析

　　污水再生利用具有开源节流的双重作用,一方面增加了供水总量;另一方面减少了污染物的排放,缓解水质性缺水现状,通过这两个途径降低缺水程度,从而增强水资源对社会经济持续发展的支撑能力。但污水再生利用率不高又说明我国污水再生利用行业发展过程中存在着一定困难和制约,污水再生利用规划目标能否实现,在很大程度上取决于污水再生利用行业制约问题能否妥善解决。

　　借助根本原因分析法(root cause analysis, RCA)常用的鱼骨图和问题树分析思路,本章分再生水集中利用和再生水分散利用两种方式,从污水再生利用过程、污水再生利用影响因素、应用领域及其行业潜力三个方面对我国污水再生利用推广过程中的障碍进行分析。通过分析研究,寻求我国北方缺水城市污水再生利用率低的关键制约因素,进而有针对性地提出解决方案和对策。

4.1 集中式污水再生利用障碍 RCA 分析

4.1.1 集中式污水再生利用过程分析

　　我国《"十二五"全国城镇污水处理及再生利用设施建设规划》[123]明确了污水再生利用要遵循"集中利用为主、分散利用为辅"的原则。集中式污水再生利用是通过市政管网将城市污水输送到污水处理厂进行二级处理及深度处理,然后通过再生水输送管网输送回用,是全世界城市污水处理广泛采用的一种方式[124]。

　　由集中式再生水利用定义可知,再生水的生产回用过程一般包括污水的收集、处理和再生水的输送等环节。城市污水的收集系统可将污水送至城市污水处理厂;污水在城市污水处理厂经过适当处理达到排放标准或某一再生水标准要求;输送达标排放的水或符合某一再生水回用标准的再生水到用户后,被直接使用或经过再处理后回用。现实情况是,我国没有统一的再生水管网输送标准。再生水管网一般输送的是城市污水处理厂的达标排放水（即《城镇污水处理厂污染物排放标准》（GB18918—2002）[125]的一级 A 或者一级 B 标准）。因而，用户要使用再生水，还必须建有生产达标再生水的处理设施。

1. 集中式污水收集与处理环节的制约分析

随着人们节水意识和经济发展水平的提高，我国城镇污水处理系统已达到较高的水平。"十一五"、"十二五"期间，地方各级人民政府积极落实国家部署，不断加大污水处理设施建设力度。2010 年我国城镇生活污水设施处理能力为 1.25 亿米 ^{3}/日，年处理污水总量约为 350 亿立方米，设市城市污水处理率为 77.5%，与之相应的城镇污水管网收集系统总长度为 47.8 万千米。截至 2014 年年底，全国设市城市、县（以下简称城镇，不含其他建制镇）累计建成污水处理厂 3 717 座，污水处理能力为 1.57 亿米 ^{3}/日，全国设市城市建成投入运行污水处理厂 2 107 座，形成污水处理能力为 1.29 亿米 ^{3}/日，设市城市污水处理率近 85%。

按照再生水可以利用城市污水处理厂出水作为原水的定义，城市污水收集系统也是再生水的原水收集系统。因此，再生水原水收集管网系统的建设不会成为再生水生产和回用的障碍。

2. 集中式再生水生产环节的制约分析

集中式再生水的生产过程实际上包括两步：第一步是污水的无害化达标排放；第二步是进一步深度处理生产再生水。

由于现代城镇污水处理已有百年历史，最初是为了防止污染水体引起疾病的传播，其处理目的在于将污水无害化处理后再排入环境。所以，无害化处理标准又称排放标准。无害化处理技术，早已逐步发展成为一套完整的技术工程体系，包括污水收集、输送、预处理、处理、固液分离、固体脱水、消化、处置和处理等一系列的成套技术。

这些技术归结来可以分为物理化学和生物学处理方法两大类。前者的本质是分离，即将水体中的污染物转化成固体或者气体与水分离，达到水体净化目的。后者则是通过微生物生命活动将污染物分解利用达到去除污染物目的。污染物被利用后部分转换成微生物体，部分转换成简单的化合物。由于生物学方法去除污染物比较彻底，成本较低，符合自然界废弃物净化还原的原理，因而得到了广泛的应用。

从全国污水处理运行情况的有关报告看：只要运行管理得当，城镇污水二级处理厂出水水质基本可以稳定达到国家城镇污水处理厂污染物排放的一级标准（A 或者 B）。从 2013 年起，我国众多城市都在进行污水处理厂的提标改造（污水处理厂的排放标准由一级 B 提高到一级 A），而且形成了比较成熟的提标改造技术路线（微混凝沉淀+微滤或者超滤等），这为再生水回用及深度处理创造了经验和条件。因此，从技术层面讲，污水处理及再生水生产不存在技术制约。

从再生水回用的处理要求看，因回用领域和用途的不同，对水质的要求不尽相同。通过比较城镇污水处理厂一级 A 出水与所有不同用途的再生水水质指标（表 4-1），可以看出，除第八项粪大肠杆菌指标外，城镇污水处理厂一级 A 的排放指标全部符合再生水水质要求。也就是说，一级 A 排水已经非常接近再生水了。

表 4-1　城市污水处理一级 A 出水与不同用途最严格的再生水指标差异一览表

指标 水质类别	浊度/ 悬浮物	溶解性 总固体	PH	DO	BOD$_5$	铁	锰	粪大肠 菌群数
再生水回用标准	≤5	≤1 000	6.5~8.5	≥2	≤6	≤0.3	≤0.1	≤500
污水一级 A 排放 标准	SS≤10	—	6~9	—	≤10	—	≤2	≤1 000

注：各指标的单位除浊度（nephelometric turbidity unit，NTU）和粪大肠菌群（个/升）外，其余均为毫克/升，SS 表示水中悬浮物（suspend solid）

为满足再生水个别指标的特殊要求，需在二级或强化二级生化处理基础上做进一步处理或专门性处理，即深度处理。常用的深度处理技术主要包括絮凝、沉淀、过滤工艺，膜技术及曝气生物滤池等[126,127]。

3. 集中式再生水输送环节的制约分析

长期以来，城市建设中未充分考虑再生水输送管网与城市给水管网和城市污水收集管网之间的本质区别。城市给水管网和城市污水收集管网输送和收集的对象（水和污水）均执行统一的标准，且可以直接完成输送的目的和任务。而再生水标准体系众多，从实际情况看，现实生活中不可能生产能满足一切利用领域的再生水，即使是能够生产出满足一切利用领域的再生水，又必然和我国"发展用户、分质供水"的"十二五"再生水利用规划中的原则相冲突，更不用说此做法在经济上的不合理性了。普遍的做法是：统一输送接近再生水标准的城市污水处理厂达标排放污水（一级 A 或者一级 B），加上用户分散的再处理设施补充处理后，达到再生水利用的目的。这样，在输送环节，就存在直接使用再生水的用户数量不足和整体工程效益低下的问题。效益低下必然导致再生水管网建设滞后。因此，没有直接生产再生水导致再生水的用户不足，加上再生水的输送问题，是再生水利用的主要障碍之一。

再生水利用领域不同，用途种类繁多，标准不一，使再生水输送管网的水质标准和建设标准缺乏依据，再生水生产的标准又与再生水的生产成本、再生水用户及其用水潜力紧密相关。因此，再生水的输送问题实质涉及再生水的生产利用模式问题。

4. 集中式再生水使用环节的制约分析

研究分析表明：集中式再生水用户对再生水有以下几个方面的利用要求：第一，水质能稳定的达到利用标准和利用要求；第二，输送的再生水可以直接利用，而不需要再处理；第三，使用再生水有明显的经济效益，即价格应明显低于所替代的新鲜水的价格。

通过城市再生水管网输送的水不是真正意义上的再生水，而是一种接近再生水水质标准的达标排放水（一级 A 或者一级 B）。因而无法满足用户要求。

上述分析过程可用鱼骨图直观表示（虚线箭头上方文字是存在制约的环节），如图 4-1 所示。

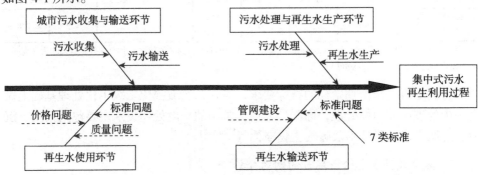

图 4-1　集中式再生水生产输送回用过程环节 RCA 分析的鱼骨图

从图 4-1 中可以看出，集中式再生水生产及回用过程的制约因素主要有以下四个：再生水输水管网建设困难；再生水用户水质标准要求不统一，无法直接使用管网输送再生水；再生水水价偏高，达不到用户的心理价位；再生水水质监管不到位，造成水质不稳定。

4.1.2　集中式污水再生利用适用领域及制约分析

再生水利用能否实现，一个重要的问题是用户数量、用水量和用水水质要求。因为，再生水不同于达标排放水，它已经是一种商品。按照经济学原理，商品必须解决市场问题。不解决商品的市场，商品的生产就会失去需求推动力。因此，有必要将再生水在不同利用领域的可能用量和水质特点进行系统分析。

我国再生水主要回用于农业灌溉、城市杂用、观赏景观环境、工业用水、补充水源等五大领域。再生水回灌补充地下水虽然有标准，但在我国几乎没有应用实例。因此，只对前四大回用领域进行分析。

1. 农业灌溉回用水量水质特点分析

农业回用水质要求最低，水量也十分可观。按照我国北方地区农业灌溉量，每亩地每年的用水量为 250~300 立方米。一个百万人口的城市，仅生活污水，日产量为 10 万~15 万立方米，年产生污水量为 4 000 万~5 000 万立方米，可以供给或需要 15 万到 20 万亩大田作物去消纳。一座百万人口的城市其蔬菜种植面积一般最少在 20 万亩以上。因此，仅农业用水一项就可以消耗全部城市生活污水转化的再生水。

农业再生水回用的最大问题包括如下：①使用的间歇性与再生水生产的连续性矛盾；②重金属的残留问题；③输送管网与储存问题。即使城市污水处理厂生产的再生水能够满足农业灌溉的要求，也必须与当地的农业灌溉系统有机结合才能实现。

2. 城市杂用水量水质特点分析

再生水的城市杂用包括冲厕、城市绿化、道路洒扫、消防、车辆冲洗、建筑等。其中冲厕、道路洒扫、城市绿化三类用水，用水量相对稳定且用量较大。例如，百万城市的再生水需求量约为 20 万立方米。表 4-2 为一座百万城市的再生水用水量的核算（以 2010 年为基准年，以陕西某市为例进行计算）。其中城镇综合用水量含生产用水、生活用水和其他用水三部分内容，生产用水包括工业、建筑业、交通运输业及农林牧渔业等单位的用水；其他用水包括消防及除生产及生活用水范围以外的各种特殊用水；生活用水包括行政事业单位、部队营区及公共设施服务、社会服务业、旅馆餐饮等公共服务业单位用水和居民家庭用水。根据国内统计资料，生活用水约占总用水量的 53.2%，其余两类用水约占 46.8%。

表 4-2　百万城市的再生水用水量的估算

项目	居民人数/万人	绿地面积[1]/万米²	道路面积[1]/万米²	污水处理量/（万米³/日）	备注
数量	100	800~1 500	800~1 500	13	综合用水指标[3]按 254 升/（人·日）计算，其中生活用水量按综合指标的 60%计
可用再生水替代的用水指标[2]	冲厕 50 升/（人·日）	浇灌 1 升/米²	洒扫 1 升/米²	0.9	
再生水用水量/万米³	5	0.8~1.5	0.8~1.5	12	
再生水所占比例/%	42	10	10	100	

1）绿地及道路面积均按城市建设用地要求计，即百万人口的城市占地按照人均 100 平方米计算；其中绿地按照城市总面积的 8%~15%计；道路按照城市的 8%~15%计。（详见《城市规划用地指标》）

2）城市生活用水量按每人每天 150 升计，排水按照每人每天 130 升计算，再生水产量按照每人每天 100 升计，依据见 3）

3）2010 年陕西省城镇日综合用水量 185.9 升，设市城市人均日综合用水量 254.1 升由表 4-2 可见，除了特殊的再生水利用项目，一般常见的再生水利用项目，最大的再生水用量在冲厕，占再生水总量的 40%~50%。绿地和道路清扫合计约占 20%。连同冲厕三项合计占再生水总量的 60%~70%，而家庭冲厕的最大困难在于必须有完善的中水管道，存在对现有建筑的改造问题。新建项目相对容易，老建筑改造比较困难。如果不考虑冲厕的用途，仅绿化和道路洒扫，其再生水用量是极其有限的。即使包括冲厕在内的杂用，还有 30%左右的再生水有待寻找稳定的利用出路。

3. 城市景观环境用水的水量与水质特点分析

景观用水包括观赏性景观用水和娱乐性景观用水。两者在水质上的差异主要为溶解氧、浊度和粪大肠菌群数等项指标。娱乐性景观用水有人体接触的风险，因此，应优先考虑观赏性景观用水的利用。

观赏性景观水利用的最大优势如下：①可以简化管网，也就是说可以利用城市现有的人造景观、湿地、低洼地带作为再生水的储存池而简化复杂的再生水输送管网，或者说，地表水相当将地下管网变成了地上管网，地表水体替代了输水管网；②再生水的利用量基本不受时间和空间的限制。若将城市的 1%或者绿地的 10%建设成城市景观水面，则一座百万人口的特大城市（100 平方千米），有 100 万~150 万亩水面，按照每天 10 万立方米的再生水计算，则该水面可以接纳该城市 10~15 天再生水的水量。如果将景观水体再同时作为其他杂用、绿化浇灌、消防等方面的水源使用，则城市水体可以作为再生水的调节器，并产生巨大的生态环境效益。

4. 工业利用水量及水质特点分析

从再生水利用于工业的水质要求看，直流式冷却水对再生水的水质要求最低，是最容易实现的一种利用方式。因为直流式冷却水质和城市污水处理的一级 A 出水相比，仅仅只有盐度和 pH 的要求，且城市污水处理的一级 A 出水一般是能够满足或者稍加处理即可满足盐度和 pH 要求的。其他几类工业再生水用途（锅炉用水、生产工艺等），除了盐度和 pH 的要求之外，还有铁、锰、浊度的要求，一般必须增加稍加复杂的深度处理环节。再生水利用于工业的主要制约是水厂与工业用水户的距离。当距离比较远时，会因为管网建设而产生经济性的限制。因为企业使用再生水的目的主要出于经济性考虑。

上述分析可用鱼骨图直观表示（其中虚线箭头上方文字为制约因素或所需的条件，实线箭头上方文字为优势），如图 4-2 所示。

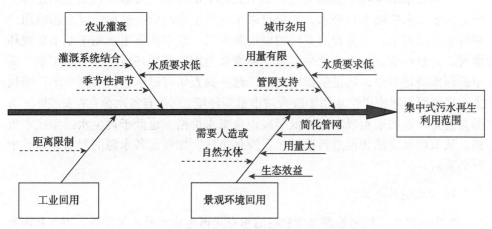

图 4-2　集中式再生水利用途径的鱼骨分析图

4.1.3　集中式再生水生产利用管理体系的影响因素分析

集中式再生水从生产到利用管理体系的影响因素主要有技术、经济、管理、心理等四个方面。

1. 技术制约分析

如前所述，尽管再生水的生产包括城市污水的达标处理和再生水的生产过程（深度处理），从技术角度不存在制约。

2. 经济制约分析

再生水回用经济方面的重点是再生水的生产成本、再生水与自来水的比价及其他水资源管理问题。

从供给方面分析，集中式再生水生产利用涉及城市污水的收集、输送、达标处理和再生处理、再输送、再处理等环节。因此，总的投资巨大，运营成本较高。但是，再生水生产的前期工程与城市污水处理工程重复且可以借助使用。因此，在原城市污水处理厂的基础上稍加延伸，便可以明显提高污水处理与再生利用的投入产出比。再生水生产和污水达标排放相比较，其环境、经济、社会效益都会显著提高。因而，从经济学的角度看，理论上再生水生产比达标排放更具经济可行性。

从需求方面分析，从各地的实践和调查证明，一般用途的再生水生产全成本低于替代水源的价格，只要再生水与自来水的水价定得合理，用户是完全可以接受再生水的[128]。调查研究表明，经济上影响再生水需求的因素主要有三方面：一是自来水与再生水的比价。集中式再生水用于城市杂用和工业用途时，毕竟再生水水质低于自来水，如果自来水与再生水的价差过小，就会影响用户对再生水的需求。二是费用支付的渠道和方式。集中式再生水用于城市景观环境时，公益性明显，外部效果显著，但谁来为用于景观环境的再生水买单，买单的标准应是多少，都是值得研究的问题。调查研究显示，许多再生水厂因收支不平衡而不愿将再生水用于改善城市景观环境。三是自备水源（地表或地下）。因为自备水源的取水成本远远低于城市自来水价格，也低于再生水的全成本价格。从节约水资源和推进污水再生资源化角度，加强自备水源的严格管理是十分必要的。

3. 管理制约分析

集中式再生水回用管理方面制约的重点是再生水水质水量预测、再生水输配规划、再生水利用标准、水质监测问题。

集中式再生水水质、水量预测及再生水输配规划是贯彻再生水利用"统筹规划、合理布局"指导思想的必然要求，也是实现再生水供水平衡、避免浪费，提高投资效益的必经环节。

标准是管理的技术基础。从 2002 年起我国陆续出台了《城市污水再生利用》系列标准。截至 2010 年，已经发布实施的城市污水再生利用标准包括：《城市污水再生利用分类》[129]（GB/T18919—2002）、《城市污水再生利用城市杂用水水质》[130]（GB/T18920—2002）、《城市污水再生利用景观环境用水水质》[131]（GB/T18921—2002）、《城市污水再生利用地下水回灌水质》[132]（GB/T19772—2005）、《城市污水再生利用农田灌溉用水水质》[133]（GB/T18922—2005）、《城市污水再生利用工业用水水质》[134]（GB/T18923—2005）、《城市污水再生利用绿地灌溉水质》[135]（GB/T25499—2010）共 7 项标准。

该标准系列包括城市杂用、景观环境、工业、农田灌溉、地下水回灌等 5 大用途领域 30 多种类别。其中最常用的是城市杂用、景观环境、工业 3 大领域有11 个类别。

本书的研究发现，该标准体系有以下特点：①不同用途领域的再生水水质标准均不相同。即使同一用途领域，不同的回用类别，其标准也不尽相同。②不同用途领域或同一用途领域不同类别的再生水水质标准的绝大部分指标是相同的。③不同的 1~2 项指标的标准值要求却非常严格，有些甚至超过饮用水水质指标的要求。再生水与饮用水部分指标比较，如表 4-3 所示。

表 4-3　再生水与饮用水部分指标比较

类别	饮用水标准	再生水（工业、农业、景观）
毒理指标	硝酸盐（以 N 计）≤20	硝酸盐（以 N 计）≤15
一般化学指标	pH　6.5~9.5	pH　6.5~8.5
	铁≤0.5	铁≤0.3
	锰≤0.3	锰≤0.1
	总盐度≤1 500	总盐度≤1 000

注：pH——无量纲，其余指标单位为毫克/升

　　再生水各标准与城市污水处理厂一级 A 出水水质标准（《城镇污水处理厂污染物排放标准》GB 18918—2002）的对比结果如表 4-4 所示。

表 4-4　再生回用水质与城市污水一级 A 出水水质不同指标的比较

序号	用途领域	再生水水质标准与城市污水一级 A 标准的异同 [1]
城市杂用水		
1	冲厕	（一级 A）TDS≤1 500，铁≤0.3、锰≤0.1、浊度≤5
2	道路清扫、消防	（一级 A）TDS≤1 500
3	城市绿化	（一级 B）TDS≤1 000
4	车辆冲洗	（一级 A）TDS≤1 000，铁≤0.3、锰≤0.1、浊度≤5
5	建筑施工	（一级 B）
观赏景观环境利用水		
1	河道	（一级 A）溶解氧≥1.5
2	湖泊	（一级 A）溶解氧≥2.0、BOD_5≤6
3	水景	（一级 A）BOD_5≤6
娱乐景观环境用水		
1	河道	（一级 A）BOD_5≤6、浊度≤5、粪大肠菌群≤500
2	湖泊	（一级 A）BOD_5≤6、浊度≤5
3	水景	（一级 A）BOD_5≤6、浊度≤5
工业回用水		
1	直流冷却	（一级 A）TDS≤1 000，pH 6.5~9.0
2	敞开式冷却补充	（一级 A）TDS≤1 000、铁≤0.3、锰≤0.1、浊度≤5、pH6.5~8.5
3	洗涤用水	（一级 A）TDS≤1 000、铁≤0.3、锰≤0.1，pH6.5~9.0
4	锅炉补充	（一级 A）TDS≤1 000、铁≤0.3、锰≤0.1、浊度≤5、pH 6.5~8.5
5	工艺产品	（一级 A）TDS≤1 000、铁≤0.3、锰≤0.1、浊度≤5、pH 6.5~8.5

序号	用途领域	再生水水质标准与城市污水一级 A 标准的异同[1]
农业回用水		
1	纤维作物	（一级 B 或一级 A）TDS ≤1 000、pH 5.5~8.5、有重金属要求
2	旱地作物	（一级 B 或一级 A）TDS ≤1 000、pH 5.5~8.5、有重金属要求
3	水田谷物	（一级 B 或一级 A）TDS ≤1 000、pH 5.5~8.5、有重金属要求
4	露地蔬菜	（一级 B 或一级 A）TDS ≤1 000、pH 5.5~8.5、有重金属要求

1）括号内为同，括号外为再生水水质的特殊要求；单位：pH——无量纲，浊度——NTU，粪大肠菌群——个/升，其他——毫克/升； TDS——溶解性总固体

由表 4-4 对比可以有如下发现。

（1）农业回用常规项目要求最低，甚至一级 B 出水就可以满足其要求。但是农业用水对重金属和 pH 有较高的要求。如果再生水的水源主要源自生活或者以生活污水为主的城市污水，则重金属和 pH 一般不会超标。所以，一般污水处理厂出水满足一级 B 即可以直接用于农业灌溉。从水质上讲，农业灌溉是再生水回用的最理想的领域。农业用水的季节性与再生水的连续生产有一定矛盾，需要储水设施调节。

（2）杂用类的道路绿化与清扫、观赏性景观用水、工业类直流式冷却水的回用水水质要求与城市污水处理厂出水一级 A 的水质比较最为接近。杂用类的道路绿化与清扫和城市污水处理厂出水一级 A 的水质主要差别是总盐度的要求。直流式工业冷却水与城市污水处理厂出水一级 A 的水质主要差别是总盐度和 pH 的下限。

观赏性景观用水等与城市污水处理厂出水一级 A 的水质差别主要是溶解氧和 BOD$_5$ 的要求，且比较严格。

（3）杂用类的冲厕有浊度和铁、锰的要求。5 个浊度相当 SS 在 6.5 以下，铁、锰的要求则远远高于一级 A 的要求。一级 A 出水的锰是 2 毫克/升，冲厕用水锰的要求则是 0.1 毫克/升。除直流式冷却水之外的工业用水除了浊度和 pH 要求之外，都有铁和锰的要求。因此，都需要增加特殊的深度处理才能满足回用要求。

不同的用途对应不同的标准的再生水分质供水是一条避免高质低用的节约原则。但是，再生水的不同标准却给再生水的利用管网建设及分散再处理带来了巨大的困难。为解决再生水的统一输送问题，应该有相对统一的再生水标准。这里有两个方面的问题必须注意。

（1）如果城市再生水输送管网继续输送城市污水处理厂的"准再生水"（一级 A），则每一类用途的用户都存在分散再处理才能使用的问题。

（2）如果为了解决再生水的分散再处理的问题，就需要采取统一的高标准，则再生水的处理成本可能会达到难以接受的程度，同时也存在过度处理的资源能

源浪费问题。

因此，再生水利用标准的不统一导致了再生水输送管网建设的困难，是再生水管网建设滞后的重要原因之一，也是再生水利用的主要制约因素之一。完全统一的再生水标准是不可能的。但是，适当合理的简化、合并再生水标准，有利于污水的再生利用。

解决管网滞后的方法不是简单地加快管网的建设，总体原则是尽可能地简化或者避让，原因有以下几个方面。

（1）市政给排水管网的建设需要巨额的一次性投资和常年的维护费用，且施工过程也会影响到社会的方方面面。据建设部《全国城市污水处理设施 2010 年第一季度建设和运行情况通报》称，全国城镇污水处理厂运行负荷率约 76.7%，主要原因之一就是污水收集管网建设滞后。就伴随城镇化建设推行了数十年的污水处理事业而言，管网建设尚且是个难题。对于方兴未艾的再生水事业来说，再生水输配管网建设基础薄弱的影响显而易见。

可见，管网系统建设滞后严重制约城镇污水处理事业的发展。再生水输送管网系统的建设困难比污水处理收集系统更加困难。

（2）再生水因用途不同、使用领域不同而有完全不同的再生水水质标准。不同的用户有不同的水质标准要求，这是正确合理的。但是，这对于输送管网系统来说，却是一个非常棘手的问题。因为不可能为每一种需求的再生水各建立一套输送管网系统。从输送管网系统来讲，统一的水质标准有利于管网的集中统一配送。而不同的再生水水质标准有利于节约成本和能源，可以避免高品质水低用途使用的浪费。所以再生水输送系统要求的统一水质标准与不同用途的再生水标准之间存在一定的矛盾。

从城市建设布局看，再生水只能使用一套管网输送系统，这就必须要有统一的输送标准。按照过于严格的再生水水质标准进行处理和输送，在经济上可能极其不合理。因为不同的再生水水质只在极个别指标上存在差异。按照一级 A 的标准输送，再由各个用户进一步处理，则存在用户的再处理设施建设和局部管网建设问题。当用户的再处理设施和局部管网与城市再生水输送总管网不同步时，再生水的管网就会闲置，这正是许多城市污水处理厂再生水生产能力大，而实际生产量小的原因所在。要避免再生水管网建设闲置，就必须尽可能地将再生水的直接用户与管网统一起来，即输送真正意义上的再生水。

（3）再生水管网的建设还存在地下空间的布设问题。由于城市的快速发展和生活便捷的需要，城市地下管网空间的需求与日俱增，而有限的地下空间带来的需要地下安排的各种管网之间的争夺也异常激烈。城市地下管线主要包括给水、排水、燃气、供热、电力、通信、交通信号、有线电视。还有城市的地下人防、地铁，甚至工业管道也可能成为争夺地下空间的项目。因此，再给多标准的再生水留出管网空间，在实际操作上也是非常困难的。

通过上述分析，可以得出以下结论：再生水输送系统建设的关键，一是直接生产再生水而不是排放水；二是寻求有再生水使用潜力的用户；三是尽可能通过简单的管道，将再生水直接送到用户，即尽可能简化和避开城市再生水管网建设的难题。

解决再生水利用问题，绝不是简单、笼统地加快再生水管网的建设问题。

4. 心理制约分析

调查表明，再生水用户对再生水并不拒绝。但是心理上存在一定的担心，主要是再生水质的稳定性与水质的安全性。因此，再生水虽然是一种新水源，甚至可以做到超过用天然水源制作的用于饮用的水。但是，它依然不能和天然水源制作的水相提并论。一般而言，它不适合饮用、盥洗、洗涤，甚至人体接触的娱乐等用途。主要原因有两个，一是心理障碍，二是担心水质监测不严造成水质不稳定。这就限制了再生水的用途和用量。因此，寻求再生水最有效的利用领域和潜力是解决再生水利用的重要内容。

将上述分析用鱼骨图直观表示（虚线箭头上方的文字是存在制约的环节，实线箭头上方的文字为优势），如图 4-3 所示。

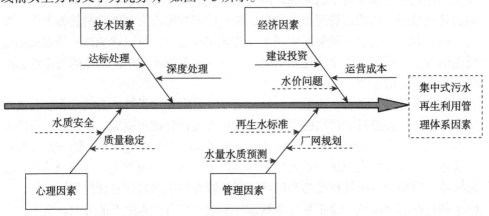

图 4-3　集中式再生水回用管理体系影响因素鱼骨分析图

采用 RCA 方法对集中式污水再生利用管理系统进行分析后表明：首先，再生水利用的主要制约是再生水输配管网建设滞后。滞后的主要原因之一是缺乏统一合理的再生水管网输送水质标准；当输送"准再生水"时会产生用户分散再处理的问题，限制用户数量，会反过来影响管网工程效益和建设的积极性，加之输配管网建设本身的复杂性，因此管网建设成为再生水利用的最大制约之一。

其次，再生水的潜在用户问题。分析表明：再生水不同于达标排放水，再生水本质已经是可以作为一种新水源使用的商品，尽管这种新水源的商品水，在使用范围和用途上存在着不同于一般天然水源制成的商品水的心理障碍。因此再生水存在市场需求和需求潜力问题。潜力分析的主要结论如下。

（1）再生水用于农业有很大潜力。水质方面有重金属等的制约，以城市生活污水为主要来源制备的再生水，水质比较容易满足农业灌溉回用要求。但需要有与农业灌溉系统密切结合的管网系统，并解决好农业灌溉间歇性使用与再生水连续性生产的矛盾与储存问题。回用于农业灌溉的最大制约还在于农业生产的经济性较差。

（2）再生水用于工业有一定潜力，但必须考虑距离因素和经济性。再生水回用于工业的最简单便捷的途径是直流式冷却用水。因此，一般应当考虑工业用水大户。再生水回用于工业的最大优势在于其显著的经济效益和利润回报。

（3）再生水用于城市绿化、道路洒扫、冲厕等杂用。用量最大的是冲厕（50%左右），其他两项仅占20%左右，即三项合计的最大用量约占再生水产量的70%。条件是所有居民楼必须有完善的中水回用系统。如果仅仅用于城市绿化和道路洒扫，则其最大用水量仅占到城市再生水量的20%左右，必须考虑其他回用途径才能有效提高再生水的回用率。

（4）再生水用于观赏性城市景观水体。用水潜力巨大，生态效可益明显，水质易于满足，且可以作为其他城市杂用水的水源，是最适宜的再生水利用领域。应当作为再生水利用的首选。考虑到与人体接触的风险，再生水回用于景观环境领域应优先考虑观赏性景观环境用水。再生水用于观赏性城市景观用水的优势包括可以简化再生水管网、再生水用量基本不受限制。

因此，选择最具潜力的再生水利用领域和用途，以及简化和避开复杂的再生水管网建设是通过集中式再生水回用方式提高污水再生水利用率的关键。

4.2　分散式再生水回用障碍的 RCA 分析

4.2.1　分散式污水再生利用及优点

分散式污水再生利用是小规模范围内对污水进行就地收集、处理、回用的系统工程[136]。

相比集中型污水处理系统，分散型污水处理系统具有一些明显优点。

（1）不需进行长距离污水输送和回用水输送的市政管网敷设，可节省大量的管网建设和维护费用。

（2）污废水自成系统，可以对不同水质进行分类处理和使用，大大减少了污水处理和再生水输送难度，客观上达到了分质处理和利用的目标。

（3）污水收集与再生水输送的范围小，对环境影响较小，为生态敏感的北方缺水城市提供了有效的解决方案。

（4）再生水回用设施可与建设项目同步规划、设计与施工，改变了先建设再环保模式，消除了污水处理再生水回用的空档期。

（5）由于投资规模小，可将污水治理由完全政府行为直接转化为企业或个人等社会投资行为。

（6）占地面积小，且可利用建筑地下空间，有利于地表面积的充分利用，也可减少市政道路的挖掘频次[137]。

表 4-5 为以人工湿地用水为例的分散处理和集中处理的投资运营分析比较[138]。

表 4-5　集中和分散处理投资运营分析（单位：元/吨）

项目	集中处理	分散处理
污水收集管网	2 000~2 400	100
小区管网	2 500	500
污水处理运营成本	0.8~1.0	0~0.05
水质达到回用投资	1 000	0
水回用管网投资	1 500	100
回用水处理成本	20.4	0

4.2.2　分散式污水再生利用过程分析

不同的地区和气候条件下分散式污水再生利用所需要的处理过程和装置也有所不同，一般分为自然处理系统和人工处理系统两类。

1. 自然处理系统

自然处理系统是通过土壤——植物系统的生物、化学、物理等固定与降解作用，对污水中的污染物实现净化并对污水资源加以利用。

（1）人工土层快速渗滤土地处理系统[138]。该系统是一种污水快速渗滤处理的改良型，通过人工配制土壤的手段，改变土壤的组成和土壤本身的环境条件，从而强化土壤的净化功能。该系统具有操作简便、能耗低、投资低和运行管理费用低等优点，同时也有水力负荷高和出水水质好等特点。

（2）地沟式污水处理系统。该系统是利用土壤毛细管浸润扩散原理的一种浅型土壤处理技术。它利用污水的能量，把其所携带的污染物，通过人工生态系统的物质循环和能量流动逐级降解，此项技术大大降低了土地占用面积与水处理成本，在国内尚处在初步发展阶段。

（3）人工湿地系统[139]。该系统是根据自然湿地的功能、特点，由人工建造并控制运行的湿地的总称。人工湿地污水处理系统可以分为表面流湿地、水平潜流湿地和垂直流湿地三种。应用较多的类型是表面流湿地和水平潜流湿地，而垂直流人工湿地尚在研究中。但是其缺点是需要大量土地，并要解决土壤和水中的充分供氧问题及受气温和植物生长季节的影响等问题。

（4）厌氧沼气池处理技术。该技术主要应用在我国农村生活污水处理的实践中，沼气池工艺简单，成本低（一户需费用为 1 000 元左右），运行费用基本为零，适合于农民家庭采用。

2. 人工处理系统

人工处理系统和集中污水处理采用的工艺形式基本相同，与集中处理不同的是，分散式污水处理方式更着重于小型和集成装置。人工处理主要技术如下。

（1）净化槽处理技术。在日本，净化槽是一种使用范围很广的设备[140]，分为三种类型，即单独处理、合并处理和高度处理净化槽。2001 年 3 月原贵州省环境保护科学研究所与日本国立环境研究所合作，从日本引进了两台"小型合并处理净化槽"，使用结果发现，该装置具有一定脱氮除磷效果，适合于污水排放量较小的小型旅游建筑、公厕等[141]。

（2）移动床生物膜反应器[142]。这种装置无须反冲洗，可连续运行，又不易堵塞，且污泥产量低。

（3）膜生物反应器。膜生物反应器是由膜分离和生物处理组合而成的一种新型、高效的污水处理技术，特别适合分散性污水处理的需要。与传统的活性污泥法相比，该工艺流程短、占地省、放置场所不受限制。

3. 分散式污水收集与处理环节的制约分析

由图 4-4 可以看出，分散式再生水的生产回用过程也包括污水的收集、处理和再生水的输送等环节，但由于就地处理和利用，污水收集管网、再生水输送管网和水质标准不统一问题不再是再生水回用的障碍。但再生水与自来水的比价问题、缺乏专业管理经验及水质稳定问题是制约分散式污水再生利用的主要障碍。

4.2.3　分散式再生水回用应用范围及制约分析

分散式污水处理系统可以应用到以下四类区域。

（1）城郊居民社区、大学新校区、城市新区等尚无条件纳入城市污水收集系

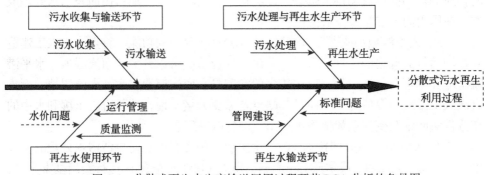

图 4-4　分散式再生水生产输送回用过程环节 RCA 分析的鱼骨图

统的区域。

（2）再生水供需能够形成自循环的公共建筑区、商业区、酒店等。

（3）居民家庭较为分散，建筑密度较低，建造集中式污水处理及回用设施显然不经济的区域[143]。

（4）具有与生活污水水质相似的工业废水的工业企业。

上述分析可用鱼骨图直观表示（其中虚线箭头上方的文字为制约因素或所需的条件，实线箭头上方的文字为优势），如图 4-5 所示。

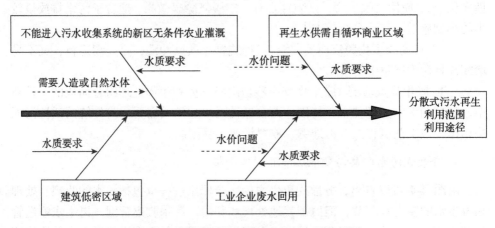

图 4-5　分散式再生水利用途径的鱼骨分析图

4.2.4　分散式再生水生产利用管理体系的制约分析

分散式再生水从生产到利用管理体系的制约因素如图 4-6 所示。

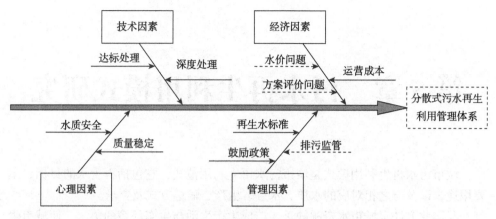

图 4-6　分散式再生水从生产到利用管理体系的制约因素

从分散式污水收集与处理环节的制约分析、回用应用范围及制约分析、管理体系制约分析的结果来看，在集中式污水再生利用中存在污水输送和回用水输送的复杂管网问题及水质标准不统一问题都不是分散式污水再生利用的障碍，但再生水与自来水的比价成为能否调动用户就地生产和使用再生水积极性的关键，另外污水处置处理技术方案的技术经济社会综合评价、平衡再生水供需的人造或自然水体、政府对污水排放的监管也是保证分散式再生水利用可持续发展的必不可少的重要环节。

综合集中式和分散式污水再生利用的制约因素分析，我国北方缺水城市水资源不足的现状决定了必须实施节水、开源和污水再生利用等措施。污水资源再生利用兼有扩大水资源渠道和减少环境污染的双重功效，是北方缺水城市提高水资源承载力的必然选择。而提高污水资源再生利用率，必须消除阻碍再生水利用中的以下主要制约因素：第一是必须选择再生水利用模式，确定最具潜力的再生水利用领域和用途，以简化和避开复杂的再生水管网建设和用户水质难以统一问题；第二是要科学合理的确定再生水与自来水的比价，提高整个社会对再生水的现实需求，形成再生水市场；第三是集中式污水再生利用要做好再生水需求预测和再生水输配规划，避免无序投资和低效投资；第四是建立再生水生产系统综合评价方法体系，选择适合北方缺水城市经济社会实际的处理处置技术方案；第五是进行再生水项目投融资模式研究，解决再生水事业的社会参与问题。

第5章 污水再生利用模式研究

城市污水再生利用模式是城市污水再生利用范式，它包括再生水的目标、主要用途，以及与之相对应的水质、水量、生产、输送方式及要求。

我国北方缺水城市水资源缺乏，造成生产生活与生态环境的争水，使城市生态和环境用水严重不足，尤其在枯水季节。同时，根据再生水利用障碍分析结果，即尽可能避开或简化再生水输配管网。因此，北方缺水城市再生水利用的基本模式必然是在"能用尽用、可用早用、集中为主、分散为辅"的指导思想下进行研究和探索。

5.1 中国污水再生利用政策分析

5.1.1 中国现有污水再生利用模式分析

1. 集中式污水再生利用模式

国家住房和城乡建设部、科技部联合发布的《城市污水再生利用技术政策》[144]目标与原则的 2.4 中规定"城市景观环境用水要优先利用再生水；工业用水和城市杂用水要积极利用再生水；再生水集中供水范围之外的具有一定规模的新建住宅小区或公共建筑，提倡综合规划小区再生水系统及合理采用建筑中水；农业用水要充分利用城市污水处理厂的二级出水"。

《城市污水再生利用技术政策》的再生水利用规划 3.2 条中规定："城市总体规划在确定供水、排水、生态环境保护与建设发展目标及市政基础设施总体布局时，应包含城市污水再生利用的发展目标及布局；市政工程管线规划设计和管线综合中，应包含再生水管线"。

《城市污水再生利用技术政策》的再生水利用规划 3.4 条中还规定"城市污水再生利用设施的规划建设应遵循统一规划、分期实施，集中利用为主、分散利用为辅，优水优用、分质供水，注重实效、就近利用的指导原则，积极稳妥地发展再生水用户、扩大再生水应用范围"。

《城市污水再生利用技术政策》的再生水利用规划 3.6.1 中更加明确地规定"集中型系统通常以城市污水处理厂出水或符合排入城市下水道水质标准的污水为水源,集中处理,再生水通过输配管网输送到不同的用水场所或用户管网"。此条明确表示必须修建再生水回用管网,但是却没有规定再生水管网输送的水质标准。

上述规定使再生水的利用模式是明确的,但在实际执行时却因再生水管网输送的水质标准不明确,使再生水管网的设计和建设没有依据、建设滞后,造成了我国再生水实际利用情况与生产能力差距大、生产能力与规划目标差距大,是导致回用率低下的主要障碍之一。

2. 分散式污水再生利用模式

分散式污水再生利用模式可以有效地减少再生水管网的长距离敷设,回避再生水标准不统一问题,容易实现分质供水的目标。

在分散式利用模式中,《城市污水再生利用技术政策》提出针对"相对独立或较为分散的居住小区、开发区、度假区或其他公共设施组团中,以符合排入城市下水道水质标准的污水为水源,就地建立再生水处理设施,再生水就近就地利用"。或者在"具有一定规模和用水量的大型建筑或建筑群中,通过收集洗衣、洗浴排放的优质杂排水,就地进行再生处理和利用"。

分散利用的模式又可以分为两种:按照就近原则,建立再生水设施分散处理利用模式;建筑内部源头分类收集处理利用模式。建筑内部的源头分类收集处理模式,必须在建筑内部,除了再生水利用管网之外,再增加一套分类收集管网,形成上下水管网各两套的格局,建造和养护费用大量增加,需要有足够的再生水节约的水费来支撑。

综合以上分析,并结合我国再生水利用的实践,在集中式再生水利用中阻碍再生水利用率大幅提高的最主要制约因素是水质标准和管网建设问题;在分散式再生水利用中阻碍再生水利用率大幅提高的最主要制约因素是水价问题。因此,必须寻求适合我国不同地区实际情况的可实现的再生水利用模式。

5.1.2　北方缺水城市污水再生利用的总体思路和原则

基于上述分析并结合我国北方缺水城市水资源短缺和水环境恶化实际情况,我们认为我国再生水利用模式的总体思路应当区分新建城区和已建城区提出。

1. 新建城区总体思路

(1)开展再生水需求预测。开展再生水的潜在用户调查,准确预测再生水需求。

（2）科学制定规划。根据再生水需求预测，合理规划再生水厂网配置规划，超前设计修建性再生水系统，规划一经确定即具有法律效力。

（3）维护规划的权威性。在新区建设过程中，严格贯彻执行规划意图，力争一张蓝图干到底。

2. 已建城区总体思路

（1）避免重复开挖和建设。为了保护市容市貌，减少工地扬尘，降低开挖给市民生活造成不便，应努力简化和回避再生水复杂输送管网的建设难题。

（2）明确再生水主要应用领域。尽可能利用城市景观水体或人工水面，以体现水的循环和再生，使再生水的生产和消费相平衡，以维系再生水生产的相对稳定连续。

（3）改变再生水生产模式。无论是大型的城市集中污水处理厂还是分散的小型污水处理厂应当直接生产符合用户要求的再生水，而不是生产达标排放水，再经用户处理生产再生水。

3. 基本原则

北方缺水城市再生水利用模式应遵循以下四项原则。

（1）超前规划原则。我国目前仍处于城市化快速推进的阶段，大量的新城区需要规划建设，为避免新区建成后重蹈再生水输送管网滞后的覆辙，应在新城区建设规划中强制性的配置再生水利用基础设施。

（2）最大程度使用原则。在保证用水安全的前提下，应尽可能挖掘再生水潜在需求，做到应用尽用、能用早用。

（3）成本适度原则。鉴于一般北方缺水城市的经济发展相对滞后，难以将再生水与自来水的比价调整到足够高的落差来支撑深度处理再生水的生产成本，因此再生水应优先用于对水质要求比较低的领域。

（4）环境优先原则。由于北方缺水城市存在生产生活与生态环境争水的现象，因此只要再生水能用于任一领域就能缓解其他领域的用水紧张状况。而生态环境的水质要求低且更适合用再生水补充，因而应坚持景观环境、城市绿化、道路洒扫优先回用为主的原则。

5.2　模式之一：集中处理直接用于环境的模式研究

5.2.1　模式简介

1. 模式定义

集中处理直接用于环境模式是指城市集中污水处理厂生产的再生水直接排入城市湿地、城市景观水体或城市天然水体的直接或间接再生水利用模式。

该模式主要针对我国城市污水处理基本是以集中为主、分散为辅的现实，且今后再生水的生产也将会以集中污水处理厂生产为主的趋势。同时，考虑到北方缺水城市日益增加的生态环境用水的需求，以及再生水利用管网建设的复杂性、困难性、滞后性而严重影响我国污水资源化水平的情况，为尽快提升我国再生水利用水平，缓解我国北方缺水城市日益紧张的水资源供需矛盾和进一步提升我国水环境污染治理水平而提出的一种模式。

2. 该模式与一般间接回用的异同

集中处理直接用于环境模式和传统的间接利用有以下本质区别。

（1）该模式的再生水虽然允许排入天然水体，但是其水质已经不是简单地达标，而是达到了相应的利用标准。

（2）接纳了再生水的天然水体具有城市杂用水水源地的功能，可以被方便地随时取用而不会因为水质的原因而无法使用。接纳再生水的环境水体（包括人工的和天然的）均被作为城市杂用水的水源或者储存池，这些水可以被随时随地取用。

（3）再生水的景观利用也是提升城市生态品质的重要途径之一。

3. 模式优点

（1）该模式可以简化再生水输送管网，有效缓解了再生水利用的制约问题。

（2）一般而言，湿地或者环境景观水体（与人体直接接触的水体除外）的水质要求相对而言比较低，容易达到，不存在技术制约或者成本过高的问题。

（3）可以通过提高环境水体的流动性增加水体自净能力，及通过布置适宜的水生生物吸收和利用再生水中的营养素，达到进一步净化水质的目的。

（4）环境水体既是景观水体，又有改善城市生态环境的作用和价值，也是城市的一种新的水源。设计合理的环境水体，可以起到再生水利用所必须的缓冲、储存和补充净化的作用，可以就地随时方便取用，满足洒扫、浇灌绿地、消防等多种用途。

（5）再生水利用于城市环境水体具有普适性和广泛性，一般不受地域、环境的约束，符合资源节约、环境友好的生态文明理念和原则，是符合国情的再生水利用的可实现形式之一。

（6）采取此种模式可以利用我国城市集中污水处理厂为主的污水处理格局，直接深度处理生产再生水，最大限度地提高再生水的利用率。环境用水几乎不受用量的限制，如前分析，若一个城市的百分之一面积用来作为景观水面面积，便足以容纳城市自身所产生的污水再生量的全部。

5.2.2　关键点及实用性分析

1. 富营养化问题的预防

由于再生水中污染物相对较高，尤其是氮、磷含量远远高于湖库水体富营养化氮、磷的临界值[145]，特别是流动性较小、水深较浅的城市景观水体，在气温上升较快的春、夏季，更容易发生水体的富营养化，产生水华、恶臭、不快感等问题[146]。

解决富营养化的有效途径：首先是生产符合城市景观用水的再生水；其次是使再生水流入湿地予以净化，同时增加景观水体的流动性，或者增加景观水体的深度，降低水温。适当地采取工程措施，控制和改善水质，避免水质恶化。

通过对景观水体工程进行一定的改造，使水通过湖泊-湿地等连通的生态系统，形成生态走廊，增加水体的循环、流动和交换，改善水质，对水体的富营养化可以起到预防作用。

2. 接纳空间与统一标准

接纳了再生水的城市各类水体，也将成为各种城市杂用水的水源，可以方便随时取用。为此，必须解决景观水体的空间及景观水体与其他杂用、绿化浇灌、道路洒扫甚至消防等水质标准的统一与适应问题。

以西安市为例，若将城市的1%或者绿地的10%用来作为城市景观水面使用，则可以接纳该城市全部再生水10~15天的水量。如果这些景观水体再同时作为其他杂用，如绿化浇灌、道路洒扫，甚至消防等方面的水源使用，则可以接纳更多的再生水。为此，必须统一上述再生水的标准或者直接生产可以同时满足上述要求的再生水。

这样，集中污水处理厂直接生产可以同时满足城市景观环境、城市绿化、道路洒扫等杂用水要求的再生水，城市景观水体成为再生水利用的缓储调节器，既能满足城市生态环境用水需求，也成为绿化、道路洒扫、消防等的用水水源，将极大地提高我国再生水的利用率，提升城市的品质，同时也将提高水资源的循环利用率，以解决日益增加的用水需求，特别是生态用水的需求，也将为水禽提供迁移栖息的场所，具有良好的环境生态价值。

5.2.3 实例分析

经系统调查分析，发现西安浐灞国家湿地公园的再生水回用系统，能够说明集中处理直接回用环境模式的优势与可行性。

1. 西安浐灞国家湿地公园污水再生利用背景

西安浐灞国家湿地公园位于浐河和灞河交汇口下游区域，其中水域面积约1.27 平方千米，总容积约 100 万立方米，年水资源需求量 600 万~1 000 万立方米。为了维系湿地公园的水平衡，除了依靠浐灞河上游来水之外，再生水可作为湿地的主要补给水源之一。在湿地公园区域范围内已建成西安市第十污水处理厂（处理能力为 4 万立方米，深度处理规模为 4 立方米），该污水处理厂的出水经过一系列的湿地净化系统处理后全部用于西安浐灞湿地公园的生态环境补水。

2. 西安浐灞国家湿地公园的再生水回用净化系统

西安浐灞国家湿地公园按照不同类型的用地将公园内的用地性质划分为19 个不同类型地块。而其中再生水水质净化系统建于 EH-5-1EH 地块，并涉及其东邻的 EH-4-4EH 地块。两块地总面积约为 0.78 平方千米，再生水净化系统分布见图 5-1，其中第十污水处理厂位于 EH-5-1EH 地块的西南角。其东面为EH-4-4EH 地块，均属于污水自然净化实验区和湿地生态区。该区两块湿地水面约 6 万平方米，平均水深 0.5~1.5 米，进出水高程分别为 366.5~364 米，平均水力坡度约 0.125%。湿地水面总容积约 9 万立方米，年最少更新 10 次，年需水量为 100 万立方米左右。

浐灞生态区的湿地水面及林地约占浐灞生态区总面积的 25%。水面为绿地及道路洒扫提供了方便的水源，可以采取车载方式，随时随处方便取用，湿地公园水体成为再生水回用的水源和贮存、调蓄池。

浐灞湿地公园再生水回用项目进行了模拟试验，试验阶段日补水约 3 000 立方米。

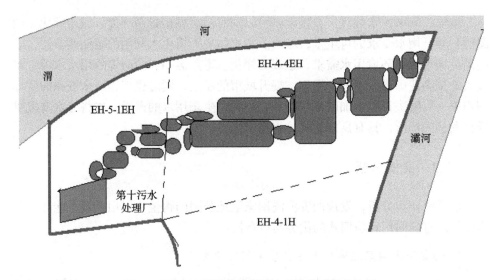

图 5-1　西安浐灞湿地公园再生水净化系统分布图

　　实验段的再生水净化系统是：由第十污水处理厂深度处理的出水（约 3.6 万立方米）引出 3 000 立方米直接进入湿地系统，该湿地系统将流经水处理科普园区（湿地类型是人工渗滤湿地及氧化塘，功能为自然净化区），湿地农业体验区（湿地类型为沼泽、林地、池塘等，功能为水源净化与补充），最终进入河流（渭河）或者自然渗滤湿地恢复区（灞河）。流经的长度约 2.5 千米，停留时间一般为一个月左右，单位面积的水力负荷约 0.05 米^3/（米^2·日）。远远低于我国大多数湿地处理系统的水力负荷 [0.3~0.5 米^3/（米^2·日）]。

　　第十污水处理厂再生水每天仅供给湿地净化实验区回用 3 000 立方米，使之与消耗相平衡。目前，再生水用于景观水补充且经湿地系统进一步净化，因而水质稳定，没有发生水质黑臭问题。

3. 效益评估

　　从 2015 年 7 月 1 日起，西安市供给公用事业单位的自来水价格为 5.8（3.85）元/米^3，如果湿地补水全部使用自来水，年需水量约为 100 万立方米计算，需要 580 万元的水费。使用再生水之后，按照再生水的全成本支付水费，即按照全寿命周期的市场运行方式计算，包括投资收回、合理回报、折旧等全成本计算，其成本价也不会超过 1.8 元。每年可以为湿地公园（或者政府）节约水费约 400 万元以上。同时，美化了环境，支撑了湿地公园建设，节约了水资源，发挥了湿地公园的效应，综合效益是相当巨大的。

5.3　模式之二：分散自循环利用模式

5.3.1　模式简介

1. 定义

该模式以分散独立小区为单元，以单元内的符合一定水质要求的污水为原水，进行单独收集处理，达到小区景观和冲厕等再生水水质标准要求，循环利用，自成体系，原则上不外排。

2. 优点

该模式的最大优点如下：①省去了城市集中污水处理厂生产再生水与用户之间复杂困难的市政再生水输配水管网的建设；②通过冲厕（占生活用水量的40%~50%）与社区景观环境用水的结合，使再生水生产与利用之间达到水量平衡，实现社区污水的环境零排放。

3. 适用范围

该模式特别适宜人群相对集中的小区，如高校、社区、大型宾馆饭店、大型企业等，其用水量和水质相对稳定，区域内部较大的空间，方便污水处理设施和再生水利用所需要的储存池或者景观水面的安排和布置。利用系统以比较完善的中水道及绿地浇灌系统为主。可以采取自行管理或者委托管理的方式进行设施的运行管理，以确保设施正常运行。

5.3.2　关键点及实用性分析

分散自循环利用模式既可以用于城市污水收集管网覆盖的区域，也可以用于城市污水收集管网没有覆盖的区域。因此，该模式一般要求再生水生产与利用的水量平衡，做到可以不依赖城市污水管网系统。

如果污水再生利用系统自建有规模较大的人工水景或经改造的自然水景，则可将直接生产可以同时满足景观环境、园区绿化、道路洒扫等杂用水要求的再生水直接排入景观水体，景观水体成为再生水利用的缓储调节器，既能满足区内生态环境用水需求，也成为绿化、道路洒扫、消防等的用水水源。

如果自循环区域没有足够的景观水体作为再生水利用的缓储调节器，则水量平衡需要进行具体分析。

统计资料表明，中国居民生活用水中冲厕用水约占一半以上，其余主要用于洗涤，包括洗浴、洗衣、洗菜等。给水的消耗量一般占 10%左右。发达国家与中国家庭生活污水来源和所占比例如表 5-1 和表 5-2 所示。

表 5-1　发达国家家庭生活污水来源与所占比例[147]

项目	冲厕（包括尿液）	厨房、洗浴、洗衣	总量
污水量/（米³/年）	19	36	55
比例/%	35	65	

表 5-2　中国一般家庭生活污水量及所占比例

项目	冲厕（包括尿液）	厨房、洗浴、洗衣	总量
污水量/（升/日）	（35~65）50	（45~55）50	100
比例/%	50	50	

注：来自某市 2010 年 200 个家庭的随即抽样调查统计并按照平均日排放 100 升进行标准化折算

假设每人每天的生活用水量为 100 升，生活污水经处理后生产再生水，假定可以输出 90 升的再生水。按照给水消耗量 10%计算，可用再生水量为 81 升，冲厕大约需要 45 升，而洗涤是不能使用再生水的，因此有 35 升的再生水需要寻找出路，如可用于绿化浇灌和道路洒扫等。按照城市建设用地比例，一般绿化和道路洒扫可以用去最多不超过 20%的再生水，即大约需要 15 升的再生水。还剩余 25 升的再生水可以用于景观，并通过景观水体进行调蓄和平衡。再生水的分散自回用模式的供用水平衡情况如表 5-3 所示。

表 5-3　分散自回用模式的再生水生产与回用之间的水量平衡估算（单位：升）

供水类型	给水[1]	排水[2]	再生水[3]	用水部门	冲厕	绿化	洒扫	景观
供水量	100	90	81	用水量	45	10	10	16

1）当生产再生水后，冲厕的给水由再生水替代，新鲜水量减少至 55 升，总量维持 100 升
2）污水排放系数与再生水产出系数计算均按 90%计
3）再生水产量 81 升与再生水回用量 81 升相平衡

所以，分散自循环利用模式一般应做到再生水生产与利用之间的水量平衡。为此必须有冲厕等中水管网，同时还必须有一定的景观水体予以缓冲调节和平衡。

5.3.3　实例分析

下面以西安思源学校的再生水回用系统说明分散自循环回用模式的优势和可行性。

1. 西安思源学院污水再生利用背景

西安思源学院成立于 1998 年，当时西安市市政供水管网和排水管网尚未覆盖思源学院所在的区域，污水没有去路。学院不得不自建独立的供排水系统和污水处理回用系统。其中供水系统的水源取自地下水，有深井 6 口，日供水能力约 3 000 立方米。污水通过再生回用实现零排放。

2. 再生水的生产回用系统

该校建立的再生水分散自循环利用系统，包括污水收集系统、污水处理和再生水生产系统、再生水调配利用系统。其中再生水利用系统包括景观水体和中水管道系统，景观水体起到了缓冲存储和调节平衡功能。

污水处理及再生水生产采取的工艺为 A/A/O 外加膜生物反应器（membrane bio-reactor，MBR），以确保较稳定的出水水质。运行结果显示水质完全达到城市杂用水、绿地灌溉和景观水体（非人体接触）水质标准要求。

校区水系统的循环过程如下：供水系统将满足饮用水卫生标准的地下水送往校园供生活之用。所有污水经污水收集系统收集后输至校园内的污水处理站进行再生处理。再生水通过再生水输配管网分别被输送至校园楼宇内和校园人工水体（湖）作为冲厕和景观之用，同时该人工景观水体也作为校园绿化和道路浇洒的水源，通过简单的管道进行绿化和道路浇洒之用。利用景观水体作为再生水的贮存池不仅为水体提供了水源保障，减少了小区的管网建设，而且还对再生水供需水量起到了平衡的作用。西安思源学院水系统循环示意图如图 5-2 所示。

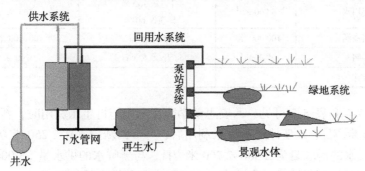

图 5-2　西安思源学院供排水、再生水系统示意图

通过再生水的分散自循环模式的分析表明，该模式再生水的生产与利用的关键要求是：再生水生产尽可能通过深度处理以确保生产的再生水水质满足用户的要求；利用系统应尽可能通过人工水体作为缓冲储存，既解决了再生水生产与利用的水量平衡，节约管网投资，又可以调节水量的总体平衡达到零排放的目标，其中冲厕是再生水利用的最基本领域。

3. 水量平衡计算

西安思源学院每天供水能力为 3 000 立方米以维持正常的生活用水需求。人均日用水量约 150 升，其中冲厕用水占到 60~75 升。

当用再生水替代新鲜水冲厕时，冲厕的新鲜水用水量将减少 60~75 升。这样，当再生水再度产生污水连同新鲜水产生的污水一并进入污水处理系统时，总的水量应当等于一次污水与再生水二次污水之和。输出的再生水一部分用于浇灌绿地，一部分进入中水管道做冲厕之用。浇灌的再生水自然蒸散，冲厕的再生水继续回到污水处理系统，连同正常的生活污水一并处理输出再生水，以此循环往复。

表 5-4 为西安思源学院供用水量的平衡关系，表 5-5 为西安思源学院再生水需求量的计算。

表 5-4　西安思源学院供用水量的平衡关系（单位：米³/日）

部门用水量	生活用水量	冲厕水量	浇洒、绿化用水量	污水产生量	再生水利用量	新鲜水用水量
未实施再生水利用	1 800	1 200	1 050	2 500	0	4 050（缺口1 050）
实施再生水利用后	1 800	1 200	1 050	2 500	2 250	1 800

表 5-5　西安思源学院再生水需求量的计算

再生水回用途径	规模	单位用水量	再生水日需水量
绿化浇洒	600 000 米²	1~2 升/日	600~1 200 米³/日其中景观水补充 300 米³/日
景观用水	3 000 米²	日更新 300 米³日损失 60 米³	360 米³/日
道路浇洒	100 000 米²	1~2 升/日	100~200 米³/日
冲厕	20 000 人	60 升/（人·日）	1 200 米³/日
合计			2 000~2 700 米³/日

由表 5-4 和表 5-5 可见，西安思源学院在未实施再生水利用时，新鲜水消耗量达 4 050 米³/日，而实施了再生水利用后，可节约新鲜水耗 2 250 米³/日。2013年时，再生水的需求量为 2 000~2 700 米³/日，与新鲜水的供水量（3 000 米³/日）差距不大，可达到供需的平衡状态，污水可实现零排放的目标。

4. 效益评估

（1）投资与运行成本。西安思源学院的污水处理工程项目主要包括日处理 1 500 吨的污水处理站、日处理能力为 500 吨的污水处理改扩建工程、20 千米的管网建设、总容积约 3 600 立方米的人工景观水池建设等。污水处理和再生利用系统吨水投资约合 3 500 元(含管网)，其中设备投资约 700 万元。制水成本约 0.80

元（只含直接运行成本，即动力消耗、药剂消耗、人工工资、日常维护等四大项。不含设备折旧等）。

（2）再生水效益估计。按 2013 年以前西安市事业行政单位用水的自来水价格 3.85 元/米³ 计算，排污费按照 0.5 元/米³ 计算，全年有效时间按照 270 天计算（扣除寒暑假），但是污水处理站原则上按照 365 天计算（考虑维持运行），西安思源学院再生水利用的效益估计如表 5-6 所示。

表 5-6　西安思源学院再生水回用的效益估计

项目	日缴水费	日排污缴费	污水处理费用	合计
污水再生利用前	水量 4 050 吨/日 水费 15 592.5 元/日	排水 2 500 吨/日 缴费 1 250 元/日	处理量 0 吨/日 处理费 0 元/日	16 842.5 元
污水再生利用后	水量 1 800 吨/日 水费 6 930 元/日	排水 0 吨/日 缴费 0 元/日	处理量 2 500 吨/日 处理费 2 000 元/日	8 930 元
比较	再生水回用后，年可以减少污水排放约 67 万立方米；节约水费约 234 万元；减少排污费 33.75 万元；而且美化了学校环境，增加了校园水面景观；节约了宝贵的水资源			
折旧费	如果按照 10 年折旧计算，则设备的折旧折合到吨水 0.92 元左右，年约 70 万元；节约的经费不但可以补偿设备折旧，而且可以收回投资，维持设施的长久运行			

如果按西安市 2015 年 7 月 1 日后调整后的事业行政单位用水的自来水价格 5.8 元/米³ 计算，排污费按照 0.65 元/米³ 计算，其他条件不变，西安思源学院再生水利用的效益估计如表 5-7 所示。

表 5-7　西安思源学院再生水回用的效益估计

项目	日缴水费	日排污缴费	污水处理费用	合计
污水再生利用前	水量 4 050 吨/日 水费 23 490 元/日	排水 2 500 吨/日 缴费 1 625 元/日	处理量 0 吨/日 处理费 0 元/日	25 115 元
污水再生利用后	水量 1 800 吨/日 水费 10 440 元/日	排水 0 吨/日 缴费 0 元/日	处理量 2 500 吨/日 处理费 2 000 元/日	12 440 元
比较	再生水回用后，年可以减少污水排放约 67 万立方米；节约水费约 352 万元；减少排污费 44 多万元			

由表 5-6 可见，再生水启动之后，新鲜水需求量由原来的每日 4 050 立方米减少至 1 800 立方米；再生水生产能力为 2 500 立方米，日生产再生水 2 250 立方米，再生水全部利用，一部分用于冲厕（约 1 200 立方米），一部分用于景观及浇灌、清扫杂用（约 1 000 立方米）。实现了污废水零排放。

（3）该模式的推广效益。类似思源学院的再生水利用模式，在西安市还有西安建筑科技大学、西北工业大学、西安电子科技大学新校区、西安石油大学、西安邮电大学等 6 所高校。

2014 年，全国在校大学生人数为 2 468 万人。按照思源学院的模式估计，每人每天按照 150 升用水估计，日用水约为 300 万立方米，日排水约为 250 万立方米。建设城市集中污水处理厂需要投资约 75 亿元（包括管网）。如果采取西安思源学院模式，同样或者略高于上述的投资，则年可以节水新鲜水约 3.6 亿立方米。减少污水排放 10 亿立方米。

5.4　模式之三：用水大户就近回用或自行处理利用模式

5.4.1　模式简介

1. 定义

用水大户就近利用模式，特指再生水的工业利用，该模式具有如下特点：①用水量比较大的单元，如电厂冷却水、锅炉补水等；②利用的再生水需要进一步深度处理或者特殊处理；③所使用的再生水会产生一定的经济效益；④用水单位与再生水水源距离比较近；⑤再生水生产者与再生水使用者均可获得经济回报。

2. 优点

该模式的优点如下：①将再生水大量利用于工业，可节约大量的新鲜水资源，大大降低生产成本；②体现循环的本质特点，即废弃物再生资源化利用；③与海水淡化、远距离调水等获得水源的方式相比，制水成本较低。

3. 适用范围

该模式适合一般的工业用水大户，但是必须具有就近方便的条件。为此，可以有两类方式解决尽可能就近的问题：一种是处于城市集中污水处理厂附近的用水大户；另一种情况是就近从城市污水收集系统取水，在用水大户场内或者附近建立再生水生产装置进行生产。类似国外的卫星式再生水利用模式[148]。如果城市污水收集管网铺盖面大，可以布满整个城市，将能够极大地扩大该模式的应用范围。

5.4.2　关键点及实用性分析

1. 关键点

（1）再生水应当由专业的水处理公司提供，并保证用户的水质水量要求。

（2）再生水公司的盈利应当符合国家有关保本微利原则，合理回报一般不宜超过 10%。

（3）政府应当为再生水就近回用提供场地，以提高再生水利用率，节约宝贵的水资源。

（4）城市建设及市政管理部门应当允许并为再生水生产和利用者提供从城市污水收集管网就近取水的方便。

2. 实用性分析

为了鼓励再生水利用，国家虽然没有规定再生水的价格，但是有"保本微利"的原则。再生水生产的全成本价与再生水替代的自来水价格有较大利润空间，这些利润基本都让位于再生水生产企业。因此，随着差别式定价的自来水价不断提升，再生水利用于工业应当具有较大的吸引力。

5.4.3 实例分析

下面以西安西郊热电有限责任公司（简称西郊热电厂）冷却水利用系统说明该种模式的特点和可行性。

1. 西郊热电厂再生水回用背景

西安西郊热电有限责任公司位于西安市西郊红光路西段，距市中心 9 千米。公司有两台 2×25 兆瓦燃煤空冷发电机组和两台 2×50 兆瓦燃煤空冷发电机组，年发电能力 3.5 亿千瓦时，年供电 3 亿千瓦时，年用新水量 560 多万吨。为了保证电厂的用水，热电厂利用与西安市第二污水处理厂仅一路之隔的便利条件，提出将再生水作为冷却用水、冲灰、锅炉补充水的设想。

西安市第二污水处理厂日处理能力为 15 万吨。水量完全满足热电厂的取水要求。

2. 水质要求及保证

利用西安市第二污水处理厂的二级出水作为再生水的水源，采用"混凝—沉淀—过滤—消毒"的水处理工艺。其中混凝剂采用聚合氯化铝（PAC），反应池为波形板反应池，沉淀池为斜板沉淀池，过滤单元为非对称结构 V 形滤池，单侧进水，运行周期为 24 小时，液氯消毒。

该系统运行稳定，出水水质优良，完全符合《城市杂用水水质标准（GB/T18920—2002）》和《再生水用作冷却用水的水质控制标准》（GB50335—2002）要求。水质监测结果如表 5-8 所示。

表 5-8　西安市第二污水处理厂再生水水质检测结果

项目	实际检测值	水质标准	项目	实际检测值	水质标准
浊度/NTU	0.5	≤5	SS/（毫克/升）	6	—
BOD_5/（毫克/升）	8	≤10	总硬度/（毫克/升）	173	≤450
COD_{Cr}/（毫克/升）	23.1	≤60	总碱度/（毫克/升）	292	≤350
色度/度	4	≤30	铁离子/（毫克/升）	0.032	≤0.3
pH	7.25	6.5~8.5	氯离子/（毫克/升）	103	≤250
TP/（毫克/升）	0.02	≤1.0	余氯/（毫克/升）	0.39	≥0.2
石油类/（毫克/升）	未检出	≤1	粪大肠菌群/（个/升）	未检出	≤2 000
氨氮/（毫克/升）	9.41	≤10	阴离子表面活性剂/（毫克/升）	0.10	≤0.5
锰/（毫克/升）	0.074	≤0.1	二氧化硅/（毫克/升）	0.56	≤50
硫酸盐/（毫克/升）	225	≤250	溶解性总固体/（毫克/升）	487	≤1 000

注：①资料来源来西安市第二污水处理厂水质检测中心《检测报告》2010.05.24）；②表中水质标准按再生水用于工业循环冷却补充水的最高标准确定

3. 西郊热电厂的运行效益分析

西郊热电厂主要用水部门有锅炉补水、除灰系统、冷却系统、绿化等，其中除灰系统、冷却塔用水和绿化均可使用再生水替代。锅炉补水则需要对再生水在厂内化学车间做进一步深度处理。锅炉补水的用水量约为 140 万米^3/年。

冷却塔、除灰系统、绿化等部门用水主要来自于西安第二污水处理厂生产的再生水，再生水年平均用量约为 200.8 万立方米。如果加上锅炉补充水，则年最大回用再生水约 350 万立方米。

再生水成本约 1.12 元/米^3，成本包括再生水处理设施年运行费用、投资折旧费、工资福利、管理、输水管网维护及其他相关费用。再生水的售价为 1.24 元/米^3，即吨水回报 0.12 元，约为 10%。2015 年 7 月 1 日后西安市工业用水价格是 5.8 元/米^3，西安热电厂再生水年平均用量约为 300 万立方米。以每吨节约 4.56 元/米^3 计算，则每年可节约水费 1 368 万元。西安第二污水处理厂因再生水每年的净收益约为 36 万元。

本章在系统分析了我国再生水利用模式和利用领域基础上，提出了以下对策。

（1）根据我国再生水利用的固有模式和现状，结合再生水利用中的主要制约因素的分析，提出了在缺水的北方城市建成区采用直接生产再生水、尽可能简化和避开复杂的再生水管网建设问题、优先用于城市景观水体，以及工业再生利用的就近四项再生水利用原则；在新区规划建设中超前安排污水再生利用厂网配置方案，避免重复建设。

（2）结合我国城市污水以集中处理为主的现实和发展趋势，提出了由集中式污水处理厂或分散式污水处理设施生产可以满足观赏性景观环境用水和城市绿化、道路洒扫等杂用水要求的再生水，直接送入城市自然或人工湿地、河流等水体，既解决城市生态用水，又可以作为城市绿化和道路洒扫等杂用水源的再生水集中利用模式。

（3）在相对独立的社区，可以采取自收集、自处理、自利用的分散循环模式。该模式不需要复杂的城市再生水输配管网系统，仅依靠社区内观赏性景观环境水体与建筑物内部中水利用管网就可以达到再生水生产与利用水量的平衡，节约了水资源，满足了污水环境零排放的目标。

（4）工业用水大户可以采取就近的原则，实施工业用水大户就近利用或自行处理利用模式，即由城市污水处理厂按照用户需求生产再生水，或利用城市污水管网就近取水自行生产或者委托专业水务公司生产可以满足要求的再生水，以产生节水和经济的双重效益。

第6章　中国北方缺水城市再生水定价研究

价格是再生水市场的核心要素，再生水回用工程的经济性在很大程度上受再生水价格的影响。受经济发展水平的制约，我国北方缺水城市自来水价格及水资源费较低，而再生水的制水成本相对偏高，故制定合理的再生水价格较为困难。对此，本书的研究提出再生水的价格制定的基本思路：在合理划分再生水集中式或分散式服务市场的前提下，充分发挥阶梯水价的调节作用，通过水价引导用户选择使用再生水，即通过分析分散式和集中式再生水对市场主体的影响，采用费用效益函数建立集中式和分散式的临界距离模型，进而对集中式再生水回用的服务范围及分散式再生水回用工程的最小经济规模进行研究。采用平均成本价值模型计算再生水的平均制水成本，分析不同回用对象和不同服务市场的定价方案。并基于再生水的制水成本和再生水厂的利润函数，运用边际成本、价格弹性等建立再生水的阶梯递减定价模型，通过模型对再生水的水量、水价划分三个阶梯。最后，结合西安市实际进行实证分析。

6.1　再生水定价的理论基础

6.1.1　再生水价格构成要素

我国城市自来水价格主要包括五部分，即水资源费、工程水价、环境水价、税金、利润。其中，水资源费是指水资源的所有权归国家，开发者要想获得，必须向国家缴纳费用实现使用权和经营权的转让而形成的。再生水本身是对污水的利用，因此不应该包括水资源费。城市污水经过净化处理转化为商品水，具有商品的一般属性。根据马克思劳动价值理论，商品价值量的大小决定于所消耗的社会必要劳动时间，价格围绕价值运动是客观必然趋势[149]。环境水价是指使用的污水排除后给他人或社会带来危害，为了治理造成的污染而需要付出的费用，对再生水而言，它本身就是对污水的处理，具有正外部性，不应该收取环境水价。由此，再生水价格应包含三个部分，即工程水价、税金和利润[150]。

工程水价是通过具体的或抽象的物化劳动，把资源水变成产品水，进入市场成为商品水的花费，也就是产品成本，主要包括三部分。

（1）工程费，即再生水厂的建设、输水管道的铺设等费用。

（2）服务费，即运行维护费、经营管理费、修理费等。

（3）资本费，即投资利息和设备折旧等。

因为再生水是污水处理企业的产业链条的延伸，再生水价格实行零税率政策，即再生水价格中不含税金。

利润按净资产利润率核定，再生水行业净资产利润率水平按不低于自来水行业净资产利润率核定[151]。税金是指供水企业应交纳的税金。再生水价格构成如图 6-1 所示。

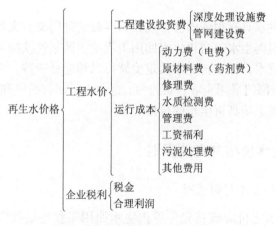

图 6-1　再生水价格构成图

6.1.2　再生水价格制定的影响因素

再生水是城市污水经过净化处理转化的商品水，其定价应区别于一般的商品定价，在再生水的定价过程中除了考虑它的制水成本以外，还应考虑到再生水的特殊性，其主要影响因素有以下几点。

1. 自来水价格

再生水作为城市的第二水源，是自来水的替代品，其价格必然会受到自来水价格的影响[143]。由于再生水的水质标准低于自来水，通常再生水的价格应低于自来水的价格。自来水的价格越高，越能拉开再生水与自来水的价差，再生水利用越有优势，越能刺激用户对再生水的需求。反之，若自来水的价格比较低，一方面为了保证企业的收支平衡，再生水价格不能降的太多，致使许多用户没有使用再生水的积极性；另一方面为了与自来水价拉开差距，获得市场份额，再生水的定价就只能更低，很大程度上限制了再生水生产的利润空间，影响再生水企业的可持续发展。

2. 供需关系

再生水作为一种特殊的商品，在市场经济中，其价格必定会受供需关系的影响。当市场供不应求时，再生水价格自然就会上涨，反之，当市场供大于求时，必然会导致再生水价格下降。同时，价格变动又将引起供需状况发生改变，在这种相互影响下，最终，供需趋于平衡、价格与价值趋于一致。

3. 政策因素

我国的城市供水具有很强的公益性，需要政府部门支付大量的财政补贴。若政府为了推广使用再生水，对再生水回用工程给予政策性扶持和补贴，将直接降低再生水的制水成本，那么再生水的定价就可以相应低一些，在价格上就更具有竞争优势。若政府部门采用企业自负盈亏，企业为了回收投资和赚取更多的利润，必然会在一定程度上抬高再生水的价格。

6.1.3　再生水价格制定的原则

1. 收支平衡和合理利润原则

合理的再生水定价应该首先保障再生水回用工程建设投资及生产成本的回收，其次保证工程项目的运行管理、大修、设备更新等。考虑到城市再生水的供给单位基本都是企业性质，再生水的价格不仅要包含再生水的制水成本，还必须有一定的利润。这样才能保障企业正常的运营和进一步扩大再生产，同时也有利于企业筹资渠道的多样化。但是，利润率应是合理的，除了考虑为企业扩大再生产创造条件外，也要考虑用户的承受能力。

2. 用户承受能力原则

城市供水是关系国计民生的大事，再生水作为自来水及其他水资源的替代品，是对水资源的二次利用。对再生水水质安全性的质疑，大大降低了用户对价格的承受力。再加上长期以来，我国大部分地区的水价较低，人们对再生水价格的心理承受能力就会更低。如果再生水的价格超出了用户的经济和心理承受能力，用户就会选择使用自来水而放弃使用再生水。因此，再生水价格的制定，必须要考虑用户的承受能力，制定能被社会大众所接受的价格。

3. 区域定价原则

不同地区由于自然条件、社会经济条件差别较大，水资源供求状况和污水处理状况也因地而异，因此，再生水价格的制定也应该具体情况具体分析，采取不同的定价。即使是同一地区，由于再生水回用工程的工艺流程、处理规模、水源情况、再生水水质等因素的不同，也不易于统一定价。因此，有必要根据特殊情况对再生水进行单独定价。

4. 可持续发展原则

再生水回用能有效解决水资源危机、节约大量的水资源，同时能够促进污水处理、减少污染物的排放、保护生态环境，有利于社会经济的可持续发展。再生水的定价还应尽量考虑其社会环境效益等正外部性。合理的再生水价格应既能保障再生水回用工程的可持续性运行，又能刺激社会对再生水的需求量。此外，再生水价格不应该单一化或固定不变，应该根据用户需求情况、物价变动、技术进步及公众的接受能力等进行动态调整。

6.2　再生水资源价值模型分析

价格是价值的表现形式，价值是价格的基础，制定价格必须以价值为基础，价格构成是价值构成的反映[147]。关于水资源价格的讨论，涉及多种模型，适用于再生水资源价值的模型主要有影子价格模型、边际机会成本模型、模糊数学价格模型及成本价格模型等几种。

6.2.1　影子价格模型

影子价格也称为最优计划价格，其理论基础是边际效用价值论。它是以资源有效性作为出发点，将资源充分合理分配并有效利用作为核心，以最大经济效益为目标的一种测算价格，是对资源使用价值的定量分析。总之，影子价格是社会处于某种最优状态下，反映社会劳动消耗、资源稀缺程度和对最终产品需求的产品及资源的价格[146]。影子价格大于零，表示资源稀缺，稀缺程度越大，影子价格越大；当影子价格为零时，表示此种资源不稀缺，资源有剩余，增加此种资源并不会带来经济效益。

在完全竞争市场中，市场价格等于影子价格，但符合完全竞争条件的市场是不存在的。因此，影子价格与市场价格存在不同程度的偏差。水资源的影子价格只反映某种水资源的稀缺程度和水资源与总体经济效益之间的关系[152]。因此，它不能代替水资源本身的价值，缺乏现实运行的基础，不能成为宏观经济比例的调节器。由于水资源长途运输的不经济性，尚无竞争价格，通过调整水资源的市场价格来获取影子价格是非常困难的。另外，根据影子价格的本意，水资源影子价格反映的资源稀缺性是以计划目标偏好为基础的，而不是真正的市场稀缺程度。

6.2.2　边际机会成本模型

边际机会成本（marginal opportunity cost，MOC）是从经济角度对资源开发利用所产生的客观影响进行抽象和度量的有用工具，它表示由社会所承担的消耗一种自然资源的费用[149]，在理论上应是使用者为资源消耗行为所付出的价格 P。

P<MOC 时，会刺激资源的过度使用；P >MOC 时，会抑制资源的正常消费[150,153]。MOC 理论认为，资源的消耗使用包括三种成本，即直接消耗成本（它是指为了获得资源，必须投入的直接费用）、使用成本（将来使用此种资源的人所放弃的净效益）、外部成本（包括目前或将来的损失，也包括各种外部环境成本）。

边际机会成本法将资源和环境结合起来，从经济学的角度来度量使用资源所付出的代价，是资源经济学中的一个突破。它避免了传统经济学中忽视资源使用所付出的环境代价及后代人或受害者的利益，致使资源价格偏低的缺陷。但是，对于再生水来说，直接消耗成本较容易求得，如为了获得再生水，需要进行再生处理，因此而投入的再生处理的建设投资、管网建设费用、运行费用及其他费用等，而使用成本、外部成本计算是非常困难的。

6.2.3　模糊综合评价模型

再生水资源模糊综合评价是以模糊数学为基础，应用模糊关系合成的原理，将一些边界不清，不易定量的因素定量化，进行综合评价的一种方法[54,153]。

影响再生水价格的诸多影响因素，可分为自然因素、经济因素和社会因素等。自然因素有资源开发利用程度、城市的缺水程度；社会因素有城市人口、生活水平、地方政策；经济因素有国民生产总值、工业产值、污水治理投资等[154]。因此，再生水的资源价值可表示为

$$V = f(X_1, X_2, \cdots, X_n) \tag{6-1}$$

其中，V 为再生水资源价格；X_1，X_2，$\cdots$，X_n 分别为影响再生水资源价格的因素，如自然因素、经济因素、社会因素、成本因素、市场因素等。

设论域 U 为再生水资源价格要素 $U=\{X_1$，X_2，$\cdots$，$X_n\}$，评价向量

$$W = \{v_1, v_2, \cdots, v_m\} = \{高，偏高，一般，偏低，低\}$$

再生水资源价格综合评价为

$$V = A \cdot R \tag{6-2}$$

其中，V 为再生水价格综合评价值；$A = (a_1, a_2, \cdots, a_n)$ 为 $X_1, X_2, \cdots, X_n$ 要素评价的权向量；a_i 本质上为因素 X_i 对模糊子集{对被评价实物的重要因素}的隶属度，$\sum_{i=1}^{n} a_i = 1$，$a_i \geq 0$，$i = 1, 2, \cdots, n$。

模糊关系矩阵 R 为每个要素 $X_1, X_2, \cdots, X_n$，从单因素来看被评事物对等级模糊子集的隶属度 $(R|u_i)$ 可表示为

$$R = \begin{bmatrix} R|u_1 \\ R|u_2 \\ \vdots \\ R|u_n \end{bmatrix} = \begin{bmatrix} R_{11} & R_{12} & \dots & R_{1m} \\ R_{21} & R_{22} & \dots & R_{2m} \\ \vdots & \vdots & & \vdots \\ R_{n1} & R_{n2} & \dots & R_{nm} \end{bmatrix} \tag{6-3}$$

其中，R_{ij}（$i=1, 2, \cdots, n$; $j=1, 2, \cdots, m$）为 i 要素 j 级评价价格，表示某个被评事物从因素 X_i 来看，对 v_j 等级模糊子集的隶属度[155]。

则再生水资源的价格为 $P = V \cdot S$，其中 S 为再生水资源价格上限。在资源价格中，其上限是以社会承受能力来计算的，再生水价格上限可以为当地的自来水价格。

模糊综合评价模型需要明确再生水价格综合评价向量里的诸多影响因素，包括定性和定量因素，对不易量化的影响因素进行量化处理存在较大的误差性，计算比较复杂，实际可操作性不强。

6.2.4　成本价格模型

成本价格模型认为，再生水价格由制水成本、费用、税金和合理利润构成。

再生水供水成本可表示为

$$E = \sum_{i=1}^{n} E_i = E_1 + E_2 + \cdots + E_n \tag{6-4}$$

其中，E 为再生水每年的制水成本；$\sum_{i=1}^{n} E_i$ 为再生水生产过程中发生的各项费用，如工程建设投资的基本折旧费、药剂费、能源消耗费、维修费、人工费、管理费等。

再生水资源成本价格模型为

$$P = kP_C = k \frac{\sum_{i=1}^{n} E_i}{\sum Q} \tag{6-5}$$

其中，P 为再生水的成本价格；P_c 为再生水每年的平均制水成本；$\sum Q$ 为再生水年处理规模；k 为税利系数。

虽然由于成本分配、成本计算方法、定价方式等的选择不同，对消费者的公平性将会有一定的影响，但是成本定价的计算方法简单、方便，易于操作，可以作为一定区域内再生水的成本计算基础。

6.3　再生水阶梯定价分析

6.3.1　城市水价的计价模式评析

国内外常用的水价计价模式主要五种，具体如下。

1. 定额水价

定额水价是指只要用户支付固定的水费金额，便可以无限制地享受供水服务。各地区可以根据城市供水成本及预期的消费情况，确定不同的定额水价，也可以对同一城市的不同用户类型采用不同的水费标准。

定额水价的主要缺点如下：用户除了生产、生活必须用水以外的用水量的边际价格是零，也即对超出必须量以外的水来说，相当于是免费的，这种情况通常会造成用户过多的使用水，不利于水资源的节约，甚至形成了浪费[156]。

2. 单一水价

单一水价是指用户始终以固定水价乘以实际用水量来支付水费[60]。单一水价计价方式的特点是：水价偏低时，对水资源的节约程度不大；水价偏高时，能起到一定的节水作用，但同时加大了低收入者和用水大户的经济负担，进而影响用户对水资源的使用量。

3. 阶梯递减水价

阶梯递减水价是将用户的用水量分成连续的水量阶梯，后一阶梯比前一阶梯的水价低，此类水价具有不断下降的边际费用，这意味着分段递减水价鼓励用户更多的使用水资源。

4. 阶梯递增水价

阶梯递增水价的计费是将用户每期用水量分成连续的水量阶梯，后一阶梯段的水价都比前一阶梯高。该水费类型主要是鼓励节水，用水量越多，水费支出越贵，能够反映递增的制水边际价格。

5. 两部制水价

应用于城市供水的两部制水价主要包含两部分内容，即基本水价和计量水价[61]。两部制水价的计价方式是一定用量以内，支付固定的水费金额，超过规定用量的部分，水费根据用水量多少来计收[157]。两部制水价的制定存在一定的难度，只有当计量水价形成的水费占到用户支付总水费的一定比例，才能体现出两部制水价的特点[158]。

6.3.2　中国公共产品的阶梯定价

近年来，我国部分地区陆续推出了对电、水等居民生活必需品实行阶梯价格制度的改革方案，将居民用电、用水、用气量划分为不同档次，各档用量价格实行超定额累进加价。

根据地区情况和家庭用电量的不同，实施阶梯电价。居民阶梯电价分为三个阶梯，第一阶梯为基础电量，主要覆盖 80%的居民家庭用电，保障中低收入用电价格较低；第二阶梯的用电量要求覆盖 95%的家庭，在第一阶梯电价的基础上，每千瓦时电上调 0.5 元；第三阶梯则是针对剩下 5%用电量最高的用户，在第二阶梯电价的基础上，每千瓦时电上调 0.3 元。

自来水阶梯定价是指在合理核定居民用水及各类企业自来水基本用量的基础上，对定量以内的自来水使用实行低价，超过基本用水量的部分实行超量累进加价[159]。对公共服务类用水实行较低价格，对合理的工业生产用水实行中间价格，对营运用水实行较高价格[153]。实行阶梯水价的目的是要使低收入人群在水价上得到优惠。根据国家相关政策，2015 年年底前，所有的设市城市原则上将全面实行居民阶梯水价。各地要按照不少于三级设置阶梯水量，第一、二、三级阶梯水价按不低于 1∶1.5∶3 的比例，部分缺水地区可以加大价差。

6.3.3　再生水阶梯定价的必要性

商品水的定价，一般主要包含三个方面：一是水资源费，目前政策上对再生水免收该部分费用；二是再生水的制水成本，无论是自来水还是由污水经深度处理，达到回用标准的再生水，都存在这部分费用[160]；三是再生水特有的调节费用。调节费用是指能够促使或引导用户对目标选择的那部分费用。其原理与城市停车收费相似，将停车费用越调越高，并不是因为停车成本增加，而是政府欲通过对停车费用的提高，来引导民众减少购车。同理，再生水的水价制定，也可以考虑充分发挥市场的"调节"作用，通过对再生水的水价制定来引导用户使用和多用再生水。本书的研究认为再生水的定价政策应在保证再生水成本回收的前提下，扩大潜在用户对再生水的需求量，然而一般的单一价格不能兼顾这两点。因此，应该对再生水实行递减式阶梯式计量水价，通过对再生水用水量的阶梯划分，对每一阶梯采取不同的定价，尽可能刺激用户对再生水的需求。

6.3.4　再生水阶梯定价目的及方法

1. 再生水阶梯定价目的

再生水阶梯定价与自来水（电）的阶梯定价略有不同。

自来水（电）价定价的目的如下：在保障低收入者利益的同时，能有效的节水（节电）；实行阶梯式水（电）价，大幅度拉开少量用水（电）与超量用水（电）单价之间的差距，让节水（电）者得到奖励，让浪费者承担高额成本，因而采用阶梯递增法。而再生水阶梯定价的目的是：保障再生水厂的扩大再生产，使再生水的价格能补偿再生水的生产及运输成本；对使用再生水量较多的用户实行较低水价，刺激该类用户更多的使用再生水，缓解水资源危机，促进经济发展，因而采用阶梯递减法。

2. 再生水阶梯定价方法

在现实生活中，用户对再生水的使用量较少，为了刺激用户更多的使用再生水，达到高效、可持续利用的目的，再生水的水价应按用水量不同呈阶梯状下降，可以分为三个级次。

再生水实行阶梯递减价格的目标是通过合理确定阶梯水量和递减式水价，促进用户更多使用再生水，节约使用自来水，合理利用水资源，减少水资源的浪费。

把再生水价格按水量从低到高分为三个阶梯，如表 6-1 所示。q_a、q_b 设定为阶梯式水价方案中各级阶梯的分界点，不同用水量阶梯的再生水单价记为 P_1、P_2、P_3，q_i 表示用户 i 的用水量。

表 6-1　再生水用户阶梯式水价计价表

级次	用水量	水价	用户水费 F
1	$(0, q_a]$	P_1	$F = q_i \times P_1$
2	$(q_a, q_b]$	P_2	$F = q_a P_1 + (q_i - q_a) P_2$
3	(q_b, ∞)	P_3	$F = q_a P_1 + (q_b - q_a) P_2 + (q_i - q_b) P_3$

6.3.5　再生水阶梯定价的局限性

从再生水厂扩大再生产的角度分析,再生水的工程水价应是企业制水成本的反映。再生水厂的前期投资能否回收,主要是由其所售再生水价格与成本的关系决定。当再生水的价格等于制水成本时,再生水厂的资金才得以回收,勉强维持简单的再生产。若再生水售价低于再生水的制水成本,再生水厂会存在一定的亏损,此时就难以进行扩大再生产。所以,再生水定价应该高于再生水的制水成本。

另外,经济条件的限制,现阶段我国采用的再生水回用技术和设施设备还不够先进,再生水的水质较自来水存在一定的差距,因此,再生水的使用范围与自来水相比较,仍有很大的局限性,仅能在工业、景观、生活杂用水等对水质要求不高的方面使用。考虑到用户对再生水的接受程度,再生水的价格应与自来水的价格有一定的差距,且不能超过自来水的水价。

综上所述,再生水的定价区间应该为再生水的制水成本和自来水的价格之间。由于市场上自来水的售价较低,再生水的制水成本较高,造成再生水的定价区间范围较小,亦限制了阶梯水价定价范围。所以,通过阶梯定价的方式,通过需求弹性,刺激潜在用户的需求量,效果会受到一定程度的局限。

6.4　再生水阶梯定价模型建立

6.4.1　分散自循环利用模式的再生水定价方案分析

分散自循环利用模式的供给方和需求用户通常是同一个利益主体或利益相关主体,主要是用于学校、医院、居住小区、办公楼、宾馆酒店、产业园区、工矿企业、城郊农村等冲洗厕所、小区内绿化和景观用水。根据相关政策规定,单位和个人使用的再生水可以免交污水处理费或排污费,同时也节省了大量的自来水使用费[112]。分散自循环利用模式下只需比较使用再生水带来的水费节约成本与再生水的完全制水成本,来衡量再生水利用工程项目的经济性。因此,对分散自循环利用模式的再生水通常无须定价或采用自主定价。

6.4.2　集中式再生水利用模式的再生水定价方案分析

本书的研究中所称的集中式再生水利用模式是指北方缺水城市集中处理污水直接用于环境的模式和用水大户就近回用或自行处理利用模式。这符合西安市再生水使用的主要方向,即城市杂用、收益性景观环境用水和工业用水。为了让市场上的用户及潜在用户更多的使用再生水，可以将再生水进行阶梯递减定价。

再生水阶梯递减定价方案主要分为以下四种。

方案 1：阶梯梯度较小，价格定价皆在再生水平均成本之上。

方案 2：阶梯梯度较小，价格定价有在再生水平均成本之上的，也有在平均成本之下的。

方案 3：阶梯梯度较大，价格定价皆在再生水平均成本之上。

方案 4：阶梯梯度较大，价格定价有在再生水平均成本之上的，也有在平均成本之下的。

分析比较方案 1 和方案 3：皆为定价在再生水平均成本之上，保证了再生水厂的简单再生产。价格梯度大将能更好地推广再生水的使用，引导再生水用户更多的使用再生水。但第一阶梯水价要考虑再生水用户的承受能力及对潜在用户的吸引力度，不易于高于自来水价格的 60%，第三阶梯水价也要大于等于制水成本，相对而言已经限制了再生水阶梯定价区间，因而阶梯梯度不可能太大。因此，为了不让第一阶梯的水价过高来限制潜在需求用户对再生水的尝试使用，避免减少再生水用户群的个数，从而减少了再生水的需求量，相对而言，方案 1 优于方案 3。

分析比较方案 2 和方案 4：价格定价有在再生水平均成本之上，也有在平均成本之下的，此时，再生水厂的成本收回存在一定风险。在两种方案的期望收益相等的情况下，梯度较小时风险较低，方案 2 优于方案 4。

分析比较方案 1 和方案 2：对于方案 2 而言，再生水阶梯定价遵循"再生水用户使用的再生水量越多，再生水的价格越优惠"的宗旨，再生水使用量较多的用户，再生水价格应低于制水成本，而再生水使用量较少的用户，再生水价格应高于制水成本。对于再生水厂而言，用水量较少的用户以高于再生水平均成本的价格支付的收费收益，恐难以弥补用水量较多的用户以低于再生水平均成本带来的亏损。此时，再生水厂为保障简单再生产的成本收回风险巨大。而方案 1，相对不存在再生水厂成本回收的风险，方案 1 最优。

综上所述，集中式再生水阶梯递减定价最优方案为方案 1。

6.4.3　再生水单位制水成本模型的建立

再生水的制水成本是指供水生产过程中发生的原水费、电费、原材料费、资产折旧费、修理费、直接工资、水质监测费，以及销售、管理、财务等其他费用。

1. 再生水年制水成本

1）固定资产投资折旧

污水再生利用工程建设投资主要包括再生水厂的深度处理投资和输水管网的

铺设投资，参照水处理的建设投资费用函数的基本形式可以确定为

$$C = (C_1 + C_2) \times k_1 \qquad (6-6)$$

其中，C 为工程建设投资的折旧费（万元/年）；C_1 为再生水工程建设总投资（万元）；C_2 为再生水输水管网建设投资费用（万元）；k_1 为固定资产综合折旧费率。

（1）污水再生利用工程建设投资费用函数。

再生水厂的建设投资费主要是指深度处理的设施费用，应该根据选择的工艺来确定再生水厂的建设费用，在此引用田—梅等建立的费用函数模型[161]，基本形式为

$$C_1 = \alpha_1 Q^{\beta_1} \qquad (6-7)$$

其中，Q 为再生水厂处理规模（米^3/日）；α_1、β_1 为再生水处理费用常数。

（2）再生水管网建设投资费用函数。

再生厂输水管网建设投资费用函数模型为

$$C_2 = \alpha_2 Q^{\beta_2 L} \qquad (6-8)$$

其中，α_2、β_2 为再生水输水费用常数；L 为再生水输水管网的长度（千米）。

2）再生水年运行管理费

（1）动力费。

$$D_1 = k_2 eQH \qquad (6-9)$$

其中，D_1 为动力费（元）；k_2 为修正系数，与各级水泵和电动机等用电设备及其效率等有关的系数；e 为电费单价（元/千瓦时）；Q 为再生水厂处理规模（米^3/日）；H 为包括一级泵站、二级泵站及增压泵站的全部扬程（米）[155]。

（2）药剂费。

$$D_2 = \frac{365Q}{10^3} \sum_{i=1}^{n} (a_i b_i) \qquad (6-10)$$

其中，D_2 为药剂费（元）；a_i 为第 i 种药剂的单价（元/千克）；b_i 为第 i 种药剂的平均投加量（千克/米^3）；n 为自然数。

（3）检修维护费。

$$D_3 = k_3 \times C \qquad (6-11)$$

其中，D_3 为大修理、检修维护费（元）；k_3 为大修、检修及维修的综合费用系数。

（4）管理、工资福利等其他费用。

$$D_4 = (C + D_1 + D_2 + D_3) \times k_4 \qquad (6-12)$$

其中，D_4 为管理、工资福利等其他费用（元）；k_4 为管理费、工资福利、污泥处理等费用的取值系数。

再生水年运行管理费：

$$D = D_1 + D_2 + D_3 + D_4 \qquad (6-13)$$

3）再生水年制水成本

$$E = C + D \tag{6-14}$$

其中，E 为再生水年制水成本（元）；其他符号含义同前。

2. 再生水的成本价格

再生水的单位制水成本 $P_c = \dfrac{E}{365Q}$，由于再生水行业实行零税率政策，且再生水行业受政府监控，不允许获得超额利润，再生水行业的平均利润率 r 不允许超过 6%，则

$$P = P_c(1+r) = \frac{E(1+r)}{365Q} \tag{6-15}$$

其中，P 为再生水的平均成本价格；Q 为再生水处理规模；E 为再生水年制水成本；r 为再生水行业的平均利润率。

6.4.4　再生水各阶梯边际成本分析

根据再生水企业的财务报表及统计数据可知在开始生产时，要投入大量的生产要素[162]，而产量少时，这些生产要素无法得到充分的利用，因此，随着产量的增加，前期投入的生产要素在单位水量中的比例下降，成本随着产量的增加有递减趋势，这就是规模效益[163]。可以由再生水厂长期历史数据得到再生水厂总成本与产量的关系曲线 $\ln \mathrm{LTC} = a - b \times \ln Q$。

对于某再生水厂来说，若假设运行水量为 Q_i，Q_i 所对应的 LTC 曲线上点的切线 l_i 的斜率就是运行水量的边际成本。因此再生水厂的三个阶梯供水量对应的 LTC 曲线的边际成本为

$$\mathrm{MC}_i = \frac{\mathrm{dLTC}(Q_i)}{\mathrm{d}Q_i} \tag{6-16}$$

其中，MC_i 为边际成本；Q_i 为某再生水厂的运行水量。

由边际成本递减规律可知：当 $Q_1 < Q_2 < Q_3$ 时，$|\mathrm{MC}_1| > |\mathrm{MC}_2| > |\mathrm{MC}_3|$。

6.4.5　再生水阶梯定价水价梯度的确定

价格弹性为变化单位商品价格时，用户对商品使用量的变化量。价格弹性应该为市场经济下根据实际数据统计得到。由于我国再生水市场在初期建立过程中，统计数据不足，价格弹性根据相关假设取得。通过设定阶梯的不同价格弹性来制定再生水价格，能很好地起到市场经济杠杆的调节作用。把再生水价格按水量从

低到高分为三个阶梯，三个阶梯供水量分别为 Q_1、Q_2、Q_3，各阶梯的收费性供水的单价记为 P_1、P_2、P_3。免费部分的再生水没有价格弹性，也即价格弹性为 0。

$$\frac{P_1 - \dfrac{\mathrm{dLTC}(Q_1)}{\mathrm{d}Q_1}}{P_1}E_1 = \frac{P_2 - \dfrac{\mathrm{dLTC}(Q_2)}{\mathrm{d}Q_2}}{P_2}E_2 = \frac{P_3 - \dfrac{\mathrm{dLTC}(Q_3)}{\mathrm{d}Q_3}}{P_3}E_3 = -\frac{1+\lambda}{\lambda}$$

假定三个阶梯之间的交叉价格弹性为零，厂商边际收益和各个阶梯的价格弹性可表示为

$$\begin{cases} \mathrm{MR}_i = P_i + Q_i\dfrac{\partial P_i}{\partial Q_i} \\ \\ E_i = \dfrac{\dfrac{\partial Q_i}{Q_i}}{\dfrac{\partial P_i}{QP_i}} = \dfrac{\partial Q_i}{\partial P_i}\dfrac{P_i}{Q_i} \end{cases} \qquad (6\text{-}17)$$

其中，MR_i 为厂商边际收益；E_i 为各阶梯再生水价格弹性；P_i 为各阶梯再生水的价格（i=1，2，3）。

根据研究，厂商利润函数为 $\pi(P_1, P_2, P_3)$，再生水厂商利润函数为边际收益与边际成本之差与再生水生产量的乘积，其价格变化影响的消费者权益的变化等于消费的减少量：

$$\begin{cases} \pi\left(P_1,\ P_2,\ P_3\right) = \left(\mathrm{MR}_i - \mathrm{MC}_i\right) \times Q_i \\ \\ \dfrac{\partial Z}{\partial P_i} = -Q_i \end{cases} \qquad (6\text{-}18)$$

政府定价的目标是使再生水水厂在一定成本下，实现消费者总福利的最大化。消费者福利函数为 $Z(P_1,\ P_2,\ P_3)$，最优化的数学函数可以表示如下：

$$\max_{P_1,P_2,P_3} Z(P_1,P_2,P_3) = \lambda\left[\left(P_i + Q_i\frac{\partial P_i}{\partial Q_i} - \frac{\mathrm{dLTC}(Q_i)}{\mathrm{d}Q_i}\right) \times Q_i - K\right] \qquad (6\text{-}19)$$

其中，Z 为消费者总福利；λ 为拉格朗日系数。

把消费者福利函数 Z 对价格求偏导数，可得

$$-Q_i = \lambda\left[\left(P_i - \frac{\mathrm{dLTC}(Q_i)}{\mathrm{d}Q_i}\right)\frac{\partial P_i}{\partial Q_i} + Q_i\right] \qquad (6\text{-}20)$$

将式（6-17）代入化简得

$$\frac{P_i - \dfrac{\mathrm{dLTC}(Q_i)}{\mathrm{d}Q_i}}{P_i}E_i = -\frac{1+\lambda}{\lambda}$$

可见当 i 取不同值时，$\dfrac{P_i - \dfrac{\mathrm{dLTC}(Q_i)}{\mathrm{d}Q_i}}{P_i} E_i$ 的取值为定值，则有

$$\frac{P_i - \dfrac{\mathrm{dLTC}(Q_i)}{\mathrm{d}Q_i}}{P_i} E_i = -\frac{1+\lambda}{\lambda}$$

为了鼓励用户更多地使用再生水，对再生水实行阶梯递减的定价方式 $P_1 > P_2 > P_3$。

求解上式可得

$$P_1 = \frac{\dfrac{\mathrm{dLTC}(Q_1)}{\mathrm{d}Q_1}}{1 - \dfrac{E_3}{E_1} \dfrac{P_3 - \dfrac{\mathrm{dLTC}(Q_3)}{\mathrm{d}Q_3}}{P_3}}, \quad P_2 = \frac{\dfrac{\mathrm{dLTC}(Q_2)}{\mathrm{d}Q_2}}{1 - \dfrac{E_3}{E_2} \dfrac{P_3 - \dfrac{\mathrm{dLTC}(Q_3)}{\mathrm{d}Q_3}}{P_3}} \qquad （6\text{-}21）$$

其中，$P_1 > P_2 > P_3 \geqslant P_C$。

6.4.6 再生水阶梯定价水量梯度的确定

某再生水厂的供水量为 Q_T，其中生态补水及景观水体类用水量为 Q^1，农、林、牧、渔用水类等其他免费使用再生水量为 Q^2，此两部分再生水不收取费用。

用水量梯度 q_a、q_b 把用户用水量分成了三个梯度，其中各阶梯收费型供水总量分别为 Q_A、Q_B、Q_C，如表 6-2 所示。

表 6-2 再生水各阶梯水量关系表

再生水厂供水总量 $Q_T = Q_1 + Q_2 + Q_3 = Q^1 + Q^2 + Q_T^1$	第一阶 Q_1	第二阶 Q_2	第三阶 Q_3
生态免费类水 $Q^1 = Q_1^1 + Q_2^1 + Q_3^1$	Q_1^1	Q_2^1	Q_3^1
其他免费类水 $Q^2 = Q_1^2 + Q_2^2 + Q_3^2$	Q_1^2	Q_2^2	Q_3^2
收费类水量 $Q_T^1 = Q_A + Q_B + Q_C$	Q_A	Q_B	Q_C

这个再生水厂服务范围内的 n 个用户用水量由小到大排列分别为 $q_1 < q_2 < q_3 < \cdots < q_n$，假定阶梯定价用水量阶梯满足以下关系：$q_1 < q_2 < q_3 < \cdots < q_j \leqslant q_a < q_{j+1} < \cdots < q_k \leqslant q_b < q_{k+1} < \cdots < q_n$，$\displaystyle\sum_{i=1}^{n} q_i = Q_T$，$Q_1 + Q_2 + Q_3 = Q_T - Q^1 - Q^2$，则有

$$\begin{cases} Q_1 = \sum_{i=1}^{j} q_i + (n-j) \times q_a, & q_i \leqslant q_a \\[2mm] Q_2 = \sum_{i=j+1}^{k} q_i + (n-k) \times q_b, & q_a < q_i \leqslant q_b \\[2mm] Q_3 = \sum_{i=k+1}^{n} q_i, & q_i > q_b \end{cases} \qquad （6\text{-}22）$$

对于正常运营的再生水厂来说，再生水企业的水费总收入应该大于再生水厂的总成本即 $TR \geqslant TC$，$TR = Q_A P_1 + Q_B P_2 + Q_C P_3$，$TC = P_C \times (Q_1 + Q_2 + Q_3)$，根据三个阶梯的用水量和价格可得

$$Q_A P_1 + Q_B P_2 + Q_C P_3 \geqslant P_C \times (Q_1 + Q_2 + Q_3) \qquad （6\text{-}23）$$

根据实际情况分析再生水各个阶梯的用水量应该满足 $Q_1 > Q_2 > Q_3$，化简可得

$$Q_1 \cfrac{\dfrac{\mathrm{dLTC}(Q_1)}{\mathrm{d}Q_1}}{1 - \dfrac{E_3}{E_1} \dfrac{P_3 - \dfrac{\mathrm{dLTC}(Q_3)}{\mathrm{d}Q_3}}{P_3}} + Q_2 \cfrac{\dfrac{\mathrm{dLTC}(Q_2)}{\mathrm{d}Q_2}}{1 - \dfrac{E_3}{E_1} \dfrac{P_3 - \dfrac{\mathrm{dLTC}(Q_3)}{\mathrm{d}Q_3}}{P_3}} + Q_3 P_3 \geqslant P_C \times (Q_1 + Q_2 + Q_3) \qquad （6\text{-}24）$$

其中，$Q_1 + Q_2 + Q_3 = Q_T^1, Q_1 > Q_2 > Q_3, P_1 > P_2 > P_3 \geqslant P_C$。

由式（6-17）和式（6-18）与边际成本可以求得再生水阶梯梯度 q_a、q_b。

6.5　西安市再生水定价实证分析

6.5.1　西安市再生水回用现状

西安市再生水主要应用于工业用水、娱乐景观用水、回灌地下水、城市生活用水、城市公共用水等。对于西安市而言，公众对再生水的认识程度不高，再生水进入居民生活环境，主要作为冲厕用水，但由于用户较分散，入户管道较复杂，供水安全困难度较高。再生水管道入户，需要与自来水管道严格区分开，避免将再生水作为自来水误饮误用。经调查研究发现，部分已经建设再生水管道的小区，由于用户对再生水的接受程度低、设施运行不稳定、环境卫生较差等原因，许多管道和设施均处于闲置状态，在 2014 年对西安市的调研情况来看，再生水入户的运行效果还很不理想。

对于工业、市政等其他用户而言，在再生水的水质和水量能够满足安全性和稳定性的情况下，在再生水管网覆盖的区域内，再生水完全可以替代自来水。此时，合理的再生水价格就是决定再生水需求量的主要因素。而一般情况下，再生

水的价格较自来水的价格具有明显的优势，用户为了节约用水成本，通常都会选择使用再生水。

西安热电有限责任公司是西安市第一家使用再生水的企业，平均每天使用7 000立方米再生水作为工业用水。另外，高新技术产业开发区、曲江新区等区域也已经开始使用再生水。西安市设置多个绿色的"消防栓"作为再生水的取水口，方便洒水车取用。高新区每天用于道路清洁及园林绿化的总用水量约为1 600吨，其中有一半左右都是使用的再生水（约700吨）。时至2014年2月，西安市累计铺设再生水管网115千米，建设完成28个再生水取水点，供水能力达5 520吨/日①。近几年西安市年污水处理及再生水回用情况如表6-3所示。

表6-3　2009~2013年西安市污水处理及再生水回用情况表

年份	2009	2010	2011	2012	2013
污水处理量/万吨	18 078	23 236	28 746.2	29 015.32	33 212.09
处理生活污水量/万吨	16 314.5	21 597.9	25 757.5	27 456.07	31 038.47
处理工业废水量/万吨	1 763.5	1 638.1	2 988.7	1 559.25	2 173.62
城市污水处理率/%	81	84	85.9	89.51	90.72
再生水生产量/万吨				4 737.6	1 291.97
再生水利用量/万吨	837	407	761	716.02	1 248.27

资料来源：《西安市统计年鉴》（2009~2013年）

由表6-3可知，2014年西安市每天产生城市污水总量约126.54万立方米，再生水的日生产能力约20万吨。根据西安市再生水利用"十二五"规划和《西安市污水处理和再生水利用条例》，2013～2015年全市每年新增再生水利用规模10万吨/日，预计到"十二五"末，将达到30万吨/日，年利用量达到1亿吨，利用率达到20%[164]。

由于受管网建设、水价、用户消费观念，以及政策不配套等诸多因素影响，西安市再生水利用率还很低。西安市再生水最大产能约为20万吨/日，再生水日利用量约为3.42万吨，占日处理能力的17%左右，再生水综合利用仍存在巨大的发展空间。以西安清远再生水公司为例，设计日处理再生水16万吨，但仅有19家再生水用户，用水需求也只有3万吨左右，大量再生水被直接排放，浪费严重。

此外，高校对再生水利用也不可忽视，根据2013年年底数据，西安市大学校区约24万名学生，每年产生700多万吨污水，已有24所高校建成污水处理设施并投入运行，污水处理能力达到4.9万吨/日，再生水生产潜力巨大。再生水回用

---

① 资料来源于西安市水务局。

于高校景观用水、绿化用水等，每年可节约用水量 2 000 多万立方米。2001 年西安思源学院投资 600 多万元，建成污水处理、再生水回用工程，全年可处理污水近 50 万立方米。2010 年 7 月，西安思源学院再次投入 1 500 万元，对原有处理设施进行了升级改造和扩建[165]。新系统制水成本为每立方米 1.5 元，比西安市区行政事业单位每立方米 3.85 元的自来水费，每立方米要便宜 2.35 元[166]。

6.5.2　西安市水资源价格现状

再生水的价格关系到用户的切身利益，直接影响着再生水的需求量[167]。再生水在其可使用的领域是自来水等其他水资源的替代品，并且再生水的价格相对于自来水等其他水资源的价格较低，具有绝对的价格优势。从经济学理论上讲，随着再生水价格的降低，再生水的需求量就会增大。但实际情况相对复杂，一方面是由于再生水的制水成本相对较高，再生水的价格要保障再生水厂的成本回收和利润获得；另一方面是在全国范围内，包括西安市在内的自来水价格及水资源费都明显偏低，所以合理的再生水价格制定相对困难。

西安市自来水的价格采取分类定价，再生水的价格远低于自来水的价格，且是由政府部门决定，实行统一的再生水价格。2013 年度水资源的价格如表 6-4 所示。

表 6-4　2013 年年底西安市、北京市、天津市水资源价格表

地区	自来水/（元/米³）					再生水/（元/米³）
	居民生活	工业	行政事业	经营服务	特种服务	
西安市	2.90	3.45	3.85	4.30	17.00	1.10
北京市（1~4 月）	4.00	6.21	5.80	6.21	61.68	1.00
北京市（5~12 月）	4.00	8.92	8.83	8.70	161.68	1.00
天津市	4.90	7.85	7.85	7.85	22.25	5.70

由表 6-4 可知：

1. 居民生活用水

对于居民生活用水而言，西安市水价占北京市的 72.5%。再生水的价格占自来水价格的比例：西安市为 37.9%，北京市为 25%，天津市为 116.3%。

2. 工业用水

对于工业用水而言，西安市水价占北京市（5~12 月）水价的 38.67%；再生水的价格占自来水价格的比例：西安市为 31.88%，北京市为 11.21%，天津市为 72.61%。

3. 行政事业

对于行政事业性用水而言,西安市水价占北京市(5~12月)水价的43.60%;再生水的价格占自来水价格的比例:西安市为28.57%,北京市为11.32%,天津市为72.61%。

4. 经营服务

对于经营服务性用水而言,西安市水价占北京市(5~12月)水价的49.43%;再生水的价格占自来水价格的比例:西安市为25.58%,北京市为11.49%,天津市为72.61%。

5. 特种服务

对于特种服务性用水而言,西安市水价占北京市(5~12月)水价的10.51%;再生水的价格占自来水价格的比例:西安市为6.47%,北京市为0.68%,天津市为25.62%。

由以上分析可知,西安市水价占北京市(5~12月)水价的10.51%~72.5%,西安市自来水和再生水的价格均远低于北京市和天津市。西安市再生水的价格占自来水价格的6.47%~37.9%,在再生水的水质能够满足用户安全性的情况下,再生水相比自来水具有绝对的价格优势。若使用再生水代替自来水,每吨水可节约资金1.8~16元,能够在合理利用水资源的同时节省用户对水资源的使用费。

6.5.3　再生水单位制水成本的确定

2014年西安市已在市第一污水处理厂、第二污水处理厂、第三污水处理厂、第二污水处理厂二期、第四污水处理厂、第七污水处理厂等6个污水处理厂建设了再生水利用工程,再生水生产规模分别为6万米^3/日、13万米^3/日、8万米^3/日、8万米^3/日、10万米^3/日、4万米^3/日。累计铺设再生水管网115千米,建设完成28个再生水取水点,供水能力达5 520米^3/日。再生水处理设施及配套管网,总投资约45 800万元,其中管网投资约为13 500万元。

1. 再生水年制水成本

1)再生水回用工程建设投资年折旧费C

(1)再生水厂建设工程投资年折旧费C_1。

固定资产综合折旧费率,一般取值为5.00%,$C_1 = 35\,300 \times 5\% = 1\,765$万元。

(2)再生水管网的建设投资年折旧费C_2。

再生水管网设计使用年限一般为50年,直线折旧法计提折旧,年折旧率为

2.00%。$C_2 = 13\,500 \times 2\% = 270$ 万元。

工程建设投资年折旧费 $C = C_1 + C_2 = 2\,035$ 万元。

2）再生水年运行管理费 D

根据已建类似再生水处理设施运行经验估算，每立方米经过深度处理的再生水单位运行成本为 0.48 元/米 [168]，深度处理的水量为 49 万米^3/日，再生水年运行成本共计 8 584.8 万元。工资福利、管理费、污泥处理及其他费用取值的比例系数，一般为工程投资年折旧费与再生水年运行成本之和的 15.00%左右，即为 1 710.15 万元。

$$D = 8\,584.8 + 1\,710.15 = 10\,294.85 \text{ 万元}$$

3）再生水的年制水成本 E

$$E = C + D = 2\,035 + 10\,294.85 = 12\,329.85 \text{ 万元}$$

2. 再生水的平均成本

设西安市再生水的处理规模为 49 万立方米/日，取平均供水能力 60%，则再生水的单位制水成本为 $P_c = \dfrac{C + D}{Q} = \dfrac{12\,329.85}{49 \times 365 \times 60\%} = 1.15$ 元/米^3。

再生水行业的平均利润率 r 不得高于 6.00%，此处按 6%计算。再生水的成本价格 $P = P_c \times (1 + r) = 1.15 \times 1.06 = 1.22$ 元/米^3。

6.5.4　再生水回用工程最小经济规模的确定

经调查研究发现，陕西省西安市现有的分散式再生回用工程较少，为了正常的研究分析，在此借鉴北京市分散式再生水回用工程的规模及成本，在对北京市现有的分散式污水再生水回用工程的运行成本的统计分析的基础上，对现有分散式污水再生利用工程的运行成本进行统计分析[169]，拟合再生回用工程的最小经济规模、再生水处理设施投资与处理规模的函数关系式：

$$\ln Q_{\min} = 5.895 - \frac{\ln P}{0.827\,1} \tag{6-25}$$

西安市 2013 年再生水价格为 1.10 元/米^3，低于再生水的平均制水成本，为了更好地反映最小经济规模的经济性，将 P 视为再生水的平均成本价格，即为 1.22 元/米^3。西安市分散式再生水回用工程的最小经济规模为 $Q_{\min} = 285.596\,7$ 立方米。

6.5.5　再生水服务市场临界距离的确定

西安市再生水服务市场半径可以取为西安市现有再生水厂的服务半径的算数

平均值，由于计算量太大，且具体计算步骤相同，本书仅以西安市第二污水处理厂为例，进行计算。

西安市第二污水处理厂位于西安市西南郊的北石桥村东侧，主要是接纳和处理西安市南郊居住区的生活污水和工业企业的生产废水，全区的总服务面积约为83平方千米。西安市第二污水处理厂的设计处理规模为21万立方米，实际处理规模取为设计处理规模的60%，即为12.6万立方米。西安市第二污水处理厂的再生水用户主要包括西郊热电厂、西安化工厂、丰庆公园、星王公司、城管委、融侨置业、创业水务、航空四站、高科物业等[114]。

在此引用田一梅等建立的再生水厂建设投资费用函数 $C_1 = 153.70Q^{0.83}$ ，输送管网费用函数 $F = 16.72Q_i^{0.78}L_i$ ，为了简化计算，假设城市中所建的分散式污水再生利用水厂的规模相同为 Q_a ，且处理规模大于最小经济规模，根据本书中建立的最小经济规模，运用 MATLAB 软件可以绘制出分散式再生水回用工程的个数与临界距离的关系，如图 6-2 所示。

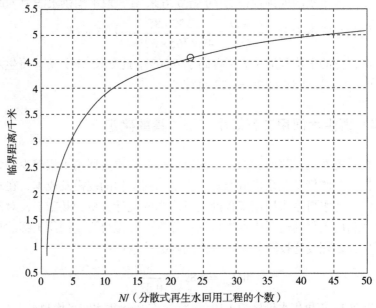

图 6-2　分散式再生水回用工程的个数与临界距离图

各分散式污水再生利用水厂的处理量约为 0.55 万立方米，根据计算模型中 $\sum_{j=1}^{M} Q_j = \sum_{i=1}^{N} Q_i$ 可知，当 $M=1$ 时，$N = 23$ ，临界距离 $L_{\max} = 4.5809$ 千米 。

由以上模型经过计算可以得知，西安市第二污水处理厂的再生水回用的服务半径约为 4.5809 千米，对超出集中式再生水回用服务半径的区域，只有当再生水回用工程的最小经济规模大于 285.596 7 米 ^{3}/日时，才能够采用分散式建设再生水回用设施。

6.5.6　边际成本及价格弹性的确定

1. 边际成本的确定

再生水厂总成本与产量的函数关系式为 $\ln \text{LTC} = a - b \times \ln Q$，通过调查研究西安市现有具备再生水回用工程处理设施的污水处理厂，以及近期至 2020 年年末规划新增投资建设再生水厂的投资额与再生水处理规模，并对相关数据进行简单的拟合，可以得到总成本与产量的关系式为 $\ln \text{LTC} = 3.858\,5 - 0.758\,6 \times \ln Q$，两边同时对 Q 求导，即可得到边际成本。

2. 价格弹性的确定

基于阶梯递减定价模型，随着再生水用水量的增加，单价阶梯递减。由于第一阶梯再生水的价格相对较高，再生水价格的变化对用户的使用量影响最大。经研究分析，认为再生水用户第一阶梯用户用水量的需求弹性最大，第三阶的价格弹性取值最小。

E_1、E_2、E_3 分别为三个阶梯供水量的价格弹性，根据相关研究[170]价格弹性取 $E_1 = -0.55$、$E_2 = -0.45$、$E_3 = -0.35$。

6.5.7　阶梯价格的确定

为了鼓励用户更多的使用再生水，对再生水实行阶梯递减的定价方式 $P_1 > P_2 > P_3$。结合上文对再生水阶梯定价四种主要定价方案的分析比较，认为方案 1 为最优，即阶梯梯度较小，价格定价皆在再生水平均成本之上，则第三阶梯的价格 $P_3 \geqslant P_c$。通过采用平均成本定价法测算西安市再生水的平均制水成本为 1.15 元/米 ^{3}，且 2013 年西安市居民生活自来水价格最低为 2.9 元/米 ^{3}，即阶梯递减的再生水定价模式下，再生水的各阶梯价格需满足以下条件：

$$1.15 = P_c \leqslant P_3 < P_2 < P_1 < P_{\max} = P_{\text{自}} = 2.9 \text{ 元/米}^3$$

1. 试算法进行阶梯水价的计算说明

由于式（6-22）和式（6-23）求解过程复杂，本书的研究采取试算法，运用 MATLAB 软件求解，计算说明如下。

（1）在再生水厂的实际生产规模范围内，从零开始取得满足条件三个阶梯的供水量分别为 Q_{1t}、Q_{2t}、Q_{3t}，其中，t 为迭代次数 $t = 1$，2，3，…，当 $t = 1$ 时，表示满足条件的三个阶梯的最小供水量。根据实际情况分析可以得到第一阶的供水量最大，第三阶的供水量最小，所以有 $Q_{1t} > Q_{2t} > Q_{3t}$。

三个阶梯的供水总量等于再生水厂的供水量 Q_T，则 $Q_{1t} + Q_{2t} + Q_{3t} = Q_T$，既 $Q_{3t} = Q_T - Q_{1t} - Q_{2t}$。选取三阶供水量以后，根据式（6-16）可以得到三个阶梯用水量的综合边际成本为 MC_1、MC_2、MC_3。

（2）根据计算得到的边际成本 MC_1、MC_2、MC_3 和价格弹性 $E_1 = -0.55$，$E_2 = -0.45, E_3 = -0.35$，由式（6-21）可以得到第一阶梯和第二阶梯的水价，根据实际情况第一阶水价最高，第三阶水价最低，且求得水价需要满足 $1.15 = P_c \leqslant P_3 < P_2 < P_1 < P_{max} = P_{自} = 2.9 元/米^3$。

（3）根据式（6-23）可以得到再生水厂的总成本和再生水厂的总收益 TR。为了保证再生水厂的正常运行 $TR \geqslant TC$。

（4）从 $t = 1$，2，3，…，依次试算，若 $t = 1$ 时，Q_{1t}、Q_{2t}、Q_{3t} 满足以上条件，则可以对此再生水厂供水量进行水量阶梯划分，相应的 P_1、P_2、P_3 分别为三个阶梯的水价；如果不满足以上调节则进行下一组试算，迭代间隔取 0.1，直到取得相应满足情况的结果为止。

2. 试算法进行阶梯水量的计算说明

同理，由式（6-22）可知，q_a、q_b 直接求解比较困难，采取试算法对 q_a、q_b 进行试算。运用 MATLAB 软件求解，计算说明如下。

（1）根据上文分析的西安市第二污水处理厂的实际生产规模为设计规模的 60% 计算时，再生水厂的供给量 Q_T 为 12.6 万米^3/日，假设有 15% 的再生水是不收取费用的，即 $Q^1 + Q^2 = 15\% \times Q_T$，用户平均用水量为 0.55 万吨/日时，相当于可供 23 个再生水用户，将这 23 个再生水用户的用水量由小到大排列 $q_1 < q_2 < q_3 < \cdots < q_{23}$。

（2）根据公式 $q_1 < q_2 < \cdots < q_j \leqslant q_a < q_{j+1} < \cdots < q_k \leqslant q_b < q_{k+1} < \cdots < q_{23}$，随意取得满足条件的最小的两个 $q_{at} < q_{bt}$（$t = 1$ 时）进行试算。

根据上面求得的 Q_1、Q_2、Q_3 和公式

$$\begin{cases} Q_1 = \sum_{i=1}^{j} q_i + (n-j) \times q_a, & q_i \leqslant q_a \\ Q_2 = \sum_{i=j+1}^{k} q_i + (n-k) \times q_b, & q_a < q_i \leqslant q_b \\ Q_3 = \sum_{i=k+1}^{n} q_i, & q_i > q_b \end{cases}$$

进行检验取得的 q_{at}、q_{bt} 是否满足条件，如果满足条件，则可以得到相应的阶梯水价的用水量 q_a、q_b。

（3）如果不满足条件，以迭代间隔 0.1 进行下一次重新试算，即 $t=2$ 时。依次迭代直到求得满足条件的 q_a、q_b。

此时，通过试算可以得到三个阶梯的用户的用水量的分界点 q_a、q_b，及对应的三个阶梯收费性再生水价格 P_1、P_2、P_3。

3. 西安市再生水阶梯定价试算

由于存在规模经济效益，不同再生水厂的边际成本曲线不同，不能对西安市再生水的数据进行简单相加作为整个西安市再生水厂的数据，只能通过对各个再生水厂分别运用本文模型进行阶梯价格测算，从得到的各个再生水厂的阶梯价格中采取平均取值法作为西安市再生水的各阶梯价格。由于计算各个再生水厂的阶梯价格计算量较大，且计算步骤完全相同，本书的研究只针对西安市第二污水处理厂为例进行计算。

假设西安市第二污水处理厂的 23 个再生水用户用水量分布服从线性分布，用户平均用水量为 0.55 万吨/日，则得出再生水用户水量线性分布与区间 $[0.308, 0.792]$，收取费用的用户总用水总量为 10.71 米^3/日。经过 MATLAB 软件试算，最终得出三组解，如下所示。

$$①\begin{cases} Q_1 = 3.91 \\ Q_2 = 3.50 \\ Q_3 = 3.30 \\ P_1 = 1.576\,2 \\ P_2 = 1.440\,7 \\ P_3 = 1.15 \\ MC_1 = -3.268\,4 \\ MC_2 = -3.971\,4 \\ MC_3 = -4.404\,3 \\ TR = 15.000\,6 \\ TC = 14.49 \\ r = 3.5\% \end{cases}, \quad ②\begin{cases} Q_1 = 3.81 \\ Q_2 = 3.60 \\ Q_3 = 3.30 \\ P_1 = 1.649\,7 \\ P_2 = 1.371\,1 \\ P_3 = 1.15 \\ MC_1 = -3.420\,8 \\ MC_2 = -3.779\,4 \\ MC_3 = -4.404\,3 \\ TR = 15.016\,3 \\ TC = 14.49 \\ r = 3.63\% \end{cases}, \quad ③\begin{cases} Q_1 = 3.71 \\ Q_2 = 3.70 \\ Q_3 = 3.30 \\ P_1 = 1.738\,7 \\ P_2 = 1.306\,6 \\ P_3 = 1.15 \\ MC_1 = -3.584\,6 \\ MC_2 = -3.601\,6 \\ MC_3 = -4.404\,3 \\ TR = 15.042\,9 \\ TC = 14.49 \\ r = 3.8\% \end{cases}$$

由以上计算结果可知，再生水厂的收益率 r 均小于再生水行业最高利润率 6%，满足政府部门对再生水行业的监控要求。

4. 反验算取最优解

通过 MATLAB 软件试算，从再生水厂的最优梯度和梯度水量，计算用户的阶梯水量，最终求解 q_a、q_b 得到三组解：

$$① \begin{cases} q_a = 0.71 \\ q_b = 0.33 \end{cases}, \quad ② \begin{cases} q_a = 0.16 \\ q_b = 0.33 \end{cases}, \quad ③ \begin{cases} q_a = 0.71 \\ q_b = 0.33 \end{cases}$$

通过 q_a、q_b 对用户群进行阶梯划分后，由于统计的用户数用水量是有限且离散的，为了使误差最小，运用得到的 q_a、q_b，反验算 Q_1、Q_2、Q_3 得到三组新的解

$$① \begin{cases} Q_1 = 3.91 \\ Q_2 = 3.519\,4 \\ Q_3 = 3.323\,1 \end{cases}, \quad ② \begin{cases} Q_1 = 3.91 \\ Q_2 = 3.519\,4 \\ Q_3 = 3.323\,1 \end{cases}, \quad ③ \begin{cases} Q_1 = 3.68 \\ Q_2 = 3.749\,4 \\ Q_3 = 3.323\,1 \end{cases}$$

此时，判断再生水厂的三级阶梯供水量是否仍处于最优状态，也即是经过反验算后比较 Q_1、Q_2、Q_3 的变化量，由比较可知，第一组解的变化量非常小，可以认为第一组解，仍然处于最优状态，故第一组解为最优解。

6.5.8　计算结果分析

西安市 2014 年再生水的价格为 1.10 元/米^3，测算的西安市再生水平均成本价格为 1.15 元/米^3，以西安市第二污水处理厂为例计算的阶梯水价为

$$\begin{cases} P_1 = 1.576\,2, & q_i \leqslant 0.17 \\ P_2 = 1.440\,7, & 0.17 < q_i \leqslant 0.33 \\ P_3 = 1.150\,0, & q_i > 0.33 \end{cases}$$

其中，地下水回灌及政策性景观水体用水类和部分农、林、牧、渔用水类等采取免费使用的价格策略。

根据对西安市污水处理厂的实地调研情况，普遍发现企业运营状态较差，多半原因是现行再生水水费较低，企业对再生水的成本回收存在不同程度的困难，通常需要政府部门的相关资助性补贴。本书的研究平均制水成本模型实例测算出的价格略高于现行再生水价格 0.05 元/米^3，但与实际了解的再生水生产成本比较相符。另外通过阶梯水价的定价皆高于现行再生水的价格且远低于自来水的价格，模型测算的各阶梯水价是现行自来水价格的 39.65%、49.68%、54.35%，再生水与自来水的价格的最低价差为 1.33 元/米^3，这样既能保障再生水厂的成本回收，又保证了再生水与自来水的合适的价格差距。

通过对再生水价格建立梯度模型，三阶梯度的价差为 0.2 元/米^3 左右，能在一定程度上刺激需水用户对再生水的使用量。对用户需水量为 0.55 万米^3/日（假设都是付费性用水）需支付水费为

$$0.17 \times 1.576\,2 + 0.33 \times 1.440\,7 + 1.15 \times (0.55 - 0.17 - 0.33) = 0.801 万元$$

若采用现行的再生水价格，需支付再生水使用费 0.605 万元，此时，再生水厂增加收入 0.196 万元，收入增幅为 32.40%，可见阶梯定价比现行单一水价能给再生水厂和用户带来双赢。

第7章　中国北方缺水城市
再生水需求预测研究

再生水需求预测是制定城市再生水利用规划和建设项目决策的基础性工作。本书中的研究引入产业组织理论中的产品质量差异概念，通过追求效用最大化，对消费者自来水和再生水的用水选择行为进行了模拟，归纳城市再生水需求的影响因素，并运用需求价格函数和需求的价格弹性基本原理，对自来水价格变化和再生水价格变化对再生水需求的影响进行了分析，总结预测再生水需求量的方法，建立再生水项目需求函数模型，分析再生水项目供给的特点，据此提出再生水用户选择的原则、进行市场评价和实现市场保证的方法，最后以北京市高碑店污水处理厂污水再生利用工程为实例，对近期和远期的需求进行预测和分析。

7.1　再生水和自来水的质量差异成本与消费者最优行为分析

7.1.1　同类产品的产品差异

在现实经济生活中，产品之间可区分为基本功能或性能不同的产品与基本功能或性能类似的产品。在经济学中，后者之间的差异一般被称为产品差异。在克拉克森和米勒所著的《产业组织：理论、证据和公共政策》[171]一书中，产品差异包括客观差异和主观差异。前者由生产差异和销售差异引起，后者由产品的不同需求者主观评价引起。这里的生产差异是指每个厂商都必须确定生产一个适当的品种，每个厂商都必须确定各自产品适当的质量标准。销售差异主要指厂商通过各种销售手段而形成的产品差异。主观差异反映了个人的不同禀赋及偏好。对于效用基本类似的同类产品而言，客观差异和主观差异都是很容易比较的。例如，再生水可成为自来水在一定范围内的替代品，再生水与自来水的客观差异主要是生产差异，体现在水体各项指标的差异上[172]。它们的客观差异中还有由销售者地理位置的差异而引起的差异。使用自来水的管线设备对多数用户而言已铺设到位，若使用再生水需从再生水厂铺设专线并采用专用设备，这部分费用最终仍将由消费者承担。它们之间的主观差异表现在公众对污水再生利用缺乏了解，因而对再生水的水质安全存在顾虑。

7.1.2　产品差异原因分析

我们已知，产品差异包括购买者对类似产品的不同态度。因此，产品差异的原因包括了引起购买者对竞争中的商品喜欢一种而不喜欢另一种的各种原因[173]。产品差异的原因可以简要地概括如下。

（1）质量或设计方面的差异。

（2）消费者对要购买的物品的基本性能和质量不了解（如不是经常被购买的和设计复杂的耐用品）引起的差异。

（3）由销售者推销行为，特别是广告和服务所引起的牌号、商标或公司名称的差异。

（4）同类商品销售者地理位置的差异。

7.1.3　同类产品的质量差异成本

从广义的角度看，产品差异可界定为产品的质量差异。对效用类似但质量各具差异的同类产品的选择，消费者一般不是用欲望满足的偏好顺序，而是以欲购产品在使用过程中发生费用的多少来衡量的。这种由同类产品之间的产品差异引起的费用差别可以称之为产品的质量差异成本。以再生水和自来水为例，它们之间的生产差异和质量差异，导致再生水具有比自来水更大的质量成本，其体现如下：直接接触的工人需要采取防护措施；长期使用会对设备造成腐蚀、结垢等；对水质要求高的用户在使用前对再生水进一步处理的成本也要比自来水高。由再生水和自来水由销售地理位置的差异而引起的差异亦可归入质量差异成本来考虑。

每一种商品在使用时都是会发生费用，而对于效用基本类似的商品而言，这种费用是可以直接比较的。

7.1.4　水质差异成本条件下消费需求与均衡价格分析

我们假定，再生水和自来水对消费者具有相同的效用，消费者判断它们差别的标准是在使用中所发生的质量差异成本；生产者信息是完全的，并且能够做到完全差别定价。设自来水的质量差异成本为 0，价格为 P_1；再生水的单位产品质量差异成本为 c 时，价格为 P_2。此时消费者剩余为零，生产者对消费者的差别定价模型为

$$P_1 = P_2 + c \qquad (7\text{-}1)$$

对消费者而言，按式（7-1）定价消费再生水和自来水是没有差异的。如果 $P_1 > P_2 + c$ 则消费者会全部使用再生水。反之，消费者全部会使用自来水。在完全信息和完全差别定价的模式下，均衡定价即为每一个消费者的差别定价。

设 Q_1^d 和 Q_2^d 分别表示自来水和再生水的需求量，对给定的价格 P_1 和 P_2 则有

$$Q_1^d = Q_1^d \left(c > P_1 - P_2\right) 和 Q_2^d = Q_2^d \left(c < P_1 - P_2\right)$$

上式反映的是 Q_1^d 和 Q_2^d 同 $P_1 - P_2$ 之间的一一对应关系，这种关系构成了自来水和再生水消费者需求函数：

$$Q_1^d = Q_1^d \left(c, \ P_1 - P_2\right) 和 Q_2^d = Q_2^d \left(c, \ P_1 - P_2\right) \qquad (7\text{-}2)$$

在上面的讨论中，我们假定自来水和再生水具有相同的效用，这是对实际问题的一种简化。由前面的分析我们知道，由于再生水和自来水之间主观差异的存在，按式（7-1）定价多数消费者仍倾向于选择自来水。当然，今后随着公众对再生水的进一步了解和节水、环保意识的增强，同样条件下多数消费者会倾向于选择再生水。据此我们可以给出再生水的定价上限：

$$P_1 > P_2 + c$$

即

$$P_1 - c > P_2$$

在 $(0, P_1 - c)$ 范围内存在一个消费者平均支付意愿值，使多数消费者认为此时再生水与自来水之间的质量差异可被其低价弥补。此数值往往是消费者比照自来水价格确定的。同时，再生水消费者需求还要受到预算线的约束。综合考虑，再生水消费者需求函数兼具普通需求函数和需求函数（7-2）的特征如下：

$$Q_2^d = Q_2^d \left(c, \ P_1 - P_2, \ P_2\right) \qquad (7\text{-}3)$$

在需求函数（7-3）中，质量差异成本 c 在一定时期内保持不变。再生水价格 P_2 应符合式（7-1）但又不能过分高于消费者平均支付意愿，其上限直接受自来水价格影响。因此，对再生水需求起决定性影响的因素之一是自来水与再生水的价格之差，即 $P_1 - P_2$。

7.1.5　再生水与自来水的消费者最优行为分析

消费者对所消费商品的质量选择是消费者决策的一个重要方面。消费者对再生水和自来水的最优选择并非来自它们的边际效用比较，而是来自总体消费商品

的质量和数量之间的均衡。质量在这一均衡过程中具有十分重要的作用。再生水和自来水之间的质量差异主要是生产差异引起的客观差异和主观差异。生产差异可以用质量差异成本 c 来度量，而主观差异则难以度量。因此我们可以将产品质量引入效用函数。假定自来水和再生水的质量分别用 E_1 和 E_2 代表，消费者消费它们的数量分别用 x_1 和 x_2 代表。消费者效用函数比较复杂，为说明问题，我们引入一异质产品，其价格为 P、消费量为 x。这样消费者的效用函数可表述为

$$\mu = \mu(x_1, \ x_2, \ E_1, \ E_2, \ c, \ x) \tag{7-4}$$

下面我们来考察该模式下的最优选择问题。设 P_1 和 P_2 仍为自来水和再生水的价格，给定消费者预算约束 y，则消费者的预算线为

$$P_1 x_1 + \left(P_2 + c\right) x_2 + Px = y \tag{7-5}$$

消费者的最优决策为

$$\max \mu = \max \mu(x_1, \ x_2, \ E_1, \ E_2, \ c, \ x)$$
$$\text{s.t. } P_1 x_1 + \left(P_2 + c\right) x_2 + Px = y \tag{7-6}$$

此规划的一阶条件为

$$\frac{u_{x_1}}{P_1} = \frac{u_{x_2}}{P_2 + c} = \frac{u_x}{P} \tag{7-7}$$

$$P_1 x_1 + \left(P_2 + c\right) x_2 + Px = y \tag{7-8}$$

消费者以一定收入消费以上商品，只有当预算的分配使花费在每种商品上的每单位货币所带来的边际效用相同时，效用的最大化才能得以实现。

7.1.6　消费者对再生水单位整点消费的最优行为分析

在消费选择行为的最优决策过程中，消费者经常会面临质量不同而功能基本类似的一系列不完全替代商品的消费选择。这类选择行为通常可区分为两种类型，即不完全替代商品相互间的搭配消费和单位整点消费。搭配消费是指不完全替代商品组合消费和组合内各种商品的最优消费组合。单位整点消费则是指消费者从不完全替代商品组合中选择唯一一种商品的一个单位进行消费，像家庭中的彩电消费和其他类型的家用电器消费等。消费者对自来水和再生水的消费中也存在这种情况。消费者使用再生水有特定的用途，其用量是固定的，且使用前须铺设专线、配置专用设备。故其要么不用再生水，一旦选择使用再生水，短期内就不会使用自来水于此用途。

在传统的效用函数理论中，消费者的决策变量是消费者的消费数量，即消费者通过选择不同商品的最佳组合使效用达到最大化。但是在单位整点消费模式下，消费者关心的不再是组合内各种商品的消费数量，因为无论选择组合内的何种商

品，消费都将选择相同数量的商品消费。此时，商品消费的质量才真正是消费者关心的决策变量。消费者对组合内不同商品之间的选择正是基于它们之间的质量差异。我们用 E 代表商品质量，y 代表消费者预算约束，p 代表商品价格，x 代表消费商品数量（为一定值），则消费者的效用函数如下：

$$\mu = \mu(E,\ y - px) \tag{7-9}$$

一方面，由于消费者总是倾向于选择质量较高的商品消费，因此效用水平的高低同商品的质量呈正向关系。另一方面，由于消费者所希望支付的成本尽可能低，因此预算约束减去购买商品的支出剩余将给消费者带来正的效用。

1. 消费者的等效用曲线

消费者的效用水平同所消费商品质量和支出剩余呈正向关系。商品的质量同价格呈正向关系，同支出剩余呈反向关系。对等效用水平而言，商品质量同支出剩余是互相弥补的，如图 7-1 所示。

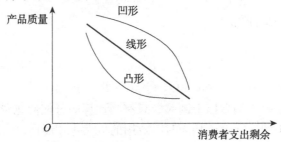

图 7-1　单位整点消费模式下消费者的等效用曲线

消费者的效用函数有三种基本形态：凸形、线形和凹形。不同形态的效用曲线反映了消费者对质量和支出剩余的不同偏好。凸形偏好意味着消费者在消费质量较高时更为偏好支出剩余，而在消费质量较低时更为偏好质量，是效用函数的常态。现行偏好是质量同支出剩余之间具有常数替换关系。凹形偏好与凸形刚好相反，不具有普遍性。

2. 消费者对自来水和再生水的最优选择

假定自来水质量为 E_1，价格为 P_1，再生水质量为 E_2，价格为 P_2，单位质量差异成本为 c，消费者用水的需求量为 x，预算约束为 y。

则消费者使用自来水的效用为

$$\mu_1 = \mu_1(E_1,\ y - p_1 x) \tag{7-10}$$

消费者使用再生水的效用为

$$\mu_2 = \mu_2(E_2,\ y - (p_2 + c)\ x) \tag{7-11}$$

消费者的最优选择为

$$\max(u_1, u_2)$$

当消费者选择再生水时，我们有

$$u_1 \leqslant u_2$$

$$\mu_1(E_1,\ y - p_1 x) \leqslant \mu_2 \left[E_2,\ y - (p_2 + c)\ x \right]$$

我们知道 $E_1 > E_2$，质量和支出剩余与效用呈正向关系，我们有

$$y - p_1 x < y - (p_2 + c)\ x$$

$$p_1 > p_2 + c$$

这与前面推出的结论是一致的。

3. 消费者对再生水的最优水质选择

前面在单位整点消费模式下，我们假定商品的质量同价格呈正向关系。这一假定对再生水是适用的。一般情况下，要求得到的再生水水质越高，相应的处理工艺越复杂，工程建设投资越大，直接运行成本越高，故再生水价格也越高[174]。可以认为再生水价格与质量间有函数关系 $P_2 = f(E_2)$，这一关系是单调递增的。

将这一关系代入上面消费者使用再生水的效用函数（7-11）得

$$\mu_2 = \mu_2 \left[E_2,\ y - (f(E_2) + c)\ x \right] \tag{7-12}$$

根据前面等效用曲线的讨论绘图，具体如图 7-2 所示。

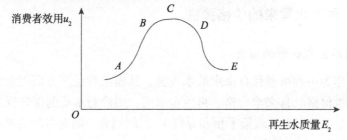

图 7-2　再生水质量与消费者效用关系图

在 AB 段，再生水水质较差，消费者更为偏好其水质。水质提高带来的效用增加大于支出剩余减少带来的效用减少，再生水水质提高，消费者效用增加。

在 DE 段，再生水水质较高，消费者更为偏好支出剩余。水质提高带来的效用增加小于支出剩余减少带来的效用减少，再生水水质提高，消费者效用减少。

这中间有一点 C，在此处再生水质量变化带来的效用变化正好与由此带来的消费者支出剩余变化引起的效用变化相抵消。显然，此处再生水水质使消费者效用达到最大。

如果我们给定消费者效用函数为柯布-道格拉斯函数偏好形式如下：

$$u = u(E, \; y - px) = E^2(y - px)^\beta, \quad \beta > 0 \tag{7-13}$$

在线性质量定价的条件下，即 $P_2 = f(E_2) = a + b \cdot E_2$，$a$、$b$ 为常数且 $b > 0$。

将 $P_2 = f(E_2) = a + b \cdot E_2$ 和消费者使用再生水的效用函数（7-12）代入柯布–道格拉斯函数（7-13），可得消费者使用再生水的效用函数为

$$\mu_2 = E_2^2 \big[y - \big(f(E_2) + c\big)x \big]^\beta = E_2^2 \big[y - (a + bE_2 + c)x \big]^\beta$$

消费者的最优选择等价于求下列函数的极值：

$$\ln \mu_2 = 2\ln E_2 + \beta \ln \big[y - (a + bE_2 + c)x \big]$$

这一函数极值的一阶条件为

$$\frac{2}{E_2} - \frac{\beta bx}{y - (a + bE_2 + c)x} = 0$$

求解可得消费者最佳质量选择如下：

$$E_2 = \frac{2y - 2x(a + c)}{(2 + \beta)bx} \tag{7-14}$$

从式（7-14）可以看出，当消费者预算收入增加时，其对再生水的水质要求会提高。当消费者需求量增大时，其对再生水的水质要求会降低。这与现实中的情况是相符的。

7.1.7　再生水需求的价格弹性

1. 再生水需求的影响因素

再生水作为一种可替代自来水的水资源，其需求量受多方面因素的影响，主要包括再生水价格、自来水价格、再生水水质、用户对水质的偏好程度、用户的收入水平、非市场因素（政策干预和导向）、时间因素。随着时间的推移，以上各因素都会发生变化。

2. 再生水需求函数

需求是消费者在各种可能的价格下，对某种产品愿意并且能够购买的数量。需求函数是以商品的需求量作为因变量，用影响需求量的因素作为自变量的计量经济模型。

由上面可知再生水的需求函数可用式（7-15）表示：

$$Q_d = f(P_1, \; P_2, \; M, \; F, \; t) \tag{7-15}$$

其中，Q_d 为再生水需求量；P_1 为自来水价格，P_2 为再生水价格，M 为消费者收入水平；F 为消费者偏好；t 为时间变化。

需求的价格函数是假定其他条件不变的情况下，专门研究一种产品的价格变化对需求量的影响，如式（7-16）所示。

$$Q_d = f(P)$$ （7-16）

研究价格变动对需求量的影响，可采用需求价格弹性指标。

3. 需求的价格弹性

所谓的弹性是指因变量变化的百分比同自变量变化的百分比之间的比例关系。需求价格弹性能够反映需求量的变动对价格变化的敏感程度。需求的价格弹性可表示为

$$e_d = -\frac{\dfrac{\Delta Q_d}{Q_d}}{\dfrac{\Delta P}{P}} = -\frac{\Delta Q_d}{\Delta P} \times \frac{Q_d}{P}$$ （7-17）

其中，e_d 为需求价格弹性系数；P 为价格；ΔP 为价格变动量；Q_d 为需求量；ΔQ_d 为需求量的变动量。如果 ΔP 很小时，此时弹性即为点弹性。式（7-17）即为

$$e_d = \lim_{\Delta P \to 0}\left(-\frac{\Delta Q_d}{\Delta P} \times \frac{Q_d}{P}\right) = -\frac{\mathrm{d}Q_d}{\mathrm{d}P} \times \frac{Q_d}{P}$$

将上式变形，则

$$\frac{\mathrm{d}Q_d}{Q_d} = -e_d \times \frac{\mathrm{d}P}{P}$$

对上式进行不定积分，则

$$\int \frac{\mathrm{d}Q_d}{Q_d} = -\int e_d \times \frac{\mathrm{d}P}{P}$$

$$Q_d = K \times P^{e_d}$$ （7-18）

其中，K 为常数。

4. 再生水价格不变条件下其需求量与自来水价格关系

在前面得出的需求函数中，如果除了 P_1 其他条件均不变，则此时再生水需求量仅受 P_1 的影响。设 Q_d 代表再生水需求量，P_1 为自来水价格，故中可将 P 用 P_1 代入式（7-18），则有

$$Q_d = K \times P_1^{e_d}$$ （7-19）

式（7-19）即是从点弹性出发，依据上文分析结果推出的当再生水的价格保持不变时，再生水需求量与自来水价格之间关系的数学模型。式（7-19）可画出 P_1-Q_d 曲线，如图 7-3 所示。

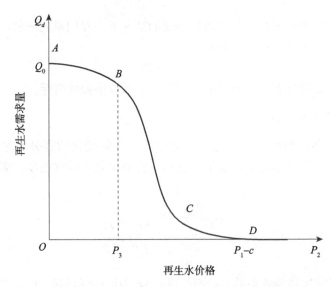

图 7-3　自来水价格不变时再生水需求量与再生水价格关系图

从图 7-3 中可看出，曲线 $ABCD$ 存在两个拐点 B、C。这两个拐点的形成是由不同的价格弹性 e_d 引起的。

在 A 点 $P_2 = 0$，此时其需求量将小于一定值 Q_0。在此后的 AB 段，再生水价格有所提高，但仍远低于消费者平均支付意愿，故再生水需求量逐渐减少，再生水价格提高的百分比大于因价格提高而引起的需求减少的百分比，即 $|e_d| < 1$，缺乏弹性。此时再生水需求量较大。

B 点是一拐点。在此后的 BC 段由于再生水价格的逐步提高，已接近消费者平均支付意愿，再生水价格的微小变化将带来再生水需求量的较大变化。此时 $|e_d| < 1$，富有弹性。

C 点是另一拐点。在此后的 CD 段再生水价格进一步提高，接近其上限 $P_1 - c$，再生水的需求量很小，价格变化对需求影响不大，即 $|e_d| < 1$，缺乏弹性。

显然，当自来水的价格保持不变时，若将再生水价格控制在图 7-3 中 P_3 附近效益最大。

上述两种价格变化对再生水需求影响的相同点是在它们的变化过程中，需求的价格弹性都会呈现三个阶段，即缺乏弹性—富有弹性—缺乏弹性。不同点是自来水价格的变化会引起消费者对再生水平均支付意愿的变化，因而前一个过程中的中间阶段，即富有弹性的阶段要长一些。

7.2　再生水用户分析

再生水回用的直接目的是充当城市的第二水源，缓解水资源紧张的矛盾，更深层次的意义在于减轻水污染，为创建健康水循环做一个良好的开端，逐步恢复区域水环境，促使水资源的可持续利用，为社会经济的可持续发展提供保障。

在城市用水结构当中，生活用水所占比重巨大，并有逐年上升的趋势，工业用水、市政用水、河湖景观生态用水也占一定比例[175]。因此再生水的回用也集中在置换这几部分自来水方面。以下将就这些用户使用再生水的可行性、用水特点、用水量的计算展开论述。

7.2.1　用户使用再生水的用途分析

城市生活用水分为城市居民住宅用水与公共设施用水。居民住宅用水指维持居民家庭日常生活的饮用、洗涤、冲厕所等用水；公共设施用水包括机关团体、办公、商店、饭店等服务行业，医院、影剧院、体育设施展览馆、博物馆、大专院校和中、小学、幼儿园等用水。洗澡、洗漱及厨房用水量约占城市生活总用水量的 55%，用水量大，水质要求高，如果考虑采用回用水，其相应的深度处理技术要求会很高，用水成本也会随之加大，有可能超过自来水的制水价格，而且鉴于用户对这种用途的再生水赞同率也很低。所以，近期不考虑将再生水用于与人的身体有接触的方向。对于其他用途的城市生活用水而言，如居民住宅用水中的冲厕用水（约占生活总用水量的 1/3），用水量较大、水质的要求较低（表 7-1），人们的接受程度高，所以这部分水可以使用再生水替代。

表 7-1　二级出水水质指标和几种回用方向的水质指标

项目	二级出水水质	冲厕绿化	洗车扫除	景观用水	工业冷却水水质标准	
					直接冷却	循环冷却补充水
执行标准	GB8978—1996	GB/T 18920—2002		GB/T 18921—2002	GB/T 19923—2005	
浊度（NTU）		5	5	5		5
溶解性固体/（毫克/升）		1 500	1 000		1 000	1 000
悬浮固体/（毫克/升）	30			10	30	
色度（倍）	80	30	30	30		
嗅		无不快感	无不快感	无漂浮物，无令人不快感		
pH	6～9.0	6.0～9.0	6.0～9.0	6.0~9.0	6.5～9.0	6.5～8.5

续表

项目	二级出水水质	冲厕绿化	洗车扫除	景观用水	工业冷却水水质标准	
					直接冷却	循环冷却补充水
BOD/（毫克/升）	30	10	10	10	30	10
COD/（毫克/升）	120			30		60
氨氮/（毫克/升）	25	10	10	5		10[1]
总硬度（以CaCO₃计）/（毫克/升）					350	350
氯化物/（毫克/升）					250	250
阴离子合成剂/（毫克/升）	10	1.0	0.5	0.5		0.5
铁/（毫克/升）		0.3	0.3			0.3
锰/（毫克/升）	2	0.1	0.1			0.1
总大肠菌群/（个/升）		200	200	500	2 000	2 000

　　1）表示循环冷却水系统换热器为铜质时，氨氮指标小于1毫克/升

　　虽然城市工业用水下降幅度很大，但是它仍占有一定比例，尤其在工业城市比例更高。例如，在太原市，工业用水量就占总用水量的74%。城市工业用水主要包括工业冷却水、工艺用水、锅炉用水和厂内生活用水。

　　工业用水中冷却水用量所占的比重较大（我国为84%），考虑循环使用之外，补充用水量就占工业总取水量的30%以上，对水质要求较低。间接冷却用水对水质，如碱度、硬度、氯化物及铁锰含量等要求，污水的二级处理出水均能满足其他水质指标；如SS、氨氮、CODcr等含量要求，二级处理出水经适当净化后也完全能满足要求。因此城市污水再生水回用于工业冷却水是国内外应用较广的回用用途之一。早在20世纪40年代西方就已经开始进行，如南非约翰内斯堡的Orlando电站从1942年开始就利用经过二级处理的城市污水做循环冷却水的补充水。我国也有不少成功的应用，大连春柳污水厂1992年建设投产的 1×10^4 米³/日再生水示范工程，主要用于热电厂冷却用水，运行10多年来效果良好，效益可观。

　　工艺用水包括产品处理水、洗涤用水和原料用水等。这部分用水或与产品直接接触，或作为原材料的一部分而添加到生产过程中。因此工艺用水比较复杂，各行各业对水质要求也不尽相同，其适用性相对较差。

　　锅炉用水在工业用水中占较大的一部分，高压、低压锅炉对水质有不同的要求，主要集中在硬度、腐蚀性和结垢等方面，这部分水质要求较高，利用再生水管网供应的深度处理的再生水一般较难直接满足其水质要求，但是可以作为锅炉

用水的水源水，在需要使用的地方设置更高程度的处理设施，如使用离子交换、超滤、反渗透、钠滤等处理工艺，使出水可以满足不同锅炉用水的需要（表 7-2）。

表 7-2　国内外几种常用处理方法出水水质

处理过程	SS/（毫克/升）	BOD/（毫克/升）	COD/（毫克/升）	TN/（毫克/升）	NH3-N/（毫克/升）	PO43-P/（毫克/升）	浊度NTU
普通活性污泥（芝加哥）	8	5			8		
鼓风曝气活性污泥法（赫尔辛基）		7	<0.5				
活性污泥（伦敦）	16	7	43				
缺氧+好氧（巴黎）	22	6	41	2.5			
活性污泥+过滤	4 ~ 6	<5 ~ 10	3 ~ 70	15 ~ 35	15 ~ 25	4 ~ 10	3 ~ 5
活性污泥+过滤+活性炭吸附	<5	<5	5 ~ 20	15 ~ 30	15 ~ 25	4 ~ 10	0.3 ~ 3
活性污泥（含脱氮工艺）	10 ~ 25	5 ~ 15	20 ~ 35	5 ~ 10	1 ~ 2	6 ~ 10	5 ~ 15
活性污泥+过滤+活性炭吸附+膜分离	<1	<1	5 ~ 10	<2	<2	<1	0.01 ~ 1
活性污泥（含脱氮除磷工艺）+过滤+活性炭吸附+膜分离	<1	<1	2 ~ 8	<0.1 ~ 0.5	<0.1 ~ 0.5	<0.1 ~ 0.5	0.01 ~ 1

公共市政用水包括绿地浇灌、道路冲刷和洗车，占城市生活总用水量的 8% 左右，虽然水量不是很大，但是水质要求不高，完全可以使用再生水替代。

城市河道按其主要功能可分为水源河道、景观河道和排水河道三类。水源河道对水质要求较高；景观河道对水质要求适中；排水河道一般处于城市下游，对水质要求较低，应满足农业灌溉用水的水质要求，二级出水就能满足。再生水回用于城市景观娱乐用水已是成熟的回用方式。通常要求再生水经过过滤和充分消毒并满足国家相关的水质标准才可回用做景观娱乐用水。

7.2.2　再生水用户分析

1. 城市生活用户分析

城市居民只可能用再生水来冲洗厕所，其用量约占居民生活总用水量的 1/3，计算公式如下：

$$Q = N \times q \times K \tag{7-20}$$

其中，Q 表示区域内居民再生水用量；N 表示区域内居民人口数；q 表示区域内居民日用水量标准；K 表示冲洗厕所用水量占居民生活用水量比值。

考虑到近年来人民生活水平的提高，生活用水量的增加，和节水器具的推广，取 K 值为 0.2~0.3。

　　这一方法预测准确与否的关键是居民日用水量这一指标是否符合实际用水情况。

　　2. 城市工业用户分析

　　工业企业厂内生活用水不与产品发生直接联系,其可用再生水置换的用量计算可参照"城市生活用户分析"部分。因此工业用户分析的重点是生产中可用再生水置换部分的用量计算即冷却用水、锅炉用水和低质工艺用水用量的计算。工业用水中这部分用水量除了受产量影响外,还受以下因素影响。

　　(1)行业生产性质及产品结构的影响。不同行业因用水构成不同,用水结构差异明显。同类行业,因产品结构和生产工艺的不同,用水结构和用水量差异也很明显。

　　(2)用水水平、节水程度的影响。企业水资源重复利用率越高,企业用水水平就越高,节水程度就越高。

　　(3)企业生产规模。一般说来,同类企业,规模越大企业单位产量用水量越低,反之亦然。

　　(4)生产工艺、生产设备及技术水平的影响。一般说来,同类企业,生产工艺、生产设备及技术水平先进的较落后的单位产量用水量低一些。

　　(5)用水管理和水价水平的影响。相同生产规模和相近生产工艺情况下,用水管理水平的高低直接影响企业用水量。同类企业,水价高地区的单位产量用水量低于水价低地区。

　　有长期用水统计资料的企业,可采用线性回归的方法进行用量预测。该方法的优点是准确、可靠性高,缺点是要求有较长时期的统计资料,若资料时期短则可靠性低,甚至失真。

　　运行时间不长的企业或统计资料少的企业,可采用定额预测法。其计算公式如下:

$$Q_i = W_i \times A_i \tag{7-21}$$

其中,Q_i表示预测年企业冷却用水(锅炉用水或工艺用水)取水量;W_i表示预测年企业工业总产值或产品总产量;A_i表示预测年企业单位产值或单位产品冷却用水(锅炉用水或工艺用水)取水量。

　　这一方法预测准确与否的关键是A_i这一指标是否准确。可参照同地区、规模、工艺设备及技术水平、管理水平接近的企业的相关指标来确定。

　　此外还有经验法和理论计算法。

　　经验法是运用人们的经验和判断能力,综合相关信息、资料和数据,提出定量估计值的方法的统称,通常在有关专家中,严格按照一定的组织方式、程序和步骤进行。其优点是省时省事，耗费较少，缺点是易出现主观性、片面性和一定的盲目性，结果也不够准确。

理论计算法是根据产品工艺的用水技术要求和设备的设计水量，用理论公式计算生产用水数量。可用该方法按生产过程的用水结构分类逐项计算生产用水量，在依据相应的水的重复利用情况确定各用途水的取水量。该方法的优点是简单方便、工作量小、全面系统，缺点是计算值与生产实际发生的取水量存在偏差。

3. 公共市政用户分析

依据前文分析知，市政用户使用再生水的用途主要有绿地浇灌、道路浇洒和冲洗用水量。

绿地浇灌：城市绿地可分为公园绿地、集中绿地、街道绿地、小区绿地、特殊绿地。公园绿地，调查表明，新建公园由于植被较新，需水量较大。旧公园由于植被较老，需水量较小。其用水定额应参照表 7-3 国家标准并结合实际情况确定。集中绿地，多为新建绿地，面积大、植被新、养护要求高、用水量大且集中，其用水定额可在表 7-3 国家标准偏上部分取值。街道绿地，其灌溉往往是用洒水车取附近的消火栓中自来水，用水量无统计资料，其用水定额可参照国家标准依据经验确定。小区绿地，其用水定额与小区养护等级有很大关系。特殊绿地，指高尔夫球场、体育场馆绿地等养护要求较高的绿地，其用水量大，对水质要求高。其用水定额应依据实际情况调查确定。

表 7-3　国家标准 GBJ13—86——浇洒道路及绿化用水定额

项目	用水定额/[（升/（平方米·次）]	浇洒次数/（次/日）
浇洒道路和场地用水	1.0～2.0	2～3
绿化用水	1.5～4.0	1～2

道路浇洒和冲洗用水量应根据各地具体对道路保洁质量的要求来确定。一般来说，一二级道路保洁质量要求接近，三四级道路保洁质量要求接近（大部分地区三四级道路春秋冬三季不浇洒）。其平均日用水量算式如下：

$$Q = q(S_1 n_1 d_1 + S_1 n_2 d_2 + S_2 n_3 d_1) / 365 \qquad (7\text{-}22)$$

其中，Q 表示日平均冲洗和浇洒道路总用水量；q 表示浇洒道路用水定额，其取值参照表 7-3 并结合实际情况调查确定；S_1 表示一二级路面面积；S_2 表示三四级路面面积；n_1 表示一二级路面夏季日平均浇洒次数；n_2 表示一二级路面春秋冬三季日平均浇洒次数；n_3 表示三四级路面夏季日平均浇洒次数；d_1 表示夏季浇水天数；d_2 表示春秋冬三季浇水天数。

式（7-22）中数据应根据当地气候和环卫局对道路保洁质量要求确定。

4. 洗车用水

汽车洗车用水定额如表 7-4 所示。

表 7-4　国家规范 SHJ 1060—84

汽车种类	冲洗用水定额［升／（辆·日）］	冲洗时间/分钟
小轿车、吉普车、面包车	250～400	10
大轿车、公共汽车、大卡车、载重汽车	400～600	10
大型载重汽车、矿山载重汽车	600～800	10

用水定额在干净路面及晴天时取低值，路面肮脏及雨天时取高值，还应根据当地情况做适当调整。

5. 景观河道和娱乐用水分析

这部分用水主要包括公园湖泊用水、风景观赏河道用水。以维持其生态环境不至于进一步下降为原则，其最低需水量计算方法如下：

$$W_{河湖} = W_{水E} + W_{渗} + W_{换水} - R_{河湖} \tag{7-23}$$

其中，$W_{河湖}$ 表示城市公园湖泊观赏河道需水量；$W_{水E}$ 表示水面蒸发年需水量；$W_{渗}$ 表示河湖年渗漏水量；$W_{换水}$ 表示湖泊换水需水量；$R_{河湖}$ 表示河湖水面年降水量；$W_{水E} = (A \cdot \theta_1 + A_r) \cdot E_W$；$W_{渗} = K \cdot A_1 \cdot \theta_1$；$W_{换水} = A_1 \cdot \theta_1 \cdot h / T$；$A_1$ 表示湖泊原有面积；θ_1 表示湖泊水面面积比例；h 表示湖泊平均水深，一般为 1~2 米；T 表示换水周期。

7.3　再生水项目的需求预测

7.3.1　再生水项目的需求函数

再生水项目需求的实现有赖于再生水用户。再生水用户的个体需求具有离散商品的特征，也就是说当再生水的价格低于或等于个体的支付意愿时，该个体便会使用一定数量的再生水。对于单个用户而言，再生水的需求具有离散的性质是由技术的整体性决定的，即再生水需求量的增加并非呈连续函数的形式，而是按照用途呈阶梯式的增长。单个用户的需求函数可以用式（7-24）表示如下：

$$Q_{r,i(p)} = Q_{w,i}, \quad p \leqslant \mathrm{WTP}_i$$
$$Q_{r,i(p)} = 0, \quad p \geqslant \mathrm{WTP}_i \tag{7-24}$$

其中，$Q_{r,i}$ 表示用户 i 对再生水的需求量；$Q_{w,i}$ 表示再生水可替代部分的自来水的用量；WTP_i 表示用户 i 对再生水的支付意愿；p 表示提供给用户 i 的再生水的价格。

对于一个再生水项目而言，其再生水的总需求量就是其供水范围内选择再生水的用户需求量的总和。总需求函数的一般形式为

$$Q_r = \sum_{i=1}^{k} Q_{r,\ i(p)} \qquad\qquad (7\text{-}25)$$

其中，Q_r 表示某项目再生水的总需求量；k 表示支付意愿高于或等于再生水价格的用户数目。

7.3.2　再生水项目的供给分析

城市大中型的再生水项目，其供水特点主要如下。

1. 供水具有区域性和市场垄断性

这是由再生水的供给方式决定的。再生水的供水方式有以下两种。

（1）通过城市中的中水道系统，即以城市污水为原水的第二供水系统供应。

（2）由再生水厂铺设专用管道供用量大的用户使用。国内建设中水道的城市极少，主要以第二种方式为主。再生水的供应除了管道的修建，还涉及土地的征用、房屋拆迁，有时花费巨大。因此，再生水不可能远距离供水，其供应亦不会出现多家竞争，这还与它的规模报酬递增有关。

2. 供水价格差异

不同用户其再生水的供应管线的工程费用、运行管理、日常维护费用都不相同，而这些费用都将从用户使用再生水的水费中回收。国内再生水企业的定价原则为保本微利，因此，同一地区，即使是同样水质，不同用户使用再生水时也会面对不同的价格。

3. 供水对象明确具体，其需求量固定

由于再生水供水区域的固定和用途的有限，因此，其供水对象也较为明确具体，如第 6 章所述。通过对用户的深入调查，采用第 3 章的方法，可较为方便地预测其需水量，并且各用户的需水量一般不会有大的变化。

4. 供水能力相对固定

再生水的短期供给弹性在产量小于设计生产能力时接近于无穷大，在达到设计生产能力后则接近于零。此时，再生水供应的少量增加只有通过追加投资扩建工程才能实现。再生水的供给是始终如一的，由于需求的变化，会出现供需的不

平衡。例如，市政用户夏季用水量大，冬季用水量小，会使再生水企业夏季生产能力不足而冬季又有剩余。

5. 规模报酬递增

再生水的年制水成本主要包括两个方面，即工程建设投资的年折旧费和运行管理费。再生回用工程建设投资包括再生水厂深度处理和输水管网两部分，其折旧费用与产量变化无关。年运行管理费主要包括动力费、药剂费、大修和检修维护费、工资福利、管理费及其他费用。除大修和检修维护费外，其他费用与产量呈正相关。由分析和相关的调查可知在设计生产能力内，产量越大单位制水成本越低。

7.3.3　再生水用户的选择

在我国，污水再生利用事业还处在起步阶段，各城市对再生水的大规模回用尚属首次，国家也无统一的技术政策。城市污水回用的整个系统在技术上、政策法规上也远没有达到城市供水系统的成熟程度，难以全面开展多用途回用。鉴于城市用户的用水消费习惯和对再生水的认识，可知这个市场还是一个明显的买方市场。因而，再生水用户是污水再生利用事业成功的关键。

根据再生水供给的特点，再生水用户的选择按照"先近后远，先易后难"的原则，逐步扩大再生水用户和用量。用户选择重点为用水量大的集中用户，分散小用户的污水回用只能作为一种途径，因地制宜地采用。

居民住宅区管线改造成本高，且居民对再生水的健康风险人有较大顾虑。故现阶段再生水的入户存在较大困难。城市道路浇洒和冲洗用水和清洗车辆用水的总量可观，但用水点过于分散。城市环卫局的道路洒水车的取水半径为 3 千米。现有洗车站点的用水规模在每天几立方米到几十立方米之间。小区绿地和街道绿地用水与此类似。这些用户都不宜作为主要用户单独为其建造供水管道，但再生水供水管线附近的这些用户均可视为理想用户。现阶段应该集中开发具有稳定支付能力的、用水量相对较大的工业用户和城市河湖景观用户，以及大面积的公园绿地、集中绿地、特殊绿地用户。

7.3.4　再生水项目的市场评价

在规划城市污水回用项目的过程中，寻找能用和想用再生水的潜在用户是一个关键任务。市场评价包括收集每一个潜在用户的详细数据。这些信息将为我们判断潜在用户是否有能力使用再生水提供依据，也能帮助潜在用户决定是否使用再生水。通过这些信息，我们还可以确定项目的位置和生产能力、设计标准，再生水的定价、财务可行性、被替代的淡水资源的数量等。

相关信息的收集包括下列步骤。

（1）创立一个项目规划区域内用户的详细目录，并在地图上确定它们的位置，根据使用再生水的类型把用户分类。

（2）确定各种类型用途的水质要求。

（3）了解其他淡水资源供应的价格和水质数据。

（4）进行一项关于实际潜在再生水用户的调查，从而获得用来评价每个用户使用再生水的能力和意愿的更加详细的信息。

对潜在再生水用户调查的内容包括：①用户的位置；②用户用水的历史纪录（至少要收集过去十年的数据）；③用水量随时间的变化情况（季节、日、小时需水量的变化）；④对再生水的水质、水压要求；⑤用户对水质波动程度的敏感度；⑥确定再生水供水管道设备的投资和运行维护费用；⑦用户目前的水源来源及成本；⑧用户计划使用再生水的时间；⑨充分告知潜在用户所适用的技术规范、再生水水质与淡水水质存在的差异、再生水供应的可靠度、预期的再生水价格和自来水价格，了解其是否接受再生水的初步意见。

7.3.5　再生水项目的市场保证

用户是否会使用再生水首先取决于再生水的水质能否满足用户在某一方面使用的要求。在用户对水质满意的情况下，则取决于用户将再生水与其他水源在质量、可靠性、成本、安全等方面的比较结果。

用户对使用再生水的顾虑包括：①与其他水源相比再生水的价格过高；②使用再生水不能产生立竿见影的经济效益；③对再生水水质的担忧；④工人接触再生水的健康风险；⑤对再生水供应的可靠性缺乏信任；⑥使用再生水可能带来的其他不便。

在一个项目开展设计之前，最好请每一位用户对此项目签订一份意向书。意向书的内容包括服务和财务责任的许多细节，可以使用户对该项目有充分的了解。经验证明这份意向书并不能保证用户参与到项目中。

如果在项目规划期间，用户拒绝签署意向书或者在项目设计阶段拒绝签订承诺长期使用再生水的合同，通常表明用户担忧的问题没有被解决。项目发展部门通常认为通过与用户的沟通和对用户的引导能够解决好这些问题。但是如果在项目开始建设前这些问题仍不能解决，项目将面临较大的投资风险。调查表明，即使潜在用户对使用再生水非常感兴趣，他们也经常拒绝签订承诺长期使用再生水的合同或在项目建成后拒绝使用再生水。在美国通过对 28 个污水回用项目调查统计后发现，1/3 的项目在规划完成后两年没有进入建设阶段，其中一个项目规划完成后五年还未投入建设。这其中的问题包括用不可靠的数据去估计再生水的需求量和不能同未来的再生水用户签订购买再生水的合同。

污水回用项目的最终目标是在项目设计使用期内，再生水的售出量能够达到项目计划的生产量。为了达到此目标，必须保证足够的再生水市场。因此，在项目开始建设之前，同用户签订购买再生水的具有法律效力的协议是必要的。协议应该详细说明双方的责任义务、再生水服务细则和债务条款。协商谈判的过程有时是艰难的，需要政府出台强制性的政策支持。

7.3.6　再生水项目需求预测实例研究

1. 项目背景简介

北京是世界上水资源严重短缺的大城市之一，行政区总面积为 16 800 平方千米，总人口为 1 300 万人。可利用的水资源总量约为 40 亿立方米，人均水资源量约为 300 立方米，是全国人均水资源量的 1/8，世界人均水资源量的 1/30，人均拥有水资源量在世界 120 个国家的大都市中居百位以后。2010 年时北京的水资源开发量已基本达到可利用水资源量的自然极限，水资源短缺成为北京市经济和社会发展的主要制约因素。

水污染又加剧了水危机。官厅水库上游来水受到污染。非汛期上游洋河流入官厅水库几乎皆为污水，造成官厅水库水质超过了地表水环境三级标准，其中 COD、NH_3-N 和 T-P 超标，不能作为生活饮用水源。长期以来，城市建设重供轻排，污水治理投入滞后，未经处理的污水排入河道，使河湖水体受到了严重的污染，由于河道径流量小，水体的纳污能力和自净能力差，不少河道变成了污水河。城市下游河道多为超 V 类水体。水污染加剧了水资源的危机。

为了实现北京市国民经济可持续发展战略，缓解北京市面临的 21 世纪城市发展和水资源危机的矛盾，市政府对尽早开发城市污水资源作为城市第二水源十分重视。为此，根据专家学者意见，市政府决定建设"高碑店污水处理厂处理水资源化再利用工程"。高碑店污水处理厂一期工程于 1993 年 10 月 24 日竣工投产，处理能力为 50 万米³/日。二期工程于 1999 年年底竣工投产。总处理能力为 100 万米³/日。高碑店污水处理厂污水系统流域面积为 96 平方千米，服务人口为 240 万人，汇集北京市南部城区的大部分生活污水、乐部工业区、使馆区和化工路的全部污水。根据对该厂出水的实测和该厂提供的 1999 年出水水质分析结果，出水水质水量稳定，其出水水质达到了设计要求，其二级出水多数参数已接近相关的回用水水质标准。但高碑店污水处理厂二级出水中氨氮和磷的含量偏高，主要是该厂立项较早，当时在国家城市污水处理厂排放标准中还没有除磷脱氮的要求。因此该厂一期处理工艺中未设除磷脱氮设施。高碑店污水处理厂二级处理出水直接排入通惠河下游，除每年约 5 500 万立方米用于农业灌溉外，其余每年超过 3 亿立方米的出水没有得到利用。充分利用高碑店污水处理厂出水对缓解北京市水资源危机具有重要意义。

2. 高碑店污水处理厂处理水资源化再利用工程简介

该工程是将高碑店污水处理厂二级出水提升用于自河道取水的工业用水，替代清洁水源、改善河道景观，并将部分二级出水经深度处理后用于市政杂用（如道路喷洒、绿地浇灌等），替代自来水，达到城市污水资源化和改善河道水质的目的。

该工程所涉及的再利用水区域，东至公路一环，西至西三环，南至南四环，北至长安街。地区面积为 141 平方千米，回用水用户涉及工业、公园绿化和河湖补水、道路喷洒等。

近期工程方案规模为 30 万米³/日，远期将扩大到 47 万米³/日。

3. 高碑店污水处理厂处理水资源化再利用工程回用对象及回用水量

1）市政杂用水

公园绿化及河湖用水：规划区域内沿南护城河主要公园绿化面积共 2 671 325 平方米（表 7-5），按每平方米绿地每天用水 2 升计，公园绿化用水量约为 5 343 米³/日。此外，上述公园河湖补水用水约为 2.3 万米³/日，冲厕用水约为 460 米³/日。沿南护城河公园总用水量约为 2.88 万米³/日。

表 7-5　沿南护城河主要公园绿化面积（单位：平方米）

公园	龙潭湖公园	北京游乐园	天坛公园	陶然亭公园	大观园	万寿公园	合计
面积	239 932	287 623	1 698 578	338 704	72 568	33 920	2 671 325

城市绿化用水：在供水范围内有多处城市集中绿地，由于位置较为分散，很难严格计算出其绿化用水量。其中在道路两旁隔离带和沿河道两岸较集中的绿地，按北京市总体规划绿化用水量约为 2 000 米³/日。

道路路面喷洒用水：城市道路喷洒由环保局负责，水源全部为自来水，取水点为固定的消火栓。工程范围内可用高碑店污水处理厂处理水喷洒的道路东至公路一环，西至西三环以西，东西长约 23.5 千米。按环卫局道路喷洒水车取水半径 3 千米计，南北长 6 千米，可喷洒地区面积 141 平方千米。按北京市城市规划设计研究院 1992 年所做的《北京市总体规划》中预计，公路一环内道路用地率在

1991 年前为 3.82%, 到 2010 年将达到 13.43%。近期工程方案中道路用地率按 10% 计, 则能用高碑店污水处理厂处理水喷洒的道路面积约 14.1 平方千米, 根据环卫局提供的喷洒道路的用水指标, 每立方米水可喷洒 2 500 平方米道路面积, 则一天一次喷洒道路需水量为 5 640 米^3/日。每天喷洒两次考虑, 则需水量约为 1.13 万立方米/日。

上述市政杂用水合计约 4.21 万米^3/日, 考虑到不可预见用水量和管网漏失率, 近期工程中市政杂用水用水规模为 5 万米^3/日。

2) 工业用户

北京第一热电厂: 北京市第一热电厂是一座高温高压热电厂, 位于通惠河旁, 距离高碑店污水处理厂约 5.5 千米。该厂共有汽轮发电机五台, 其中两台为 14.6 万千瓦的双抽汽机组, 一台为 5 万千瓦的双抽汽机组, 两台 2.5 万千瓦的背压机。生产用锅炉七台, 四台规格为 410 吨/小时, 一台为 400 吨/小时, 两台为 220 吨/小时。

北京第一热电厂的循环冷却水取自通惠河高碑店湖的上游, 由于河道两侧污水截流设施尚不完善, 河水受到一定程度的污染。高碑店污水处理厂二级出水水质一般优于高碑店湖水质。因此, 直接向高碑店湖补充污水处理厂的二级处理水, 不仅满足了该厂冷却水补充水量的需求, 不会影响其厂内深度处理的效果, 而且不会对高碑店湖的水环境造成不良影响。正常生产情况下, 该厂循环冷却水补水量 26 万~34 万米^3/日, 平均补水量 30.3 万米^3/日。考虑到北京市第二热电厂部分贯流退水仍能用于第一热电厂, 因此近期工程中北京第一热电厂利用高碑店污水处理厂处理水用水量仅考虑为 20 万米^3/日。将来北京第二热电厂采用封闭式循环冷却方式运转, 则不再有贯流退水供第一热电厂使用。因此, 远期工程中第一热电厂再利用水量将扩大 10 万米^3/日, 达到 30 万米^3/日。

北京水源六厂: 高碑店污水处理厂二级出水水质水量稳定, 达到设计要求, 但还不能满足市政杂用水标准, 而绿化用水和道路喷洒等市政杂用水水质对人类健康和城市环境会产生影响, 因此, 市政杂用水必须在回用前进行深度处理, 以满足相应标准。

北京第一热电厂用水利用该厂现有设施进行深度处理。其他用户的深度处理选择在水源六厂。北京水源六厂现有日处理能力 17 万立方米/日的深度处理设施, 主要采用机械加速澄清、砂滤和消毒等工艺处理过程。根据该厂提供的出水水质, 其出水可满足工业和市政杂用水水质要求。

由于北京市工业结构的调整, 北京水源六厂处理能力未能充分利用。1998 年该厂供水为 4.7 万米^3/日, 其中供东郊工业区为 3.1 万米^3/日、供焦化厂为 1.6 万米^3/日。近期工程中, 北京水源六厂供东郊工业区和焦化厂用水为 5 万米^3/日,供市政杂用 5 万米 ^{3}/日，尚有 7 万米 ^{3}/日的处理能力没有利用（表 7-6）。随着城市发展和人们生活水平的提高，道路面积和绿化面积将会增加。随着污水再生利用法规的建立和水价政策的调整，再生水的需求量将会进一步增加。在远期工程规划中，北京水源六厂处理规模从 10 万米 ^{3}/日扩大到 17 万米 ^{3}/日。

表 7-6　回用水用户及用水量（单位：立方米/日）

用户		近期	远期
市政杂用		5	12
工业用户	第一热电厂	20	30
	东郊工业区和焦化厂	5	5

4. 高碑店污水处理厂处理水资源化再利用工程方案

北京第一热电厂在高碑店湖取水作为该厂冷却用水，厂内已有深度处理厂。因此，可直接将高碑店污水处理厂出水用管道输送到高碑店湖作为该厂取水水源，深度处理可利用该厂现有设施。其他用户用水，先用管道将高碑店污水处理厂出水输送到北京水源六厂，在北京水源六厂进行深度处理后用管道输送到各用户。具体设计方案如下：高碑店污水处理厂二沉池出水经新建泵站（规模 47 万米 ^{3}/日）提升后用两条管道分别输送到高碑店湖（规模 30 万米 ^{3}/日）和水源六厂（规模 17 万米 ^{3}/日）。送至高碑店湖的处理水供北京第一热电厂用水；送至北京水源六厂的处理水在该厂进行深度处理后，一部分通过北京水源六厂现有供水系统供给东郊工业区和焦化厂；一部分通过新建管道输送到西便门和东便门，在北京水源六厂现有供水管道和新建管道沿线设取水口，供市政杂用取水。

该项目分为两个子系统：北线输水系统和南线输水系统；南线输水系统又分为干线输水系统、北京水源六厂改造和市政杂用配水系统三个子项工程。工程投资汇总如表 7-7 所示。

表 7-7　单项工程内容和费用（单位：万元）

序号	工程名称	工程内容	工程费用	总投资
1	北线输水系统	高碑店污水处理厂至高碑店湖输水管，提升泵站	3 811	6 592.2
2	干线输水系统	高碑店污水处理厂至北京水源六厂输水管，提升泵站	5 130	9 642.2
3	北京水源六厂改造	蓄水池清淤和护砌，污泥池扩建、泵房设备改造、增加自控和电气设备	871	1 151.1
4	市政杂用配水系统	配水管网、闸门、取水口等	9 448	16 282.5
	合计		19 260	33 668.0

5. 高碑店污水处理厂处理水资源化再利用工程的成本水价

各子项满负荷运行第一年的单方制水成本及水价如表 7-8 所示。水价的制订以保证项目的正常运转为原则，即支付总成本、销售税金及附加后，企业仍有微利。主要参数如下。

（1）运营期：20 年。

（2）还款期：7 年。

（3）建设期贷款利息：5.85%；还款期贷款利息：6.21%。

（4）税前内部收益率：6%。

表 7-8　成本及水价分析表

项目		北线	南线	
			市政杂用	东郊工业区
规模/（万米³/日）		30	12	5
水资源费/（元/米³）		0.2	0.2	0.2
北线	制水成本/（元/米³）	0.08		
	利税费用/（元/米³）	0.03		
	售水水价/（元/米³）	0.11		
干线	制水成本/（元/米³）		0.19	0.19
	利税费用/（元/米³）		0.06	0.06
	售水水价/（元/米³）		0.25	0.25
北京水源六厂	本项目投资售水水价/（元/米³）		0.03	0.03
	原有资产售水水价/（元/米³）		0.73	0.73
	北京水源六厂售水水价/（元/米³）		0.76	0.76
市政杂用配水	制水成本/（元/米³）		0.53	
	利税费用/（元/米³）		0.18	
	售水水价/（元/米³）		0.71	
用户用水水价/（元/米³）		0.31	1.92	1.21

随着城市发展和水价的提高，对本工程中市政杂用再生水的需求量将会进一步增加。但是，除非找到新的大用户，不然 7 万米³/日的再生水将无法全部售出。我们可以在供水管线附近开发一些中小用户，但其需水量肯定无法达到 7 万米³/日。如果找到新的用户并修建供水管线，则这部分再生水的成本水价会进一步提高，给销售带来困难。

若远期 7 万米³/日的再生水完全不能销售，则本工程的成本水价如表 7-9 所示。

表 7-9　成本及水价分析表

项目		南线	
		市政杂用	东郊工业区
规模/（万米³/日）		7	5
水资源费/（元/米³）		0.2	0.2
干线	制水成本/（元/米³）	0.32	0.32
	利税费用/（元/米³）	0.10	0.10
	售水水价/（元/米³）	0.42	0.42
北京水源六厂	本项目投资售水水价/（元/米³）	0.06	0.06
	原有资产售水水价/（元/米³）	1.02	1.02
	北京水源六厂售水水价/（元/米³）	1.08	1.08
市政杂用配水	制水成本/（元/米³）	1.14	
	利税费用/（元/米³）	0.34	
	售水水价/（元/米³）	1.48	
用户用水水价/（元/米³）		3.18	1.70

6. 项目的水价优势

北京市从 2004 年 8 月 1 日起调整本市水资源费、污水处理费征收标准并相应调整水利工程供水价格、自来水供水价格。新的水费征收标准及供水价格如下。

水资源费征收标准：①水利工程供水（除农业和环境用水外）水资源费由每立方米 0.60 元调整为 1.10 元。②市自来水集团企业、各区县自来水公司取用地下水水资源费由每立方米 0.60 元调整为 1.10 元。③自备井取用地下水水资源费：生活、工业等取用地下水由每立方米 1.50 元调整为 2.00 元；乡镇企业取用地下水由每立方米 0.40 元调整为 2.00 元；生产纯净水取用地下水由每立方米 4.00 元调整为 40 元；洗车业取用地下水由每立方米 1.50 元调整为 40 元；洗浴业取用地下水由每立方米 1.50 元调整为 60 元。

水利工程供水价格：工业消耗水价格由每立方米 1.27 元调整为 1.77 元（含水资源费）；供自来水集团公司用于加工自来水的地表水价格由每立方米 1.22 元调整为 1.72 元（含水资源费）；公园、湖泊用地表水由每立方米 0.30 元调整为 1.30元；工业贯流水每立方米 0.20 元；循环水每立方米 0.15 元。

自来水价格：居民生活用水每立方米由 2.30 元调整为 2.80 元；行政事业用水每立方米由 3.20 元调整为 3.90 元；工商业用水每立方米由 3.20 元调整为 4.10 元；宾馆、饭店、餐饮业等用水每立方米由 4.20 元调整为 4.60 元；洗浴业用水价格由每立方米 10 元、30 元、60 元三档统一调整为 60 元；洗车业、纯净水用水价格由每立方米 20 元调整为 40 元；农业赔水价格每由立方米 0.50 元调整为 0.60 元。

污水处理费：污水处理费按用水量计征。居民用水每立方米由 0.60 元调整为 0.90 元；其他用户用水每立方米由 1.20 元调整为 1.50 元。

中水价格：中水价格每立方米 1.00 元，暂不征收污水处理费。

7. 北京市自来水供水分类价格细则

执行居民生活用水价格的范围：①居民生活用水指居民住宅生活用水（包括养老院用水）、农民生活用水、公共水站用水；②市政用水：指园林、环卫所属的非营业性公园、绿化、洒水、公厕；③浴池用水：指政府扶持的便民浴池；④高校学生浴室和食堂用水。

执行行政事业用水价格的范围：①行政机关、事业单位用水；②部队用水；③学校、幼儿园、医院用水。

执行工商业用水价格的范围：①工业用水；②商业用水。

执行宾馆、饭店、餐饮业用水价格的范围：①宾馆、饭店、旅店、招待所用水；②餐饮业用水；③娱乐业用水，主要是指独立装表计费的歌舞厅、康乐场所、美容美发等用水；④营业性写字楼用水（出售给个人居住的除外）；⑤临时施工用水。

执行特殊行业用水价格的范围：①纯净水生产企业用水；②洗车业用水；③洗浴业用水：包括宾馆饭店、康体中心、商务会馆等附设的营业性洗浴。

执行农业赔水价格的范围：农业赔水是指饮来水水源开发使地下水水位下降，影响农业使用而赔偿的农业灌溉用水。

其他用水：以上六种用水之外的所有用水执行工商业用水的价格标准。

因施工、占压等责任造成公共供水管道漏失水量的计价按临时施工用水计收。

对比可以发现，供给北京市第一热电厂和东郊工业区的再利用水的成本水价较自来水水价有较大优势，而市政杂用再生水的成本水价较自来水的水价优势并不明显。如果远期增加的 7 万立方米/日的市政杂用再生水无法全部销售，则市政杂用子项目可能出现亏损。若其提高水价销售近期的 5 万米³/日的市政杂用再生水，则因水价过高会带来销售困难。因此，下一步工作重点是落实远期 7 万米³/日的市政杂用再生水的用户。

第8章　污水再生利用项目评价研究

污水再生利用项目评价是对该类项目的经济性、技术适应性、社会环境改善能力及其他影响所进行的综合性研究及分析，通过多角度全方位的对该类工程进行系统性的评价，来提高投资者对污水再生利用项目的决策水平。其评价内涵为，该工程项目从建设到运行过程中的总投入所能带来的符合社会发展所需的经济效益、环境效益及社会效益。同时又由于污水再生利用技术是决定项目评价结果的根本，而不同回用途径所需求的技术性能不同，进而其所对应项目的经济效益、环境效益和社会效益有所差异，因此污水再生利用项目评价应把项目的技术适应状况囊括在内，进而本书的研究把污水再生利用项目评价定义为，在经济性研究、技术性能分析、环境效益和社会效益研究基础上的复合性评价。

8.1　污水再生利用项目综合效益分析

8.1.1　污水再生利用项目经济性研究

污水再生利用工程经济评价是在工艺选定的基础上进行的，是投资决策的重要依据。本章基于建设项目经济评价的一般原理，结合基础性公益项目投资建设的特性建立一套适合污水再生利用工程的经济评价理论体系，使项目经济评价更加合理。

1. 污水再生利用项目经济性及量化分析

污水再生利用项目是一种具有显著社会效益和环境效益的基础性和准公益性项目，其经济性的优劣直接影响该类工程能否正常实施，同时由于该类工程具有强正外部效益，使采用一般的经济评价体系不能全面、客观地反映项目的经济性。因此应采用合理而又适合该类工程的经济评价方法来确定该类项目的经济效益。

2. 污水再生利用项目的经济评价体系分析

污水再生利用财务评价是微观层面上的项目经济评价，是项目直接经济效果的体现，该类项目的财务评价与一般的财务评价相同，都是基于项目本身财务赢利能力和偿债能力做出的抉择。国民经济评价是从国家整体角度出发对项目进行宏观经济分析，是按合理配置稀缺资源和社会经济可持续发展的原则，采用影子价格、社会折现率等国民经济评价参数，从国民经济全局的角度出发，考察工程项目的经济合理性。国民经济评价是按照资源合理配置的原则全方位的考察项目的效益和费用，使该层次的经济评价不仅包括项目本身的成本和收益，还包含项目所产生的外部效益和费用。针对于投资者来说，对项目所产生的外部性进行计量非常困难，需结合项目的特性选取合理的方法来对项目的外部费用和效益进行估算。污水再生利用项目的环境效益和社会效益显著，仅从项目的财务角度来进行经济评价是非常不合理的，可见该类项目的国民经济评价是项目经济评价的关键。项目国民经济评价主要是项目费用和效益的识别分析及核算。针对于项目国民经济评价中的费用及效益识别与核算的详细内容，在国家发展和改革委员会、建设部联合发布的《建设项目经济评价方法与参数》(第三版，2006 年)中给出了明确标准。项目的国民经济评价中费用是指从国家视角为项目付出的代价，效益是项目产出为国民经济带来贡献。

3. 污水再生利用项目直接费用和效益的识别及量化分析

1) 直接费用识别及核算

为避免污水再生利用工程建设及运行中资源的浪费，国内在项目的立项阶段就引用全寿命周期理论来对项目的整个过程进行成本控制[176]。全寿命周期费用理论包括生命周期成本分析和生命周期成本管理两部分内容，生命周期成本分析是对项目合理投资决策的分析方法，在项目的投资决策阶段对项目整个寿命期成本进行估算，追求项目建设运行所投入成本的最小化，从而使长期经济效益最优，同时可以避免项目的短视行为，使项目发挥最大的经济效益。生命周期成本管理是在对项目整个寿命期不同阶段的成本进行控制，为实现项目整个寿命期成本最小而产生的一种管理办法[177]。全寿命周期成本 (life cycle cost，LCC) 是指在对象的寿命周期内为其论证、研制、生产、运行、维护、保障、退役后处理所支付的所有费用之和，通过一定的数学方法把全系统过程中所涉及的各种技术、物资、人力资源进行量化来为决策的科学性提供可靠依据[178]。基于此可以看出污水再生利用项目的总成本包括建设前期成本、工程建设成本、运行维护成本和报废处置成本。

(1) 污水再生利用工程前期成本包括方案设计费、可行性研究费、土地出让金及勘察设计管理费等。设计费是基于污水原水水质基础上而设计的污水处理及回用工艺方案所需的费用，包括现场调查、废水试验研究、工艺选择及施工设计等。土地出让金是根据污水处理回用工艺的不同而确立的，因此需选择适合该地区经济特性的污水再生处理工艺来使整个寿命周期的成本的最佳。

$$C_1 = C_l \times C_o \tag{8-1}$$

其中，C_1 为前期投资费用；C_l 为土地出让金；C_o 为其他前期费用。

（2）污水再生利用工程建设成本主要包括建设安装费用、设备及工器具购置费用、管道购置铺设费用、工程建设其他费用及基本预备费等。其中土建类工程的折旧年限不少于 20 年，而机械设备及工器具经济寿命不等且都小于建筑工程的经济寿命。在估算污水回用工程建设投资时应把后续投资计算在内，才能完整反映该类工程的投资费用[179]。因此，污水再生利用工程建设成本包括初始建设成本和未来建设成本。初始建设成本是指项目投入运行前所付出的成本，包括建安工程费、设备费、管网费、工程建设其他费用、基本预备费等项目形成主体功能费用。未来建设成本是为了促进项目正常运行而进行的主体功能工程的再次投入，主要包括设备及工器具的拆除费、设备费及建安工程费等。其现值表达式为

$$C_2 = C_b + C_f = \sum_{t=1}^{k} \frac{C_{bt}}{(1+j)^t} + \sum_{i=1}^{n} \frac{C_e(1-\sigma)(1+r)^{im}}{(1+j)^{im}} + N_{\text{泵}} \sum_{i=1}^{o} C_{\text{泵}} \left(\frac{1+r}{1+j} \right)^{ip} \tag{8-2}$$

其中，C_2 为建设投资费用；C_b 为初始建设成本；C_f 为未来建设投资成本；C_{bt} 为第 t 年的初始建设投资额；C_e 为设备及工器具购置安装费用；$C_{\text{泵}}$ 为泵站费用；k 为建设期；n 为设备在全寿命周期中替换次数；o 为泵站在全寿命周期中的替换次数；$N_{\text{泵}}$ 为回用工程所需的泵站个数；σ 为设备残值率，一般取 3% ~ 5%；j 为折现率；m 为设备的经济寿命；p 为泵站的经济寿命；r 为通胀率。

（3）运行维护成本是实现污水再生利用工程经济性的直观体现。污水再生利用工程的运行维护成本在全寿命周期成本的比例比较大。运行维护成本主要由运行成本、维护成本和污泥处置成本构成，表达式为

$$C_3 = M + P + O \tag{8-3}$$

其中，C_3 为运行维护成本；M 为运行成本；P 为维护成本；O 为污泥处置成本。

运行成本主要由人工费用、动力费及药剂费组成，在污水处理回用工程中电作为系统运行的主要动力费，占污水处理回用运行费用的 40%以上。人员费包括职工的工资、福利、津贴、补助和管理费。污水处理回用工程中药剂费用一般有混凝剂、助凝剂和消毒剂，根据不同水质及工艺所投入的药剂差异大，且投入量与处理水量关联性大。基于此提出的运行成本模型为

$$M = G + B + D$$

$$= \sum_{i=1}^{N} N_P C_P \left(\frac{1}{1+j} \right)^N + \sum_{i=1}^{N} \left(8\,640 N_{\text{泵}} (1+\beta)\ K \mu X \right) \left(\frac{1+r}{1+j} \right)^N \qquad (8\text{-}4)$$

$$+ 365 \sum_{i=1}^{N} \left[\left(\sum_{i=1}^{n} k_i \frac{a_i}{1\,000} \right) Q \right] \left(\frac{1+r}{1+j} \right)^N$$

其中，G 为人工费用；B 为动力费用；D 为药剂使用费用；C_P 为人均年工资；N_P 为对污水处理回用工程进行管理的总人员数；$N_{\text{泵}}$ 为污水处理所需泵站数量；N 为污水全寿命周期；k 为每千瓦小时电费（元/千瓦时）；μ 为泵站效率，一般取为 $0.55 \sim 0.85$，水泵功率小的泵站，效率较低；β 为其他设备所用电量占泵站电量的比例，以泵电机为主的处理设备一般取 5%；X 为泵的功率（千瓦）。Q 为处理水量（米^3/日）；k_i 为第 i 种药剂的单价（元/千克）；a_i 为第 i 种药剂的投加量（毫克/升）。

　　污水再生利用工程的维修费用包括按年度进行支付的小修费和不定期支付的中修费、大修费。维修费用主要针对的是对处理设备及泵站的维修，随着设备及泵站的使用所需的维修费用不断上升，需要选择合适的数学方法来确定维修费用的分布类型，小修费用是每年都需进行的维护费用，中修及大修为不确定的修理费用，因此需对小修费用重点进行分析。比较常用的确定分布类型的方法有均方差最小准则法和基于模糊理论的模糊贴近度法，但是由于缺乏污水回用工程各维修费用数据的统计，此处取维修费用增长率 ε 为一个常数，对小修费用的数学模型为

$$P_1 = C_b \left[\frac{(1+r)(1+\varepsilon)}{1+j} \right]^N \qquad (8\text{-}5)$$

其中，P_1 为小修费用；C_b 为小修参考系数。

　　不定期的中修及大修费用模型为

$$P_2 = C_b \left[\sum_{i=1}^{N_{zx}} K_{zx} \left(\frac{(1+r)}{1+j} \right)^{Y_{zx_i}} + \sum_{i=1}^{N_{dx}} K_{dx} \left(\frac{(1+r)}{1+j} \right)^{Y_{dx_i}} \right] \qquad (8\text{-}6)$$

其中，P_2 为中修及大修费用；K_{zx} 为中修参考系数；K_{dx} 为大修参考系数；N_{zx} 为中修次数；N_{dx} 为大修次数；Y_{zx_i} 为第 i 次中修的时间；Y_{dx_i} 为第 i 次大修的时间。

　　因此维修费用 P 为

$$P = C_b \left[\sum_{i=1}^{N} K_{xx} \left[\frac{(1+r)(1+\varepsilon)}{1+j} \right]^N + \sum_{i=1}^{N_{zx}} K_{zx} \left(\frac{(1+r)}{1+j} \right)^{Y_{zx_i}} + \sum_{i=1}^{N_{dx}} K_{dx} \left(\frac{(1+r)}{1+j} \right)^{Y_{dx_i}} \right] \qquad (8\text{-}7)$$

　　不同工艺所产生的污泥量有所不同，使污泥处置费用的预测比较困难，对污

泥进行处理最常用的方法是经过二沉池再用清水进行洗涤，最主要的费用为电费、药剂费、运输费等。其中所包含的电费及药剂费用已经包含在前述模型中，此处所包含的费用为一些为了消除污泥沉淀物而进行的其他费用，根据以往经验此处取以上处理费用的一定比值。估算模型为

$$O = \lambda(M + P) \tag{8-8}$$

其中，O 为污泥处置及其他费用；λ 为占人工费、动力费、药剂费和维修费的比例，根据统计经验一般取 3%~5%。

（4）分散式污水回用工程报废处置费用主要包括土建工程及设备拆除、环保费用及残值的回收。由于土建工程和处理设施的建设费用都比较大且残值率并非基于同一参数，因此需对不同的构筑物采用不同的残值率分别进行计算。

$$C_4 = \left(C_h - C_s\right)\left(\frac{1+r}{1+j}\right)^N \tag{8-9}$$

其中，C_4 为报废处置费用；C_h 为工程废弃处置费用；C_s 为残值回收。

（5）由上可得污水再生处理回用工程的全寿命周期成本的计算公式为

$$\text{LCC} = C_1 + C_2 + C_3 + C_4 \tag{8-10}$$

2）直接效益识别和核算

污水再生利用项目的实施的直接经济效益为减少了业主对自来水资源的需求量及减少了污水排放费用的支出，主要体现在因工程运行时采用再生水替代优质水所节省的水费、使用再生水的收入和因污水排放减少所节省的费用。

污水再生利用项目的直接效益的核算比较简单，其中使用再生水的收入 B_1 和节约自来水所节省的费用 B_2 是项目实施所带来的直接经济效益。该类费用估算比较简单，其中的难点在于再生水的定价。随着再生水市场的完善，再生水的价格将会有一定的标准。节约污水排放所需费用 B_3 为该项目实施范围内因排放源上缴给政府的排污费。由于该项目的实施，该地区污水排放几乎为零，因此政府应把正常情况下该地区所收排污费补贴给该类工程的投资主体。

$$B_直 = B_1 + B_2 + B_3 = P_1 \times Q + (P - P_1) \times Q_1 + P_3 \times Q_污 \tag{8-11}$$

其中，P_1 为再生水价格；Q 为再生水量；P 为自来水价格；Q_1 为节约的自来水；P_3 为污水的收费标准；$Q_污$ 为搜集到的污水量。

4. 污水再生利用项目间接直费用和效益的识别及量化分析

1）间接费用的识别及量化分析

污水再生利用项目的间接费用是指与项目运行无关却是由项目的运行而产生的费用，主要包括损害成本和环境成本两部分。损害成本是由于项目运行而

产生负面影响所进行的咨询、罚款等费用，是促进项目正常使用而投入的费用；环境成本是为管理项目经营活动对环境产生影响而发生的支出及执行环境要求而发生的费用，主要包括设备构建或使用中防止资源破坏、水污染、人群健康、渔业农业损失、旅游业损失及评估费用等。随着经济的快速发展，环境成本在企业及地区中所占的比例越来越大，进行分散式污水再生利用工程的投资建设可以降低企业的环境成本，这是由于再生水的生产是通过对二级出水的处理，消减污染量，降低水的污染程度，减轻对环境的影响，从而减少企业运行的环境成本[180]。

2）间接效益的识别及量化分析

污水再生利用项目的实施一方面是为了缓解人类淡水资源供需紧张的局面，另一方面是为了满足人们对环境质量日益增长的要求。该类项目的实施不仅可以带来一定的经济效益，更能够减少环境污染及其造成的淡水资源损失。因此，污水再生利用的最主要效益被认为是其带来的环境质量改善，人民生活水平提高，污染量减少及其他衍生效益，同时又由于水资源是制约经济增长的关键因素，应把因水资源增加所带来的经济增长值、水资源有效保护的选择价值及水资源可持续发展所带来的遗产价值也囊括在该类项目的间接效益中。故该类项目的间接经济效益即因该工程实施给地区人民带来的经济效益。

由于污水再生利用项目所产生效益的广泛性和不确定性，在对项目的经济效益进行分析时，应结合项目所处外界环境及项目预期目标来确定其收益。理论界对污水再生利用项目间接效益的量化途径有以下几点。

（1）污水再生利用避免工业损失 B_4。污水再生利用一方面增加了该地区的用水量，另一方面改善了该地区的水质及环境质量。用水量的增加及水质的改善增加了水的使用机会，从而促进工业产值的增加。水质及环境的改善可以减少工业生产设备及工业原材料的损失，也可以促进工业产值的增加。可见水环境对工业的贡献在于水的机会成本，因此此处采用机会成本法来计量再生水给工业带来的经济效益。计算公式为

$$B_4 = f \times \mathrm{GP} \tag{8-12}$$

其中，f 为影响系数，代表水污染造成的工业损失率，一般在无数据可依据分析时，取其值为 0.2%；GP 为该地工业总产值（万元）。

（2）污水再生利用避免农、牧、渔业损失 B_5。农、牧、渔业的产量与产品质量和水资源的充裕及优劣有着直接的关系，水污染不仅会造成农、牧、渔业产量减产，同时会影响产品的质量，造成产品价格的降低。因此应可以采用市场价值法来对其带来的经济效益进行衡量。计算公式为

$$B_5 = \sum_{j=1}^{n} Q_j K_j P_j \qquad (8\text{-}13)$$

其中，B_5 为水污染造成农、牧、渔业的损失（万元）；Q_j 为水污染而造成产量的损失量（万吨）；K_j 为污染引起的损失率，用来衡量产品的污损程度；P_j 为产品正常情况下的市场价格（元/吨）。

（3）污水再生利用减少人体健康损失 B_6。水污染是造成人类疾病的主要原因之一，随着社会经济的发展，人们对自身的健康愈来愈关注，此外医疗成本的逐年增加，水污染造成疾病进而造成的经济损失随之不断增加。在此背景下，依据边际劳动生产力理论，估算因寿命短缺所造成的资产损失就显得十分有价值。由于我国人口众多，在对人力资产的认识方面还没达到共识，往往难以用特定的估算方法进行准确衡量。国际上针对水污染对人体健康危害所带来的损失的估算比较成熟的理论是瑞德克（Ridker）于 1967 年提出的总产出法，计算公式为

$$B_6 = \sum_{j=1}^{\infty} \left[\left(P_x^n\right)_1 \left(P_x^n\right)_2 \left(P_x^n\right)_3 \frac{r_n}{(1+i)^{n-x}} \right] \qquad (8\text{-}14)$$

其中，$\left(P_x^n\right)_1$ 为年龄 X 的人活到年龄 n 的概率；$\left(P_x^n\right)_2$ 为年龄 X 的人活到年龄 n 时仍可以进行劳动的概率；$\left(P_x^n\right)_3$ 为年龄 X 的人活到年龄 n 时仍然处于工作状态的概率；r_n 为在年龄为 n 岁时的年收入；i 为贴现率。

（4）环境改善带来收入 B_7。水污染使地区环境质量变差，同时对基础设施的使用造成一定的破坏，进而导致物业维修费用的进一步提升，严重时还可导致维修无法进行，从而影响该地区房地产业的营业收入，房地产业的低迷使得地价有所下降，甚至导致该地区成为废弃地区。我国曾经出现了很多"鬼城"，水资源短缺及污染是造成该地区有房无人问津的局面，从而给该地区带来巨大的经济损失。估算公式为

$$B_7 = P_{土} \times \varepsilon \times S = R \times \varepsilon \times S / i_{利} \qquad (8\text{-}15)$$

其中，$P_{土}$ 为土地影子价格（万元/亩）；R 为年获取的土地金净值（万元/亩）；$i_{利}$ 为利率；ε 为土地价值降低率；S 为水污染区域面积。

5. 基于环境会计理论的污水再生利用外部性量化方法

由于财务评价体系理论已经很成熟，且相应的费用量化方法相对完善，因此此处无须深入探讨，而国民经济评价的量化研究还不完善，有待进一步改进。目前把环境会计理论应用于环保性项目已经成为时代趋势，该体系的纳入有助于合理确定该类项目的经济性，进而促进该类项目合理发展。

1）环境会计理论应用于污水再生利用工程的合理性分析

环境会计起源于 20 世纪 70 年代的美国，它是以相关法律、法规为依据，计

量、记录环境污染、环境防治、环境开发的成本费用,同时对环境的维护和开发形成的效益进行合理的计量与报告,在此基础上评估环境绩效及环境活动对企业财务成果的影响[181],是把外部效益内部化的最有效途径。随着中国经济的快速发展,环境恶化程度日益严重,人们越来越关注经济活动对环境的影响,为确保经济的可持续发展及促进循环经济理论的发展,环境策略作为经营决策的重要组成部分已经成为投资者决策关注的焦点。

污水再生利用项目由于拥有较显著的环境效益和社会效益,因此采用基于环境会计视角的经济评价能更客观地体现项目综合效益,从而更好地促进该类项目的快速发展。理论界对污水再生利用的环境成本及效益的定量化方法研究已经取得了一定成果,为完善污水再生利用项目的环境会计体系提供了理论基础,进而促进了环境会计在污水再生利用项目经济评价中的有效性。

2)基于环境会计的分散式污水回用工程费用效益分析

(1)基于环境会计视角的污水再生利用工程费用量化分析。

把环境会计纳入工程的经济评价中,不仅使项目的费用估算更合理,同时也对项目的成本控制起到一定作用,进一步改善项目的效益。基于环境会计体系的污水再生利用工程的全寿命周期成本不仅包含项目运行所必需的费用,同时把与对环境造成损害所投入的费用也纳入其中,本章把项目的成本分为常规成本、损害成本和环境成本。其中常规成本是上述所说的直接费用,相应的损害成本和环境成本为间接费用。

分散式污水再生利用的环境成本一般体现为污水的应用所引起的产品产量的减少、疾病增加、死亡率增加和收入的减少等,因此其可以通过对外部费用的增多来衡量,而造成这些损失的根本因素在于水中含有污染物含量的多少,因此可以采用当量计算法来衡量分散式污水再生利用的环境成本。计算公式为

$$G = 0.7 \sum_{i=1}^{4} \frac{(C_i - C_i')Q_d \times 365}{1\,000 D_i}$$ （8-16）

其中,G 为分散式污水再生利用的环境成本;C_i 为污水回用水质中第 i 中污染物的浓度;C' 为污水回用原水中第 i 种污染物的浓度;Q_d 为日回用水量;D_i 为第 i 种污染物的污染当量值。

(2)基于环境会计视角的污水再生利用工程效益量化分析。

污水再生利用工程的外部收益则为该项目实施所带来的环境的改善造成的人民生活水平的提高及地区经济增长的环境效益和社会效益,该类效益范围广泛且无法准确进行量化。而以往的效益分析往往仅把项目所带来的直观的外部效益融入项目经济性评价体系中,而并没有把水资源改善所发挥的最本质效益融入其中。环境会计理论不仅把再生水利用所带来的周边经济增长所带来的价值包含在内,

同时又把环境改善给人民生活水平提高所带来的价值、促进水资源有效保护的选择价值及促进水资源可持续发展所带来的遗产价值也融入项目的效益中，使项目的效益得到充分体现。

针对于污水再生利用工程的外部性具有模糊性和不确定性等特性，需采用特定的方法进行定量分析，才能有效估算项目的经济效益。通过对再生水环境价值分析可以看出采用生产率变动法计算环境效益的间接价值和意愿调查法计量其他价值符合客观实际[182]。

第一，生产率变动法。

生产率变动法是利用生产率的变动来评价环境状况的改变所产生的影响[183]，该方法视环境质量为生产要素的一种，把环境质量的变化通过生产过程中产品的质量、成本和利润体现出来，从而有效衡量环境的间接价值。其计算公式为

$$P = P_1 W_1 - P_2 W_2 \qquad (8\text{-}17)$$

其中，P_1 为未受污染产品的市场价格；W_1 为未受污染时产品产量；P_2 为受污染产品的市场价格；W_2 为受污染后的产品产量。

第二，意愿调查。

意愿调查法（contingent valuation methord，CVM）是一种基于调查评估非市场物品和服务价值的方法，利用调查问卷直接引导相关物品或服务的价值，所得到的价值依赖于构建（假想或模拟）市场和调查方案所描述的物品或服务的性质[184]。再生水资源的环境功能不存在交换和市场价格，所以无法应用实际支出和消费者剩余等市场途径来衡量。然而对评价结果具有缺陷的意愿调查法是评价非市场物品最有效的方法，使在此具有实用价值。

8.1.2　污水再生利用技术性能分析

通过对污水再生利用项目调研分析，可以看出项目所选取的技术方案都是在根据其规模和经济条件等因素限制的状况下所选取的最适合的生产工艺，因此在项目的技术性能方面一般不会制约该工程的正常运行。然而针对于不同回用用途所需的回用水的标准不同，该回用用途直接制约了分散式污水回用项目中技术的适应性，从而对项目的综合效益产生影响，同时该技术性能又对回用水的水质达标率的高低起着决定性作用，因此在对污水再生利用运行状况进行评价时应首先考虑该技术的综合性能状况。

1. 城镇分散式污水处理及回用工艺性能分析

基于城镇化快速发展的背景，进行分散式的污水处理回用已成为时代的趋势，而目前国内外对分散式污水处理及回用技术的研究已经非常成熟，但是各不同处

理工艺因外界环境的不同往往表现出不同的经济效益,因此需对各工艺进行分析,因地制宜地选择工艺才能合理的促进该类工程的发展。分散式污水处理及回用工程是在受地形条件及经济因素所限制而不能进行污水集中处理回用地区对污水进行分类收集、处理及回用所建设的工程[185]。通过对污水再生利用工艺分析可以看出适合城镇的污水处理工艺主要包括生物处理法、物理处理法和化学处理法三种处理技术的不同组合所形成的处理工艺,并在对其出水的基础上再进行深度处理以达到回用标准,其中各工艺多对应的典型的工艺有生物接触氧化池、活性污泥法(sequencing batch reactor,SBR)及改进的活性污泥法(cyclic actirated sludge system,CASS)及和膜生物反应器(membrane bio-reactor,MBR)等。生物接触氧化为主的处理工艺流程较长,且占地面积大,维护管理比较复杂,出水水质相对来说差,对其出水进行深度处理所需投入较高才能达到相应标准,因此其回用途径只能用于绿化和道路郊洒,适合建设在城镇周边等土地价格较低地区且对回用水质要求不高的地方。活性污泥及其改进系列处理及回用工艺具有占地较少、能耗低、耐冲击负荷,在脱氮除磷方面具有较好效益,且不需要进行污泥回流系统建设等优点,使其在国内很多地方得到广泛应用。然而由于该工艺是集进水、曝气、沉淀、排水为一体的组合系统,各类检测和控制设备的精度和可靠性较高,在对该工艺运行维护过程中需要具有较高的业务素质管理人员。膜生物反应器工艺是将超滤、微滤和活性污泥技术相结合的污水处理回用技术,该系统所占面积最少且运行较稳定,耐冲击,在脱氮方面具有较好效果,是目前分散式污水再生利用领域最好的工艺技术。可见污水再生利用工艺应针对不同的原水水质及污水回用途径而体现出不同的适应性,在对项目进行技术评价时应结合项目的总目标来判定其技术性能的优劣。

2. 污水再生利用技术性能影响因素分析

污水再生利用工程运行特点决定了该类项目所采用技术性能优劣的影响因素众多,很多污水再生利用工程存在建设后运行不良等问题,其中一部分原因在于其技术的不适应而导致的工程运营费用的增加,本章结合污水再生利用技术运行的特性总结出影响该技术性能的因素有以下几点。

(1)污水原水水质及出水水质情况。针对不同污水原水水质需选择不同的处理技术体系,来使回用水达到相应标准,目前建设部和国家标准化管理委员会已经编制了污水再生利用回水水质标准,为污水资源化和保障污水回用水质量提供了技术参数,因此可以以此来判断该项目的技术在其所对应项目中的适应性。同时各不同技术在外界环境的影响下会使原有处理效果出现一定程度上的问题,因此应对该项目的出水进行测验,以此来对该项技术的性能进行判断。膜生物反应器技术在脱氮方面具有较高优势,而活性污泥及其改进技术在脱氮除磷方面具有一定优势，无法统一概论的评判技术的优劣，可见污水原水水质与出水水质状况是影响污水再生利用技术性能的一个因素。

（2）运行稳定情况。随着污水再生利用工程在国内的大力发展，虽然适应不同外界环境的处理技术日趋成熟，但是不同的运行技术仍然存在很大弊端。各技术的运行稳定与否直接关系着出水水质的达标与否，同时各污水原水量的变动幅度比较大，往往会造成处理回用技术的超负荷运行状况，使污水处理回用技术运行的稳定情况成为制约技术性能优劣的一个关键因素。

（3）运行操作难易程度。不同的处理技术及设备操作对管理人员素质要求不同，生物膜处理处理技术操作简单、设备维护量小、自动化程度高及运行稳定的技术所需投入的人力资源较少，且在很大程度上避免了人为因素造成出水水质不达标。基于物理化学手段的处理技术技术含量较低，且运行设备维护工作量大，对工作人员要求较高。

3. 污水再生利用技术性能适应性评判指标分析

通过对各种不同污水处理回用技术进行对比分析，可以看出覆盖在该技术流程中的设备可以产生不同的环境效果，且各技术在运行时需要不同的维护，因此在对该类技术性能进行评价时应从其对出水水质改善及其运行的适应性两个方面来评判该技术在项目中的性能优劣。污水处理回用出水的排出标准已经有明确标准，而技术在运行过程中具体的效益高低需要对出水水质中的 BOD_5、COD、SS、N、P 等含量进行测定后来判定技术对污水的处理能力，因此把 BOD_5 去除率、COD 去除率、SS 去除率、去除 N、P 率作为出水水质的衡量指标；技术适应性是指面对水量变化、进水水质变化时采用该处理技术的污水处理设施预期处理目标的实现程度，因此本章选取水质改变适应性、水量改变适应性及技术运行稳定性作为该技术对项目的适应性评价指标。

8.1.3　污水再生利用环境效益分析

环境效益是分散式污水处理及回用项目所要解决问题的根本，其建设运行的目的不仅在于减少污水中有害物不经处理随意排放对环境造成的污染及减少生态水资源负荷运行所导致整体水质的下降，同时又为中国北方缺水城市提供新的水源，缓解水资源危机，促进中国经济的可持续发展。通过调研发现项目所带来的环境效益主要体现在以下几点。

1. 改善项目周边水质

污水再生利用项目的运行可以减少污水中的 COD、BOD_5、SS（固体悬浮物）、

NH_3-N、P 等污染物的含量，进而使该项目周边地区河流及地下水质中该类污染物的含量减少，使自然界中淡水自我净化功能得到改善，进而提升该地区水质。

2. 改善项目所处地带的空气质量

污水的随意排放会产生一定量的臭气，久而久之会使人民生活空气质量变得非常恶劣，进而给人民的正常生活及健康造成极大威胁，而污水再生利用项目的建设则使得外排水的水质达到良好的标准，消除了其对空气质量的大部分危害，进而改善人民生活质量。虽然目前所使用的污水处理回用技术在某种程度上也对环境造成一定影响，但是相对于没有建设该类项目时污水随意排放所造成大范围的空气恶化其影响程度微乎其微，同时该类技术在不断改善及除臭系统的使用，使该系统对空气质量的危害越来越小，可见该类项目最直观的环境效益为空气质量的改善。

3. 环境风险

虽然再生水中污染物含量已经降至规定标准，但是其含有的微量有害物在一定程度上会对人类健康和生活环境产生一定影响，而这种危害是不易衡量的。当再生水回用于人类生活用水相关的领域时，可能会给人类健康构成威胁；当再生水回用于绿化等间接与人类相关的领域时，其微量元素的含量可能对土壤结构造成破坏，进而对周围环境产生影响，因此应在再生水出厂源头就应尽可能地减少这些风险。

8.1.4　污水再生利用社会效益研究

水资源是保持生态平衡和支撑人类社会经济发展的重要要素，是一种在人类社会和自然间不断循环的自然资源，由于水资源在进入人类社会后会变得富有营养化，不经处理的污水排放到自然生态系统时会破坏生态环境的稳定。随着经济的快速发展，污水的大量排放使自然生态系统对污水的净化功能有所减退，从而引起大范围的水环境的恶化，水环境的恶化则进一步阻碍地区经济的可持续发展，甚至对人类生存造成威胁。可见污水再生利用工程的实施对国民经济的产业结构和区域经济的发展具有较深层次的影响，产出的经济效果不仅具有较高的外部经济效益，且产出的经济效果波及范围比较广泛，因此需从社会层面出发研究该类项目的宏观效果。污水再生利用工程的社会评价是以各项社会政策为基础，针对于国家和地方各项社会发展目标而进行的分析评价。由于社会评价所涉及的范围非常广泛，且所选评价指标难以准确界定，同时各指标对项目具有深层次的影响，在设置该类项目的社会评价内容时应从项目对社会环境、自然与生态环境、自然资源、社会经济效益与影响等方面出发。

社会效益是污水再生利用项目给社会大众所带来的各种影响，该项目具有较大的外部效益，使其正常运行与地区周围各方面的发展关联紧密。水资源作为制约中国北方缺水城市经济可持续发展的关键因素对城镇化建设起着至关重要的作用，相应地对该地区民众的生活质量提高也起着关键作用。可见该项目建设所产生的社会效益有以下几方面。

1. 土地及房产的增值

分散式污水再生利用项目是建立在城镇污水处理厂无法触及或覆盖后经济性较差的地带，以改善污水随意排放状况为目标的项目，可见该项目的建立减少了未经处理污水直排的问题，从而减少了污染物在周围地带的存在，进而改善了环境状况，避免了土地质量和居民居住质量的恶化，并在一定程度上有所改善，良好的生活居住环境将会吸引投资商的进入，进而带动周围地区土地及房产的升值。

2. 周围居民生活水平与生活质量的提高

再生水的使用减少了空气污染又避免了生态环境的恶化，使周围民众生活质量有所改善。同时当地生态环境提升亦会带来投资的增加，进而提升地方经济发展及居民生活水平。

3. 提升人民节水观念

污水再生利用项目的实施可以让人们感受到减少污水直排造成的危害性的减少及使用再生水给人们带来的好处，进而增进人们对再生水的感性认识，促进人们对水资源的保护意识，使人们在日常生活中节约用水、合理用水，促进我国资源利用从粗犷型利用转变为高效利用发展模式。

8.2　分散式污水处理回用项目综合评价指标体系的构建

分散式污水处理回用项目的建设是为解决偏离市区或纳入城市污水处理厂不经济地区水资源短缺及污水随意排放现象而设立的准公益性项目。通过对该项目综合评价分析，可以看出项目在整个运行过程的各阶段均与社会、经济、环境等方面有着千丝万缕的联系，是一个涉及多方面的系统性工程，因此在对该类项目进行评价时，单纯的以经济指标、技术指标、环境指标等单方指标来衡量该类项目的优劣是难以正确评判项目的综合效益，所以管理者需采用多目标、多准则的方法来综合评价分散式污水处理回用项目，选取有代表性的、科学性的指标来建立综合评价指标体系，从而为促进该类工程科学管理及提升项目效益提供依据，进而促进分散式污水处理回用工程快速发展。

分散式污水处理回用工程项目综合评价的关键在于综合指标体系的选取，在进行指标选取时应选择具有代表性，能客观全面反映项目综合效益的指标。因此应深入分析工程综合评价体系各层次因素间的关系，运用定性分析和定量分析相结合的方法，充分考虑分散式污水处理回用工程所要达到的总目标，建立一套适合分散式污水处理回用工程的综合评价指标体系。

8.2.1　污水再生利用项目综合评价指标体系设计及设计原则

1. 污水再生利用项目综合评价指标体系的含义

综合评价是指对多属性体系结构描述的对象系统做出全局性、整体性的评价，即根据项目所处外界环境和资料信息进行分析，采用特定方法对项目的技术、经济、环境等方面赋予一个评价值，以此来断定项目的综合效益[186]。对项目进行综合评价的核心内容是指标的选取，因此在评价体系中所选取的指标应能恰如其分地反映项目某一方面的特性。

污水再生利用项目在经济上和社会上具有广泛的准公益性，其产生的一部分效益能使特定范围内的群体受益，且可以提升该地区人民的生活质量和促进该地区经济的快速发展，从而增加社会财富。因此污水再生利用项目的综合评价指标体系是在工程项目整个系统整体运行的基础上，根据项目综合评价的基本原则和法则而建立起来的不同角度、不同层次和范围上反映项目自身经济性与其对社会及环境等各方面所带来效果的一系列指标的集合。

2. 体系设计原则

评价指标体系的完整与科学合理是项目评价的关键，需结合项目整个运行过程中的各方面特征来设计指标体系。分散式污水再生利用是为了解决当今社会水环境危机而逐渐发展起来的系统工程，是一个涉及技术、经济、社会及环境等方面的复合性系统，工程设计的影响因素比较多，如工程所在地的经济发展状况、处理水回用及各技术方案的成熟度等，是一项多属性、多层次、多分支系统间错综复杂的工程[187]。因此，分散式污水处理及回用综合评价指标体系的建立应遵循以下几点原则。

1）系统性和独立性相结合性的原则

分散式污水处理及回用是一个涉及领域比较多的复合工程，为了使综合评价的结果更加接近实际，评价指标的设立应该相互关联，形成一个有相互影响的系统性指标体系。同时设立的各个指标都有其内在的信息，在选择评价指标的时候应该具有独特代表性的指标。所以，选定的指标体系能够完全反应系统信息又不丢失单个指标的信息才能使得污水再生利用的综合评价更加接近实际。

2）全面性和客观性相结合的原则

指标的选取尽量包括对所评价问题的各个影响因素，使评价结果能全面地反映污水处理回用的效用。同时所选指标又必须全面客观地反映污水处理及回用系统所涉及的各个方面，使不同的外界环境的评价更加真实、可靠。

3）实用性和可操作性相结合的原则

基于可持续发展的理念，污水处理及回用系统的指标选取应"以人为本"，深入考虑其对居民的效益和可接受程度，同时指标体系结构不能过于复杂，所选择的指标值应该能够通过一定的方法获得。

4）科学性和可行性相结合的原则

评价指标要对各层次、各环节进行高度概括，科学地揭示污水处理回用所带来的综合效益，同时所选择的评价指标体系应该尽量简洁，各指标所包含的意义应该明确且可以容易进行标准化，使我们可以从不同的资料或现象分析中得到评价值。

5）定量计量与定性分析相结合原则

指标应具有可测性和可比性，定性指标应有一定的量化手段，应尽量选取可以量化的指标作为评价指标，针对于难以量化的指标，应深入进行分析，力求对其的评价精准。

3. 评价指标体系建立的步骤

污水再生利用项目综合评价指标体系的建立应是一个科学性、完整性与实用性为一体的多层次模糊评价体系，该体系的目标是为了在现实可行的前提下准确地对项目的综合效益进行评价，因此在建立该项目的评价体系时应分为以下几个步骤。

1）系统分析

在拟定污水再生利用项目综合评价指标体系时，必须对项目所选取的技术及其带来的经济合理性，以及其对环境的影响等方面进行深入分析，再对各评价指标间的逻辑关系进行探讨，明确出各指标间的层次性及关联性，为该评价系统框架做好铺垫。

2）目标分解

对项目整体的综合评价进行分析的基础上，从整个系统最优原则出发确定出项目评价体系的总目标，然后以局部服从整体、宏观与微观相结合为准则，按照目标构成要素间的逻辑关系对总目标进行分解，进而形成层次分明、逻辑明确的完整的评价指标体系。

3）确定指标体系

对系统分析初选的评价指标体系进行分析，根据项目的具体运行特征对其评价指标进行修改和完善，以确保该评价指标体系的客观合理。

8.2.2　污水再生利用项目综合评价指标分析

评价指标体系的构建是进行综合评价的基础，因此需结合污水再生利用工程的基本特点进行指标的设定，通过对污水再生利用项目综合评价各方面进行分析，我们可以看出影响污水再生利用系统运行包括技术、经济、社会和环境四个方面，也可以看出项目的运行涉及多个方面，主要包涵财务评价、国民经济评价、技术评价、社会评价和环境评价五个维度，而不同维度的评价指标又种类繁多，为了更准确合理地对该项目进行综合评价，在选取指标体系时应尽量选择易进行评判的指标，能选取可以量化的指标尽量选取定量指标，在无法选择定量指标时应尽可能选择易进行定性分析的指标。因此本书选取指标体系的确定过程如下。

1. 经济评价指标分析

根据污水再生利用工程运行的经济特性，可以看出该类项目正常运行的关键在于财务评价，因此应加重财务指标的研究，而财务评价的考核指标，如财务净现值、财务内部收益率等指标为项目计算期内各年的相关值的累加，无法准确评判该类项目的直接经济效益，因此制定出可以直接衡量和作为考核标准的财务评价指标具有实际性意义。而站在投资者角度来说，支撑该类项目投资运营的初衷为响应国家政策，缓解我国城镇淡水资源短缺及水环境污染问题而建立的，因此加强和改善该类项目的国民经济评价亦为经济评价的一部分。

1）投资费用指标体系

由于污水再生利用工程技术选择各不相同，因此其所对应的土建、设备、土地出让金等亦各不同，且不同地区土地费用差异巨大，对项目经济性有很大影响，因此在对项目进行财务分析时应重点考虑吨水占地面积、吨水运行成本、吨水投资费用三方面。

（1）吨水占地面积。

吨水占地面积是指污水再生利用系统处理每吨污水所占用的土地面积的。随着我国经济的快速增长，土地的市场价值快速增长，当所选用的技术占地面积比较大时，必然会引起单位污水处理成本的增加。由于我国所使用的分散式污水二级处理技术的不同，在技术使用过程中所花费的成本存在很大差异，因此应该在不同的地方选择不同的处理技术。随着膜技术的发展演进，膜技术的成本越来越低，但是经济比较落后的地区，还是不能承担引用膜技术的成本，但是由于土地费用比较便宜，应采用占地面积较大的处理技术较为合理。

（2）吨水运行成本。

吨水运行成本是指单位污水处理所需用的运行成本费用，主要包括人员费、动力费、维修费、药剂费和其他费用，其中人员费包括人员工资及附加、管理费，动力费包括全厂电费和运输费，维修费包括日常的设备维修保养费、仪表的校验费、设备大修费和管道的维护费，药剂费包括各种化学试剂、絮凝剂、消毒费[188]。污水回用工程存在着建设后运行不良的问题，其中很大部分一部分原因在于后续运行成本不足，可见吨水的运行成本是支撑工程经济可行的一个指标。

（3）吨水基建费用。

吨水基建费用是单位污水处理所投入的固定资产额，即工程建设期内投资估算的折现值除以工程设计的处理规模。污水再生利用工程是一项投资比较大，主要包括分散式污水处理及回用工程的土地费用、各项建筑物、污水处理装置及设备等直接投入，也包括工程建设中产生的各种人工、机械费用，以及管理、质量检测、调试等间接费用。不同污水处理回用技术所对用的基建费用差异很大，其中膜生物反应器法所对应的基建费用最大，当在落后地区采用该技术时，势必会造成后续资金的不足，进而造成烂尾工程，造成极大的资源浪费，因此只有当单位水量的投资越低时，才能使该工程的经济效益越显著。

2）国民经济评价指标体系

国民经济评价是从国家角度来衡量项目盈利能力、偿债能力及其对国民经济的贡献度。把环境会计基本原理应用于项目盈利能力、经济贡献率、项目风险的衡量中，有效地涵盖了环境因素对项目经济的影响，解决了项目环境效益对其经济效益的贡献问题，使经济更加客观合理。同时由于外部效益内部化的理论研究已经日趋成熟，经济分析的定量指标选择成为可能。分散式污水处理及回用工程的准公共项目使得在对其进行经济评价时应重点考虑项目的国民经济评价，若国民经济评价合理则表明项目是可实施的。因此本书采用国民经济内部收益率（economic internal rate of return，EIRR）、国民经济动态回收期、国民经济费用效益比、对水价的敏感度作为国民经济评价的指标。

（1）国民经济内部收益率。

国民经济内部收益率是反映污水再生利用项目对国民经济贡献度的相对指标。其计算公式为

$$\text{ENPV} = \sum_{i=1}^{n}(\text{CI} - \text{CO})_t(1 + \text{EIRR})^{-t} = 0 \qquad (8\text{-}18)$$

该指标的评判准则是：当 $\text{EIRR} > i_s$ 时，该项目在经济上是可行的；当 $\text{EIRR} = i_s$ 时，在经济上勉强可行；当 $\text{EIRR} < i_s$ 时，应否决该项目。

（2）对水价的敏感度。

影响污水再生利用工程经济性的因素众多，当项目假设条件已经确定的时候，敏感性分析只有项目的费用和效益，由于该类工程为了完成既定目标所进行的运行费用投入几乎是不变的，因此本章对项目经营能力的主要影响因素在于再生水的价格。随着我国城市化进程的加快，淡水资源的短缺将进一步促进自来水价格的上升，自来水的高价位必然会促使居民对再生水的使用，使再生水的价格不断提高，因此本章选取对水价的敏感度作为衡量项目经营能力的指标。

2. 技术评价指标分析

根据不同地区、不同水质选择适合的污水再生利用技术可以大大降低污水的处理成本，是项目进行决策的关键。一般的技术评价指标仅仅从项目产品及运营状况来评价技术的好坏，没有考虑项目在达到预期目标时的经济性，因此本章在对项目进行评价时选取技术的适用性、水质达标率及设计能力利用率作为项目的技术评价指标，既考虑项目达到预期目标的经济最优，又考虑了项目技术的可靠性。由于对技术适用性进行评判的途径在前文已经有所陈述，此处不再赘述。

1）水质达标率

水质达标率是污水再生利用工程运行中对出水进行分析后的达标数与全分析总数比，其检测周期不定，但是为了衡量的精确性，其周期不应过长，一般为每季度分析一次。其计算公式为

水质达标=年水质分析达标次数/年水质分析总次数×100%　（8-19）

2）设计能力利用率

设计能力利用率是考察工程实际运行的效率，是实际日处理水量与设计日处理能力之比，当工程建设成的设计能力利用率低时，会造成社会资金的浪费，同时也给环境带来一定负面影响。其表达公式为

设计能力利用率=实际处理水量/设计处理水量×100%　　（8-20）

3. 环境评价指标分析

目前污水再生利用项目的环境评价指标的选取还不完善，且指标选取的主观性比较强，很难做到对环境效益的准确评价。由于该项目的实施对环境的改善方面很多，而该类项目由于污水处理规模较小，因此可以从项目实施所产生的环境影响方面入手，力求该指标体系的简洁合理。从污水再生利用项目运行产生环境影响方面来看，不同技术对环境产生影响的不同之处在于噪声的高低、臭气产生量和污泥产生量等之间的差异；而这些负的产物不仅会增加项目运营费用的投入，又会给人民生活生产带来一定影响，进而影响项目的综合效益。随着国家对环境重视程度的提高，各行业对清洁生产的要求不断增加。同时我国《中华人民共和国环境保护法》明确规定一切企事业单位的选址、设计、建设和生产都必须把防止其对环境的污染和破坏考虑在内，因此应把噪声的高低、臭气产生量和污泥产生量作为项目运行的环境评价指标。

4. 社会评价指标分析

污水再生利用项目的社会效益是由于减少水污染及缓解水资源紧缺所带来的区域经济发展、环境改善、人民生活满意度度提升、人民生活水平的提高及经济可持续发展所带来的总体效益，同时该项目好的社会效益又会引起人们对该项类项目的重视，增强人们的节水意识。可见该类项目所带来的社会效益范围非常广，且该效益的测定具有很大的模糊性及复杂性，为了有效客观地反映项目的社会效益，本章选择项目对社会经济的贡献度、项目与社会的相适应性及生活水平与质量提高三方面作为社会评价指标。

8.2.3　污水再生利用项目综合评价指标体系的构建

根据污水再生利用评价指标体系构建的原则，综合分析分散式污水回用的各种因素，把环境会计理论引入指标的构建中，既能推进外部效益的内部化提升项目评价的合理性，又能体现项目环境因素对相关单位带来的效益，促进该类工程的快速发展。基于此制定该类项目评价指标体系为 3 个层次（目标层、系统层、指标层），其中系统层包括投资费用、国民经济、技术、社会和环境 5 个方面的系统体系及具体的指标 16 个。因此构建的污水再生利用项目综合评价指标体系如图 8-1 所示。

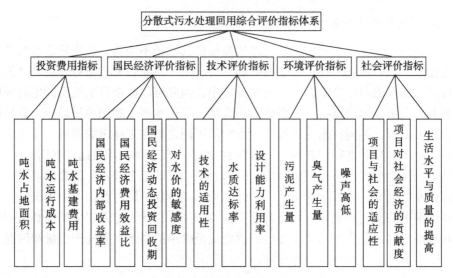

图 8-1　污水再生利用项目综合评价指标体系

8.3　污水再生利用项目的综合评价模型

随着我国经济的发展，对技术性项目要求越来越高，相应的技术、经济及对外界影响相结合的研究也越来越深入，使项目在建设前期技术流程的确定基本符合经济最优的原则，因此对该类项目的综合评价是建立在技术确定的基础上进行的全方位、系统的评价。污水再生利用项目综合评价指标体系的构建为项目综合运营情况评价提供了平台，然而对于各评价指标各自优劣状况及在总评价目标所占的权重情况而言，需要深入探讨才能确定，且其波动性往往很大，需结合指标的特性选取合理的方法才能准确评价项目的综合效益。基于此本章采用层次分析法来确定指标的权重，并结合模糊综合评价法构建了项目综合评价模型。

8.3.1　评价方法的选择

综合评价是针对不同项目选取特定方法来对评价对象做出客观、公正、合理的全方面评价。随着灰色理论、模糊数学和集对分析理论的发展和研究，已经形成了以模糊综合评价法、粗糙集理论法、层次分析法等为主的评价方法。污水再生利用项目涉及的影响因素众多，且多种因素间往往存在很大关联，使对项目的综合评估具有一定的模糊性。模糊综合评判法是一种可以将评估的模糊性通过集合理论清晰化、数量化，进而将不可确定性评价转化为有效的数理评价方法，目前对该方法的研究已经极为成熟，在对复杂性的系统目标进行评估时往往可以达到理想的效果。同时在对分散式污水处理项目进行综合评价时还需把各层次各因素的状态进行数量化，即采用特定方法以获得适用于该层次体系的指标权重系数。而解决这类问题的最简单实用方法为层次分析法，因此本书选用层次分析法与模糊综合评价法相结合方法来对项目进行综合评价。

8.3.2　指标权重的确定

指标权重是对系统各因素在评价系统结构中重要程度的体现，对准确衡量项目综合效益起着关键性作用。权重确定的方法主要有德尔菲法、层次分析法、熵权系数法，层次分析法是以专家学者的个人经验和主观判断为基础的评价方法，适用于多目标、多准则复杂的问题，同时由于该方法综合了专家及相关人员的经验和定量分析工具的优点，排除了过多的人为因素对指标权重的影响。熵权法的权重确定则完全依赖客观数据，在对数据进行整理的基础上采用熵理论确定指标的权重。污水再生利用项目发展比较缓慢，对建立的指标数据收集比较困难，需在该类工程的发展中建立相应的指标，以确保该类数据的不断完善，因此此处选用层次分析法来确定指标权重比较合理。

采用层次分析法具体的步骤如下。

（1）目标体系的构建。首先在对项目系统性问题进行分析的过程中理顺各指标所包含机理，力求建立有效地包含评价总目标所需解决问题的评价指标体系，该层次结构中各指标间关系应遵循条理化和系统化原则，使构建出的评价体系层次分明、逻辑连贯。

（2）构建判断矩阵。对构建的层次结构中的各个指标体系元素间的重要度做出判断，然后以数值的形式体现出各层次元素间的重要度，并采用矩阵的形式表现出来。一般采用九标度法来对判断矩阵中的各因素比较并打分[189]，具体标度如表 8-1 所示。

表 8-1　1~9 标度含义

标度	含义
1	i 因素与 j 因素同等重要
3	i 因素比 j 因素略重要
5	i 因素比 j 因素重要
7	i 因素比 j 因素重要得多
9	i 因素比 j 因素绝对重要
2，4，6，8	介于以上两种判断之间的状态的标度
倒数	若 j 因素与 i 因素比较，得到 $1/a$ 的结果

（3）计算出各层次中各指标的相对权重。即将判断矩阵的打分按行相乘，对乘积开 n 次方，再将方根向量归一化，就可以得到各相应指标的权重。

（4）一致性检验。即计算判断矩阵的最大特征根 λ_{max} 和一致性指标（consistency index，CI）：

$$\lambda_{max} = \frac{1}{n} \sum_{i=1}^{n} \frac{(A_i \cdot W_i)}{W_i} \qquad (8\text{-}21)$$

$$CI = \frac{\lambda_{max} - n}{n-1} \qquad (8\text{-}22)$$

随后，查找出相应的平均随机一致性指标（random index，RI）如表 8-2 所示。

表 8-2　平均随机一致性指标

n^*	3	4	5	6	7	8	9	10	11	12
RI	0.58	0.90	1.12	1.24	1.32	1.41	1.45	1.49	1.51	1.54

注：n^* 表示矩阵阶数

最后，计算一致性比例（consistency ratio，CR）：

$$CR = \frac{CI}{RI} \qquad (8\text{-}23)$$

若 CR≤0.1，则认为评判过程具有满意的一致性；否则，需对判断矩阵中的打分进行适当调整，使之具有满意的一致性为止。

（5）层次单排序及总排序。

取判断矩阵的最大非零特征值所对应的特征向量，该特征向量为各指标的权重，在此基础上对这些指标进行单准则排序和指标总排序。

8.3.3　指标标准的量化

对多指标进行综合评价时，各指标所代表的属性及衡量标准不同，需采用一定的方法对该指标进行量纲化，使其转变为可以进行比较的指标。因此无纲量化的本质就是针对不同的指标建立其特定的隶属函数来求取其隶属度，相应的各异纲量指标所对应的隶属度属于同一量纲。量纲化合理的与否的关键在于隶属函数建立的准确与否，只有针对不同指标选取符合其客观规律的标准来构建量纲函数，才能准确反映指标的贡献度，可见隶属函数的构建是一项既含杂着主观意味又符合客观实际的工作。由于综合评价指标体系无非是由定量指标和定性指标构成的，定性指标的量纲又无法通过构建隶属函数来求得，因此应分开进行确定。

1. 定量指标无量纲化

定量指标的数值是通过对该指标在其他项目中优劣来测定出来的，在此基础上建立每个等级的隶属函数，为计量该指标对每个等级的隶属度提供主体，具体构建如下。

若某因素的 U_i 的标准分为五个等级 $V=\{V_差，V_较差，V_一般，V_较好，V_好\}$，各等级标准的值通过以下形式给出，当数值越大越优势，该因素对各等级标准的隶属函数表达式如下：

$$V_差 = \begin{cases} 1, & 当\mu \leqslant p_1 \\ \dfrac{p_2 - \mu}{p_2 - p_1}, & 当\mu \in [p_1, \ p_2] \\ 0, & 其他 \end{cases} \qquad (8\text{-}24)$$

$$V_较差 = \begin{cases} (\mu - p_1) \ (p_2 - p_1), & 当\mu \in [p_1, \ p_2] \\ \dfrac{p_3 - \mu}{p_3 - p_2}, & 当\mu \in [p_2, \ p_3] \\ 0, & 其他 \end{cases} \qquad (8\text{-}25)$$

$$V_一般 = \begin{cases} (\mu - p_2) \ (p_3 - p_2), & 当\mu \in [p_2, \ p_3] \\ \dfrac{p_4 - \mu}{p_4 - p_3}, & 当\mu \in [p_3, \ p_4] \\ 0, & 其他 \end{cases} \qquad (8\text{-}26)$$

$$V_较好 = \begin{cases} (\mu - p_3) \ (p_4 - p_3), & 当\mu \in [p_3, \ p_4] \\ \dfrac{p_5 - \mu}{p_5 - p_4}, & 当\mu \in [p_4, \ p_5] \\ 0, & 其他 \end{cases} \qquad (8\text{-}27)$$

$$V_好 = \begin{cases} 1, & 当\mu \geqslant p_5 \\ \dfrac{\mu - p_4}{p_5 - p_4}, & 当\mu \in [p_4, \ p_5] \\ 0, & 其他 \end{cases} \qquad (8\text{-}28)$$

当指标数据越小越优时，其隶属函数表达式如下：

$$V_差 = \begin{cases} 1, & 当\mu \geqslant p_1 \\ \dfrac{p_2 - \mu}{p_1 - p_2}, & 当\mu \in [p_2, \ p_1] \\ 0, & 其他 \end{cases} \qquad (8\text{-}29)$$

$$
V_{较差} = \begin{cases} (p_1 - \mu)(p_1 - p_2), & 当\mu \in [p_2, \ p_1] \\ \dfrac{\mu - p_3}{p_2 - p_3}, & 当\mu \in [p_3, \ p_2] \\ 0, & 其他 \end{cases} \tag{8-30}
$$

$$
V_{一般} = \begin{cases} (p_2 - \mu)(p_2 - p_3), & 当\mu \in [p_3, \ p_2] \\ \dfrac{\mu - p_4}{p_3 - p_4}, & 当\mu \in [p_4, \ p_3] \\ 0, & 其他 \end{cases} \tag{8-31}
$$

$$
V_{较好} = \begin{cases} (p_3 - \mu)(p_3 - p_4), & 当\mu \in [p_4, \ p_3] \\ \dfrac{\mu - p_5}{p_4 - p_5}, & 当\mu \in [p_5, \ p_4] \\ 0, & 其他 \end{cases} \tag{8-32}
$$

$$
V_{好} = \begin{cases} 1, & 当\mu \leqslant p_5 \\ \dfrac{p_4 - \mu}{p_4 - p_5}, & 当\mu \in [p_5, \ p_4] \\ 0, & 其他 \end{cases} \tag{8-33}
$$

当给定恰当的 μ 时,用以上公式就可以求得各定量指标所对应级别的隶属度,重点在于 p_i 的确定。

2. 定性指标量化

无法通过数据衡量的指标,应采用模糊数学理论方法将指标的定性描述进行定量化,这些指标对各等级的隶属度可以通过专家咨询法进行确定。即可以通过选择 n 位从事该项工作的专家根据评判标准做出判断,最终来确定各指标的隶属度。

8.3.4　污水再生利用项目综合评价模型的建立

1. 因素集及评价尺度的确定

根据污水再生利用项目指标体系,本书以目标层作为备择对象,一级指标 x_i、二级指标 x_{ii}(i=1, 2, $\cdots$, m;j=1, 2, $\cdots$, n)为因素集,对应二级指标特点将二级指标的评语划分为五级评价等级,则评价子集 $V = \{v_1, v_2, v_3, v_4, v_5\} = \{$好,较好,一般,较差,差$\}$。

2. 模糊评判矩阵的构建

由于污水再生利用项目评价指标体系的二级指标是由定量与定性指标构成，因此应采用定量指标无纲量化和定性指标量化方法来确定各指标的隶属度，在隶属度确定后构建模糊评判矩阵：

$$\boldsymbol{R}_i = \begin{bmatrix} r_{11} & r_{12} & \cdots & r_{1k} \\ r_{21} & r_{22} & \cdots & r_{2k} \\ \vdots & \vdots & & \vdots \\ r_{j1} & r_{j2} & \cdots & r_{jk} \end{bmatrix} (i=1,2,\cdots,m)$$

其中，r_{kj} 为二级指标 U_{ij} 对评语 V_k 的隶属度。

3. 权重的确定

目前层次分析法的应用已经很普及，此处不再赘述，将一级指标权重向量记为 $\boldsymbol{\omega} = (\omega_1, \omega_2, \omega_3, \omega_4, \omega_5)$，二级指标权重向量为 $\boldsymbol{\omega}_i = (\omega_{i1}, \omega_{i2}, ..., \omega_{im})$。

4. 计算综合评价结果

在利用层次分析法得到的各层指标权重 $\boldsymbol{\omega}$ 后，利用加权法计算出模糊综合评价向量。其中二级模糊综合评价向量为 $\boldsymbol{B}_i = (\omega_i \times R_i)$（$i=1, 2, \cdots, m$），模糊综合评价向量为

$$\boldsymbol{B} = \boldsymbol{\omega} \times \begin{bmatrix} B_1 \\ B_2 \\ \vdots \\ B_m \end{bmatrix} = (\omega_1, \omega_2, \omega_3, \omega_4, \omega_5) \times \begin{bmatrix} r_{11} & r_{12} & \cdots & r_{1k} \\ r_{21} & r_{22} & \cdots & r_{2k} \\ \vdots & \vdots & & \vdots \\ r_{j1} & r_{j2} & \cdots & r_{jk} \end{bmatrix} \quad (8\text{-}34)$$

5. 模糊综合评价结果分析

根据最大隶属度原则对综合评价结果 $\boldsymbol{B}$ 进行分析，再求得该项目综合评分，确定方案所属的评价等级。其综合评分计算公式为 $A = BV$。

首先应对模糊综合评价级别赋予一定的标准，因此在对某一等级进行赋值时应尽可能的符合该类工程的实际，结合污水再生利用的运行状况令 $V = \{v_1, v_2, v_3, v_4, v_5\} = \{好，较好，一般，较差，差\} = \{95，85，75，65，55\}$，其中当 v_i 大于等于 95 时，表示该项目的综合效益非常好；当 v_i 介于 85~95 时，说明该项目运行较好，但是还存在需要完善的地方；当 v_i 小于 55 时，说明该项目的存在会引起社会资源浪费，应立即停止运行。其次对综合评价得出的数值进行分析，这些标准是衡量该项目优劣的定量指标，求得各二级综合向量的评价值及模糊综合向量的评价值，根据各评价值对该项目进行分析。

8.4　实证分析

污水再生利用项目经济性评价的准确与否，构建的综合评价体系的科学与否及评价方法的适用性等都需要通过实证来验证。因此本节选取西部地区的核心地带陕西省的该类项目作为案例进行综合评价实证分析，同时由于陕西省污水再生利用项目做的比较突出的是高校污水处理回用项目，此处选择对偏离市区的某高校进行综合评价分析。

8.4.1　项目概况

西安建筑科技大学草堂校区占地 2 700 亩左右，位于西安市城乡过渡地带，在校生预计为 3 万余人，日产生活污水 4 000~5 000 米^3/日，由于该校远离城市排水管网，污水无法纳入城市集中污水处理设施中。为贯彻和响应党中央改善水环境的号召，促进水环境的进一步改善，该校在建设之初就建立污水处理回用工程，经过勘察初步确定的日处理污水的规模为 5 000 米^{3}日，出水水质达到《城镇污水处理厂污染物排放标准》（GB18918—2002）中一级 A 标准，经过处理后的 2 500 米^3/日作为再生水回用，回用途径主要用于校园内道路浇洒、绿化和景观补充三个方面，因此回用水质指标要求达到《城市污水再生利用城市杂用水水质》（GB/T18920—2002）。

该高校的污水处理及回用工程投资主要包括污水处理及回用装置、污水收集与再生水供水管网。其中污水处理工程分两期，一期工程规模为 2 500 米^3/日，二期工程规模为 5 000 米^3/日；再生利用工程规模为 2 500 米^3/日，工程全寿命期为 20 年。该高校采用 CASS 技术进行分散式污水处理，采用混凝沉淀技术对二级出水进行回用，回用规模为 2 500 米^3/日，土地费用为 180 万元，前期其他费用为 122 万元，工程建设总投资约为 2 078 万元，其中主体工程费和室外工程费总计为 1 052 万元，设备安装造价 926 万元，管网费用为 100 万元。该工程满负荷运行时，污水处理直接费用为 0.31 元/吨，再生水处理直接费用为 0.16 元/吨，再生水的运行成本为 0.47 元/吨。

8.4.2　项目经济指标分析

1. 投资费用指标分析

通过技术优选，可以看出该污水处理技术所占地面积为 13.4 亩，所对应的吨水占地面积为

$$13.4 \times 666.67/5\,000 = 1.787 \text{ 平方米}$$

吨水的运行成本为

$$（0.31 \times 5\,000 + 0.16 \times 2\,500）/5\,000 = 0.39 \text{ 元/米}^3$$

吨水的基建费用为

$$（2\,078 + 180）\times 10^4 \times（A/P, 8\%, 20）/（300 \times 5\,000）= 1.90 \text{ 元/米}^3$$

2. 国民经济评价指标分析

1）效益识别与核算

（1）节省自来水费用。

该校污水再生利用工程投入运营后，可节省自来水 2 500 米³/日，根据西安市现行水价为 3.85 元/米³，全年共计 300 天，则节约的自来水费为 3.85×2 500 ×300=288.75 万元。

（2）节省污水排放费用。

污水再生利用工程运行后就不需向外排放污水，根据有关规定就不用向政府提交城市污水处理费了，该部分为工程的直接经济效益。西安市现行的行政事业的污水处理费用为 0.9 元/米³，每年可省的排污费用为 0.9×2 500×300=67.5 万元。

（3）间接经济效益。

该分散式污水再生利用的对象为校园内用水，无法对外界工业或农业带来直接效益，因此此处采用意愿调查法来计量环境价值，通过分析得出人均愿意支付环境价值为 0.692 元，则环境效益为 $E = 0.692 \times 5\,000 \times 300 = 103.8$ 万元

可见该工程实施的直接经济效益为

$$288.75 + 67.5 = 356.25 \text{ 万元}$$

综合经济效益为

$$356.25 + 103.8 = 460.05 \text{ 万元}$$

2）费用识别与核算

（1）直接费用。

该工程的费用包括建设成本和运营成本，土地费用为 180 万元，前期其他费用为 122 万元，工程建设总投资约为 2 078 万元，污水处理直接费用为 0.31 元/吨，再生水处理直接费用为 0.16 元/吨，再生水的运行成本为 0.47 元/吨。

（2）负债性成本为工程运行所产生负面影响所进行的咨询、罚款等费用，无法准确对该部分进行衡量，该项目取为 22 万元。

可见该项目的年直接费用为

$$0.31 \times 5\,000 \times 300 + 0.16 \times 2\,500 \times 300 + 220\,000 = 80.5 \text{ 万元}$$

（3）环境费用。

根据高校污水特性选取污染物 BOD_5、COD、$NH_3\text{-}N$ 和 P 作为衡量环境成本指标，一般高校污水水质情况如表 8-3 所示。

表 8-3　高校污水原水水质情况（单位：毫克/升）

污水水质	BOD_5	COD	$NH_3\text{-}N$	P
排放浓度	180~200	350~400	40~45	4~6

经 CASS 技术处理后达到生活污水一级 A 标准如表 8-4 所示。

表 8-4　《生活污水排放标准》（GB18918—2002）一级 A 的排放标准（单位：毫克/升）

污水水质	BOD_5	COD	$NH_3\text{-}N$	P
排放浓度	10	50	5	1

把污水处理出水 BOD_5=10 毫克/升，COD=50 毫克/升，$NH_3\text{-}N$=5 毫克/升，P=1 毫克/升和污水原水 BOD_5=200 毫克/升，COD=400 毫克/升，$NH_3\text{-}N$=40 毫克/升，P=5 毫克/升等数据代入式（8-16）得

$$G = 0.7 \times (0.19 + 0.35 + 0.035 + 0.004) \times 5\,000 \times 300 = 60.80 \text{万元}$$

因此该项目的年总成本为

$$80.5 + 22 + 60.8 = 163.3 \text{万元}$$

通过以上计算得出

财务净现值

$$\begin{aligned}
财务净现值 &= (356.25 - 102.5)(P/A, 8\%, 20) - (2\,078 + 180 + 122) \\
&= 2\,491.35 - 2\,380 = 111.35 \text{万元} > 0
\end{aligned}$$

财务内部收益率为

$$IRR = 10\% > 8\%$$

财务动态投资回收期 $= 16 - 1 + (253.75 - 42.33)/253.75 = 15.83 \text{年} < 20 \text{年}$

国民经济净现值为

$$ENPV = (460.5 - 163.3)(P/A, 6\%, 20) - (2\,078 + 180 + 122) = 1\,028.86 \text{万元} > 0$$

国民经济内部收益率

$$EIRR = 12.8\% > 6\%$$

国民经济动态投资回收期 $= 9 - 1 + (397.2 - 221.25)/397.25 = 8.44 \text{年}$

费用效益比为

$$\begin{aligned}
B/C &= 460.5(P/A, 6\%, 20)/[163.3(P/A, 6\%, 20) + (2\,078 + 180 + 122)] \\
&= 1.24 > 1
\end{aligned}$$

$$\begin{aligned}
B - C &= 460.5(P/A, 6\%, 20) - [163.3(P/A, 6\%, 20) + (2\,078 + 180 + 122)] \\
&= 1\,028.86 > 0
\end{aligned}$$

可见该项目在财务上是可行的，且具有较高的综合效益。随着经济的发展，人们对环境效益的支付意愿的提高，使发展该类项目将获得更高的环境效益，环境效益的提高又提升该项目的经济性，从而促进该项目的快速发展。

3）对水价的敏感性分析

随着经济的发展和水资源的短缺，自来水的价格必然会上涨，自来水价格的增长必然会造成该类工程经济效益的提高，以下分析水价对工程效益的敏感性，所对应的自来水价对其经济效益指标的敏感性如表 8-5 所示。

表 8-5　自来水价格变化对经济效益指标的敏感性分析

变化幅度/%	0	10	20	30
FNPV/万元	111.35	394.85	678.35	961.85
FIRR/%	10	12	14	16

可见自来水价格每提升 10%时，净现值都增加 283.5 万元，财务内部收益率都增加 2%；由此可见财务净现值对自来水价格的平均敏感度=（961.85–111.35）/111.35×30%=25.46。

财务内部收益率对自来水价格平均敏感度=(16% – 10%) / 10%×30% = 2

本书所选取的敏感值对应用于经济评价，所以本章所选对水的敏感度为 2。由于国民经济评价是在对财务评价上的改进，因此其所对应的对水价的敏感度亦取 2。

8.4.3　项目的模糊综合评价

1. 隶属函数的确定及指标的标准化

1）定量指标隶属度确定

由于污水再生利用工程的经济参数还没有一定的标准，本章通过对相关文献研究来进行参数确定。通过对分散式各技术研究，确定出吨水占地面积的理想值为 1.3 平方米，最差值为 2.5 平方米；吨水最优的运行成本为 0.2 元，最次运行成本为 2 元；吨水最佳的基建费用为 0.68 元，最次基建费用为 2 元；由于该项目的国民经济内部收益率大于建设行业的最高收益率 12%，可见该项目的国民经济净现值和国民经济内部收益率较高；对现有污水回用工程分析，得出比较好的项目的动态投资回收期为 7 年，一般为 12 年；污水处理工程效益费用比比较好的为 1.4，较差的为 0.3；对水价敏感度最大值为 2.5，最差为 1；根据式（8-24）~式（8-33）对各定量指标进行无纲量化，得到各指标的糊隶属度如表 8-6 所示。

表 8-6　定量指标的模糊隶属度

二级指标	V_1	V_2	V_3	V_4	V_5
吨水占地面积	0	0	0.62	0.38	0
吨水运行成本	0.58	0.42	0	0	0
吨水基建投资	0	0	1	0	0
国民经济内部收益率	1	0	0	0	0
国民经济费用效益比	0.41	0.59	0	0	0
国民经济内部投资回收期	0	0	0.85	0.15	0
对水价的敏感度	0.67	0.33	0	0	0

2）定性指标隶属度确定

借鉴已建成污水再生利用工程资料，并参考相关专家的经验得出各定性指标的评分等级，从而得出定性指标的隶属度情况，指标如表 8-7 所示。

表 8-7　定性指标的隶属度

二级指标	V_1	V_2	V_3	V_4	V_5
技术的适用性	0.2	0.6	0.2	0	0
水质达标率	0	0	0.32	0.68	0
设计能力利用率	0	0	0.5	0.5	0
污泥产生量	0.6	0.2	0.2	0	0
噪音高低	0.6	0.3	0.1	0	0
臭气产生量	0.7	0.2	0.1	0	0
项目与社会的适应性	0.8	0.2	0	0	0
项目对社会经济的贡献率	0.2	0.4	0.4	0	0
生活水平质量的提高率	0	0.2	0.5	0.3	0

2. 指标权重的确定

根据层次分析法求得各指标的权重如下，通过专家对每一层次中各因素的相对重要性做出判断，形成具有 1~9 标度的判断矩阵，求各指标的权重并进行一致性检验，具体的求权如表 8-8~表 8-13 所示。

表 8-8　系统层 A-B 判断矩阵和权重

综合评价 A	B_1	B_2	B_3	B_4	B_5	W
投资费用 B_1	1	1/3	1	1/2	2	0.16
国民经济评价 B_2	3	1	3	2	1	0.36
技术评价 B_3	1	1/3	1	1/2	2	0.16
环境评价 B_4	2	1/2	2	1	3	0.22
社会评价 B_5	1/2	1/3	1/2	1/3	1	0.1

注：$\lambda_{max} = 4.98$，CI $= -0.0048$，$CR = -0.0043 < 0.1$；$\omega = (0.16, 0.36, 0.16, 0.22, 0.1)$

表 8-9　投资费用指标的判断矩阵和权重

投资费用 B_1	C_1	C_2	C_3	W
吨水占地面积 C_1	1	2	3	0.46
吨水运行成本 C_2	1/2	1	1	0.28
吨水基建投资 C_3	1/3	1	1	0.26

注：$\lambda_{max} = 3.018$，CI $= -0.009\,1$，CR $= -0.015\,7 < 0.1$

表 8-10　国民经济评价指标的判断矩阵和权重

国民经济评价 B_2	C_4	C_5	C_6	C_7	W
国民经济内部收益率 C_4	1	2	3	1/3	0.26
国民经济费用效益比 C_5	1/2	1	2	1/2	0.19
国民经济动态投资回收期 C_6	1/3	1/2	1	1/5	0.11
对水价的敏感度 C_7	3	2	5	1	0.44

注：$\lambda_{max} = 4.107$，CI $= 0.035\,8$，CR $= 0.039\,76 < 0.1$

表 8-11　技术评价指标的判断矩阵和权重

技术评价 B_3	C_8	C_0	C_{10}	W
技术的适用性 C_8	1	3	5	0.64
水质达标率 C_9	1/3	1	2	0.24
设计利用率 C_{10}	1/5	1/2	1	0.12

注：$\lambda_{max} = 3.003\,7$，CI $= 0.001\,8$，CR $= 0.003\,2 < 0.1$

表 8-12　环境评价指标的判断矩阵和权重

环境评价 B_4	C_{11}	C_{12}	C_{13}	W
污泥产生量 C_{11}	1	5	2	0.58
臭气产生量 C_{12}	1/5	1	1/2	0.14
噪音高低 C_{13}	1/2	2	1	0.28

注：$\lambda_{max} = 2.649$，CI $= -0.175$，CR $= -0.322 < 0.1$

表 8-13　社会评价指标的判断矩阵和权重

社会评价 B_5	C_{14}	C_{15}	C_{16}	W
项目与社会的适应性 C_{14}	1	4	3	0.58
项目对社会经济的贡献度 C_{15}	1/4	1	1/3	0.11
生活水平与质量的提高 C_{16}	1/3	3	1	0.31

注：$\lambda_{max} = 3.068\,4$，CI $= 0.034\,2$，CR $= 0.06 < 0.1$

指标层 C 中的影响因素针对于系统层 B 的权重及系统层 B 对目标层 A 的权重已经得出，所以我们很容易得出指标层 C 针对于目标层 A 的权重，指标层 C 的权重如表 8-14 所示。

表 8-14　指标层的权重

指标	C_1	C_2	C_3	C_4	C_5	C_6	C_7	C_8
权重	0.073 6	0.044 8	0.041 6	0.093 6	0.068 4	0.039 6	0.158 4	0.102 4
指标	C_9	C_{10}	C_{11}	C_{12}	C_{13}	C_{14}	C_{15}	C_{16}
权重	0.038 4	0.019 2	0.127 6	0.030 8	0.061 6	0.058	0.011	0.031

3. 综合评价

1）综合模糊评价值计算

$\boldsymbol{\omega} = (0.16, 0.36, 0.16, 0.22, 0.1)$ ；　$\boldsymbol{\omega}_1 = (0.46, 0.28, 0.26)$ ；

$\boldsymbol{\omega}_2 = (0.26, 0.19, 0.11, 0.44)$ ；　$\boldsymbol{\omega}_3 = (0.64, 0.24, 0.12)$ ；

$\boldsymbol{\omega}_4 = (0.58, 0.14, 0.28)$ ；　$\boldsymbol{\omega}_5 = (0.58, 0.11, 0.31)$

根据公式 $\boldsymbol{B}_i = \boldsymbol{\omega}_i \times \boldsymbol{R}_i$ 求得模糊综合向量如下：

$$\boldsymbol{B}_1 = \boldsymbol{\omega}_1 \times \boldsymbol{R}_1 = (0.46, 0.28, 0.26) \times \begin{bmatrix} 0 & 0 & 0.62 & 0.38 & 0 \\ 0.58 & 0.42 & 0 & 0 & 0 \\ 0 & 0 & 1 & 0 & 0 \end{bmatrix}$$

$$= (0.162\,4, 0.117\,6, 0.545\,2, 0.174\,8, 0)$$

$$\boldsymbol{B}_2 = \boldsymbol{\omega}_2 \times \boldsymbol{R}_2 = (0.26, 0.19, 0.11, 0.44) \times \begin{bmatrix} 1 & 0.00 & 0.00 & 0.00 & 0.00 \\ 0.41 & 0.59 & 0.00 & 0.00 & 0.00 \\ 0.00 & 0.00 & 0.85 & 0.15 & 0.00 \\ 0.67 & 0.33 & 0.00 & 0.00 & 0.00 \end{bmatrix}$$

$$= (0.632\,7, 0.257\,3, 0.093\,5, 0.016\,5, 0)$$

$$\boldsymbol{B}_3 = \boldsymbol{\omega}_3 \times \boldsymbol{R}_3 = (0.64, 0.24, 0.12) \times \begin{bmatrix} 0.2 & 0.6 & 0.2 & 0 & 0 \\ 0 & 0 & 0.32 & 0.68 & 0 \\ 0 & 0 & 0.5 & 0.5 & 0 \end{bmatrix}$$

$$= (0.128, 0.384, 0.264\,8, 0.223\,2, 0)$$

$$B_4 = \omega_4 \times R_4 = (0.58, 0.14, 0.28) \times \begin{bmatrix} 0.6 & 0.2 & 0.20 & 0 \\ 0.6 & 0.3 & 0.10 & 0 \\ 0.7 & 0.2 & 0.10 & 0 \end{bmatrix}$$

$$= (0.628, 0.214, 0.158, 0, 0)$$

$$B_5 = \omega_5 \times R_5 = (0.58, 0.11, 0.31) \times \begin{bmatrix} 0.8 & 0.2 & 0 & 0 & 0 \\ 0.2 & 0.4 & 0.4 & 0 & 0 \\ 0 & 0.2 & 0.5 & 0.3 & 0 \end{bmatrix}$$

$$= (0.486, 0.222, 0.199, 0.093, 0)$$

把 B_1、B_2、B_3、B_4、B_5 写成模糊矩阵，求得综合模糊评价向量为

$$B = \omega \times R = (0.16, 0.36, 0.16, 0.22, 0.1) \times \begin{bmatrix} 0.162\,4 & 0.117\,6 & 0.545\,1 & 0.174\,8 & 0 \\ 0.632\,7 & 0.257\,3 & 0.093\,5 & 0.016\,5 & 0 \\ 0.128\,0 & 0.384\,0 & 0.264\,8 & 0.232\,2 & 0 \\ 0.628\,0 & 0.214\,0 & 0.158\,0 & 0 & 0 \\ 0.486\,0 & 0.222\,0 & 0.199\,0 & 0.093\,0 & 0 \end{bmatrix}$$

$$= (0.461\,0, 0.242\,2, 0.217\,9, 0.078\,9, 0)$$

把评语级代入各评价的模糊向量中，得出各评价系统的价值数为

投资费用评价值 $= 0.162\,4 \times 95 + 0.117\,6 \times 85 + 0.545\,2 \times 75 + 0.174\,8 \times 65 = 77.67$

国民经济评价值 $= 0.632\,7 \times 95 + 0.257\,3 \times 85 + 0.093\,5 \times 75 + 0.016\,5 \times 65 = 90.06$

技术评价值 $= 0.128 \times 95 + 0.384 \times 85 + 0.264\,8 \times 75 + 0.223\,2 \times 65 = 79.17$

环境评价值 $= 0.628 \times 95 + 0.214 \times 85 + 0.158 \times 75 = 89.7$

社会评价值 $= 0.486 \times 95 + 0.222 \times 85 + 0.199 \times 75 + 0.093 \times 65 = 68.25$

综合模糊评价值 $= 0.461\,0 \times 95 + 0.242\,2 \times 85 + 0.217\,9 \times 75 + 0.078\,9 \times 65 = 85.85$

4. 综合评价分析

根据模糊综合评价最大隶属度原则，其综合评价向量所对应"一般"水平的隶属度最大，总体偏向于好的一边，说明该项目有 92.11% 的可能是可行的，只有 7.89% 的可能是行不通的。通过对评语级赋予的相对数求得的评价值可以看出该项目的综合评价值为 85.85，处于较好与好之间，该项目处于良好运营状态，与实际情况符合。同时该项目的国民经济评价值为 90.06，说明该项目的实施带来非常好的经济效益，随着该类工程的发展，水的定价机制、政府监管的进一步完善，该类项目的经济效益将会越来越显著。而污水再生利用工程的投资费用方面的评价值为 77.67，效益偏向于较好但不高，说明该类项目在投资建设过程中存在一定的改进空间，为进一步减少投资提供依据。该项目的技术评价值比较低，说明该项工程所选择的技术性能并非

最佳技术，然而由于技术的优劣直接影响着项目的经济投入，当过分加大投资以追求最佳技术时可能会导致项目因成本过高而无法正常运行，因此在以后的研究分析中应重点研究技术所发挥的功能特征，并结合项目所处的外界环境，逐步对技术进行改善，进而提高的项目综合效益。综上所述，该污水再生利用项目的运营所发挥的效益非常好，随着该类项目的进一步实施，污水处理回用技术的不断改进及再生水价的提高，将会使该类项目的综合效益进一步提高。

第9章 污水再生利用项目 BOT 融资模式问题与对策

我国城市污水资源化设施的发展一直落后于我国城市化的进程，造成这一问题的原因很多，其中建设资金短缺是最主要的原因。引入多元化投融资方式，拓宽城市污水资源化设施的建设渠道，是城市污水资源化设施发展所迫切需要解决的问题。针对我国城市污水资源化设施的特点，选择合适的投融资方式建设，是本章研究的主要内容。本章对采用 BOT 方式建设城市污水资源化设施的优势进行了说明，对采用 BOT 方式建设城市污水资源化设施可能带来的风险因素进行分析，提出了规避风险的具体措施。运用博弈论的理论分别建立了传统体制下和 BOT 方式下政府与城市污水资源化企业间的"委托—代理"模型，对两者的效率进行了比较，并对 BOT 方式下政府的监管给出了建议。结合具体案例，就 BOT 模式在城市污水再生利用领域应用过程中的水质确定、成本估算问题进行具体研究，提出切实可行的计算方法。

9.1 BOT 方式在城市污水资源化领域的适用性分析

9.1.1 城市基础设施融资方式介绍

针对不同的城市基础设施性质，采用不同的投融资方式，可以解决基础设施建设资金短缺的问题。同时，投资主体的转换，也可以令城市基础设施的权属更加明确，提高城市基础设施的运营效率。

随着社会经济的发展，越来越多的投融资模式被应用到城市基础设施建设中来。目前国际上比较流行的城市基础设施建设融资方式除了有直接贷款融资这种传统融资方式之外，还有 PPP、ABS、市政债券、BOT 等融资方式。这些融资方式各自有着不同的特点，其适用范围也不尽相同。

（1）贷款融资：贷款融资是基础设施项目融资的一个重要渠道，无论采取何种融资方式建设基础设施项目，项目的建设资金中都会或多或少地包含有贷款资金，有些项目甚至由贷款融资构成其债务融资的全部，贷款融资具体来源于三个渠道[190]——商业银行贷款、辛迪加银团贷款和世界银行集团贷款。

（2）公共部门与私人企业合作（public-private partnerships，PPP）模式，公共部门与私人企业合作是指政府、营利性企业和非营利性企业基于某个项目而形成的相互合作关系的形式。通过这种合作形式，合作各方可以达到与预期单独行动相比更为有利的结果。合作各方参与某个项目时，政府并不是把项目的责任全部转移给私人企业，而是由参与合作的各方共同承担责任和融资风险。PPP 代表的是一个完整的项目融资的概念[191]。

（3）资产证券化（asset-backed securitization，ABS）[192]：资产证券化是以目标项目所拥有的资产为基础，以该项目资产的预期收益作保证，通过在国际资本市场发行资产支持证券（asset-backed securities），据以融通资金的一种项目融资方式。

（4）市政债券（municipal bond）：市政债券是指由地方政府或其授权代理机构发行，用于当地城市基础设施和社会公益性项目建设的有价证券。这种证券以项目产生的收益或其他渠道的收益作为债券还本付息资金来源的保障。

（5）BOT 方式：BOT 是建设（build）、运营（operation）、移交（transfer）三个英文单词首位字母的缩写，它是项目融资的一种具体表现形式。这种模式的基本思路是，由项目所在国政府或所属政府机构为基础设施项目的建设和经营提供一种特许权协议作为项目融资的基础，由本国公司或者外国公司作为项目的投资者和经营者安排融资，承担风险，开发建设项目并在有限的时间内经营该项目获取商业利润，最后根据协议将该项目转让给相应的政府机构。

采用 BOT 方式利用外资有利于减少政府直接财政负担，大大分散了政府的投资风险。同时也避免了政府的债务风险，有助于吸收先进的设计、施工和管理技术，有利于提高项目的运作效率，减少公共产品生产中"寻租"活动所带来的社会经济资源的浪费。正是由于 BOT 方式在基础建设方面具有巨大的优越性，因而它在许多发展中国家都得到了很快的发展。

BOT 方式在我国成功的案例很多，最早的和最典型的是深圳沙角电厂项目，而泉州刺桐大桥项目则开创了以少量国有资产为引导，带动大量民营资本投资国家重点支持基础设施建设的先河。

9.1.2 城市污水资源化设施建设融资模式选择

根据各种融资方式对环境要求和我国的现阶段的实际情况，下面对各种融资方式在我国运用的可行性进行分析。

1. 贷款融资模式

如 9.1.1 小节所述，我国基础设施项目中的贷款主要是以国内商业银行、世界银行及外国政府贷款为主。贷款融资在我国很多基础设施项目资金中占有很大的比重，尤其是一些特大项目。虽然我国在大力提倡其他融资方式，但是在一定时期内，贷款融资依然是我国基础设施资金的主要力量。

2. ABS 模式

ABS 模式在国外已经成为一种成熟的基础设施建设融资模式，并在应用中取得了良好的效果，但根据我国的实际情况，应用 ABS 模式有很大难度，主要的问题可以归纳为以下几方面。

1）缺乏必要的金融支持

ABS 是资本市场发展到一定阶段的产物，ABS 的成功前提是有一个成熟的资本市场。我国在这方面的条件还不成熟，资本市场规模较小。此外，ABS 是一项综合性很强的融资模式，涉及证券、担保、金融、评估、财务等各个领域，需要大量高素质的金融专业人才，他们既要有先进的理论知识，又能充分了解我国的基本国情和市场情况，而我国目前缺乏这方面的人才。

2）ABS 操作面临政策障碍

ABS 的成功实施，需要包括证券法律、财务法规、公司法和会计规定在内的多种法律法规的规范，而我国尚处于概念的理解阶段，并没有出台专门的法律法规促进 ABS 的发展。ABS 实施中的所需要的"信用增级"和"破产剥离"等方法，在我国并没有相关的规定作为依据，有些 ABS 的执行步骤与现行法规相抵触，这也制约了我国资产证券化事业的发展。

3）发行资产支持债券缺乏信用基础

ABS 的基础是信用评级，而国际上权威的资信评级机构对我国政府、企业和机构的信用评级都未超过"BBB+"级。因此，我国企业或机构不宜直接进入资本市场融资。从 ABS 的实践来看，重庆政府虽然和亚洲担保毫升（ABS）中国控股公司于 1997 年 5 月签订了中国第一个以城市基础设施为内容的 ABS 计划合作协议，但是在我国还没有这方面融资成功的范例。

3. 市政债券模式

在国外，市政债券已经作为一种通行的城市基础设施建设融资方式，并在城市基础设施建设领域发挥着巨大的作用。而在我国，则不宜将市政债券全面铺开，这主要是基于以下两点考虑。

（1）从法律角度看，发行市政债券目前不具备合法性。市政债券是以地方政府的名义发行的，而在《中华人民共和国预算法》第三十五条规定："地方各级预算按照量入为出、收支平衡的原则编制，除本法另有规定外，不列赤字。"

（2）我国各个城市建设水平和城市管理水平相差很大，各地城市政府的财政担保能力参差不齐。在我国经济比较发达的城市，如北京、上海，其城市发展已经达到中等发达国家的水平，对于发行市政债券而言，其有良好的财政收入状况作为保障。此外，由于这些城市的行政管理水平较高，可以很好地对市政债券实施管理。但是，我国大部分城市的城市财政收入保障和城市管理水平达不到市政债券所要求的标准，市政债券在我国应以试点为主，不宜全面展开。

4. PPP 模式

我国城市基础设施一直以来都是由政府财政支持投资建设，由国有企业垄断经营。这种基础设施建设管理机制越来越不能满足城市发展的需要，而且政府投资在基础设施建设中存在浪费严重、效率低下、风险巨大等诸多弊端。因此，城市基础设施投融资体制要尽快向市场化方向改革，政府在城市基础设施建设中的直接投资者、直接经营者、直接监督者的角色应当向基础设施的监督者、指导者以及私人企业的合作者的方向转变。

在这种情况下，引入和应用 PPP 模式，积极吸引各种企业参与城市基础设施建设，对其按市场化模式运作，既能有效地减轻政府财政支出压力，又可以提高基础设施投资与运营的效率。因此，PPP 模式在我国有着广泛的发展前景。

5. 项目融资模式

在 9.1.2 小节中已经论述了项目融资方式在我国现阶段的适用性。提出应用项目融资方式，还出于以下几点考虑。

1）可以利用更多外部资金

由于项目融资的资金来源多种多样，而且只要项目能够产生足够的现金流量，就能够比较容易地实现融资，从而为城市基础设施项目带来更多的资金支持。此外，项目融资所受到的制度限制比较小，还可以采取高负债的形式融入所需资金，因而当政府授权机构作为项目的发起人时，能够从外部吸引更多的资金投入城市基础设施项目之中。

2）比较容易推广和实行

项目融资较前文几种融资方式而言，对法律环境的要求不是很高，一般的公司法、担保法都可以作为对项目融资实施管理的依据。此外，项目融资方式对资本市场发育程度和政府行政管理能力的要求较低，适应性广且容易获得成功，符合我国国情。对于较大型基础设施项目而言，城市基础设施项目融资的结构不是很复杂。使用项目融资模式可以大大提高城市基础设施项目建设的标准化程度，积累项目经验，从而有利于推广和实行。

6. BOT 方式

作为 PPP 模式的一种具体表现形式，BOT 方式非常适合我国城市基础设施建设的需求，其适用性主要表现为以下几个方面。

1）我国已经在应用 BOT 方式中积累了丰富的经验

在我国引入 BOT 方式建设基础设施已经有一段的历史，从 1995 年年初采用 BOT 方式建设广西来宾电厂 B 厂开始，我国各级政府开展了一系列的 BOT 试点工作。到目前为止，采用 BOT 方式建设的基础设施还包括：湖南长沙电厂 A 厂、四川成都自来水六厂 B 厂、河北唐山赛德热电厂、福建泉州刺桐大桥、广东新会东郊污水处理厂、北京肖家河污水处理厂等。BOT 方式的实施涉及多基础设施的各个领域。我国政府在这一领域积累了丰富的管理经验，同时，一系列 BOT 项目的实施，也为我国培养这方面专业人才提供了良好的机会。经验和人才的积累都为我国广泛实施 BOT 方式奠定了良好的基础。

2）BOT 项目的实施有法律保障

在我国，BOT 方式最早是一种利用国外投资的方式，我国自 20 世纪 80 年代以来，制定和颁布了一系列有关外商投资的法律法规，如《中华人民共和国中外合资经营法》、《中华人民共和国中外合作经营法》及《中华人民共和国外资企业法》等。1995 年原对外贸易经济合作部发布了《关于以 BOT 方式吸收外商投资的有关问题的通知》，并于同年和国家国家计划委员会、电子部、交通部联合下发了《关于试办外商投资特许权项目审批管理有关问题的通知》。加入了 WTO 以后，我国还实施了新的《指导外商投资方向的规定》、《外商投资产业指导目录》；2002 年 12 月，建设部发布了《关于加快市政公用行业市场化进程的意见》，鼓励社会资金、外国资本采取独资、合资、合作等多种方式参与市政公用设施建设，并在 2004 年 5 月 1 日颁布并实施了《市政公用事业特许经营管理办法》。以上的法律法规都为 BOT 项目在我国的发展奠定了法律保障，为 BOT 方式在我国成功进行提供了法律基础，并促进了 BOT 方式在我国规范化的进程。

3）充足的社会资金为 BOT 融资创造良好的条件

BOT 项目所需的资金主要利用银行贷款的方式解决。我国银行贷款资金充足，截至 2004 年年底，我国居民储蓄存款余额已经超过了 11 万亿元 [193]。大量的贷款资金为 BOT 的实施提供了充分的资金支持。此外，信托基金及社会养老基金等也可以为 BOT 项目提供资金来源。

9.1.3　BOT 方式建设我国城市污水资源化设施的优越性

BOT 方式具有很多的优点，正是这些优点使其在城市基础设施领域应用很广泛，同时，应用 BOT 方式建设我国城市污水资源化设施，可以解决或者缓解我国所面临的投融资与管理困境，应用 BOT 方式建设城市污水资源化设施的优越性主要表现为以下几个方面。

1. 有利于筹集建设运营资金

城市污水资源化设施的一大特点就是投资量大，前面已经介绍过，如果以单位投资 800~1 000 元计，兴建一个处理规模为 20 万米 ^{3}/日的污水处理厂就需要投资 1.6 亿~2 亿元。同时，在设施的运营过程中，还需要投入大笔的运营资金，这对政府来说负担很重。而采用 BOT 方式进行建设，项目所需的资金不需要财政拨款，采用完全市场化的方法筹集，这不仅缓解了政府的财政压力，而且还筹集到了项目建设的资金，可以说是一举两得。

2. 有利于促进城市污水资源化设施投融资体制改革

长期以来，我国城市基础设施建设体制单一，政府是唯一的投资主体，这种投融资体制越来越难以适应我国城市污水资源化事业快速发展的要求。通过 BOT 方式，不仅国外的大型水务公司，国内的大型水处理企业、民营经济实体都可以参与到城市污水资源化设施的建设中来，使基础设施投资主体由单一向多元化方向发展。不但弥补了政府财力投入不足的缺口，而且可以引入竞争机制，有利于加快制度创新，打破污水资源化设施存在的由单一投资体制形成的严重行业和部门垄断局面。

3. 有利于提高项目运营效率和技术管理水平

城市污水资源化设施具有投资量大、回收期长、技术性强等特点。而采用 BOT 方式，私营机构只能在项目运营工程中，通过对设施经营收取费用而收回投资，获取利润。这客观上要求项目公司对项目进行科学的论证、合理的设计，并采用先进的技术，以合理分担建设和运营费用的比例，使项目的总成本降至最低。在运营过程中，项目公司也会通过加强管理来提高员工工作效率，节约开支。采用 BOT 方式无疑会对我国城市污水资源化设施管理水平和技术水平的提高起到示范带动作用。

4. 有助于政府转变职能

传统的投融资体制下，政府集城市污水资源化设施建设者和经营者于一身，政府在设施运营中既充当"运动员"的角色，又充当"教练员"的角色，也就是通常所说的"政企不分"。BOT 方式使政府从建设经营者的任务中解脱出来，充当起设施监督者的角色，从而政府由前台直接"操作"变成后台监管。政府将主要的精力放在宏观层面上，这样"站得高，看得远"，可以将城市宏观管理、规划、市场监管等方面的工作做得更好。这有助于政府转变职能，提高对设施监管水平，同时也可以减少政府在规划决策时的盲目性。

5. 有助于降低污水处理成本

城市污水资源化设施的处理成本因采用技术和运营效率的不同而差别很大。应用 BOT 方式建设城市污水资源化设施，采用公开招标的方式选择建设运营者，通过引入竞争机制，选用最合适的技术方案，可以最大化地减小项目建设运营费用，有助于降低污水处理的成本。虽然从国际惯例来看，无论是以政府投资建设还是以 BOT 方式建设的城市污水资源化设施，都需要政府的补贴，但设施效率的提高，无疑会使政府的补贴有所减少，增加了整个社会的福利。

9.2　BOT 方式在城市污水资源化设施应用中的风险管理

前面介绍了 BOT 方式在我国城市污水资源化设施建设实施的优越性，但是，和很多其他的融资方式一样，BOT 方式也是存在风险的。而且，由于 BOT 项目的投资规模大，时间跨度长，项目涉及的当事人之间关系繁杂，资本结构特殊（自有资金所占比例非常小），这使项目中各种不确定、不稳定的因素大大增加。此外，由于 BOT 项目所实施的具体环境和条件各不相同，因此 BOT 方式在实施中常常是没有先例可以遵循的，这也增大了 BOT 项目的风险。

对于 BOT 项目而言，项目的各个参与方都可能面临或大或小的风险，而研究 BOT 项目中的风险因素则有助于增强对 BOT 项目风险的认识，对风险因素进行管理，在 BOT 项目中合理地管理和分配风险，则可以规避由风险带来的经济损失，保障 BOT 项目的正常运行。

9.2.1　BOT 项目风险的定义及主要特征

风险是对未来所期望结果不确定性的简称，是主观预测与未来实际结果之间的差异。在 BOT 项目中的风险实际上就是指可能发生的经济损失。BOT 项目风险除了具有一般风险的典型特征，如客观性、潜在性、可测性、相对性和随机性以外，还具有其自身的一些特点。

1. BOT 项目的风险具有较强的阶段性

BOT 项目的大部分风险集中于建设和试运行阶段，随着项目运营时间的延长，项目风险下降（图 9-1）。这是因为在项目建设阶段，大量的资金被投入购买工程用地、设备、支付工程费用中，银行的贷款也由于项目尚未产生任何收入而不断累加，随着资金的不断投入，项目的风险也在随之增加，并在项目建设完工时达到顶峰。在建设阶段，如果不能够合理地控制项目工期和建设成本，那么对所有项目参与者都会造成不同程度的损失。

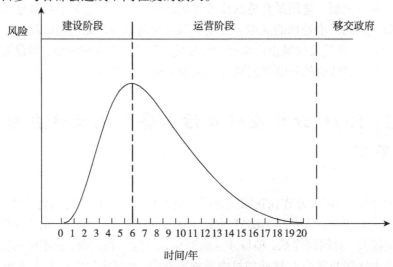

图 9-1　BOT 项目风险变化规律

在项目的运营阶段，项目进入正常的运转，能够按照预定的计划产生足够的现金流量支付生产经营费用并偿还债务，私营机构赚取合理的收益和利润，项目的风险也随着债务的偿还而逐步降低。

2. 不同的参与者承担不同性质的风险

在 BOT 项目中，各参与方之间的分工不同，这决定了他们要分别承担不同性质的风险。东道国政府的主要任务是选择合适的私营机构建设经营 BOT 项目，并对 BOT 项目进行监督，并在特许期结束后收回项目。因此东道国政府可能承担的风险如下：①投资者选择不善，造成的基础设施投资失误；②BOT 项目缺乏有效的监管，导致的项目运营成本高，损害使用者利益；③在特许经营期结束移交项目时，因基础设施达不到规定的质量标准，必须投入一笔资金进行维护或重建，特别是政府又可能在接受项目的同时，也承接了项目公司的经济亏损。

私营机构面临的主要风险包括：不能取得满意的投资回报；项目进行国家政策和法规变化导致项目中止；项目的建设完工拖后导致的成本上升；项目实际运营的成本高于前期调研的预测值；等等。

9.2.2　BOT 项目风险的分类

为了有效地对 BOT 项目风险进行管理，应该对不同类型的风险采取不同的管理措施，因此就需要对项目风险进行分类识别和界定。

比较常见的 BOT 项目风险分类办法有以下四种：①根据风险的特点，可以将 BOT 项目风险分为系统性风险和非系统性风险；②根据风险的性质划分，风险可以分为政治风险、经济风险和技术风险等；③根据项目建设经营的时间阶段划分，风险可以分为准备阶段风险、建设阶段风险、经营阶段风险和移交后风险；④根据 BOT 项目参与主体划分，可分为政府承担的风险、私营机构承担的风险和金融机构所承担的风险等。

本书对风险的分类所采用的是第一种分类方法，即将 BOT 项目风险分为系统性风险和非系统性风险两类。系统性风险是指由于某种全局性因素引起的投资收益的可能变动，并且超出了项目自身行为所能控制和避免的风险。而非系统性风险则是指那些由于微观因素影响所造成的，项目公司可以自行控制和避免的风险。

下面就对这两类风险一一进行介绍。

1. 系统性风险

系统性风险主要包括政治风险、违约风险、不可抗力风险和经济风险四类。

1）政治风险

政治风险是 BOT 项目所在国政治条件发生变化而导致的项目失败、项目债务偿还能力改变，以及项目终止等影响项目正常运行的风险因素。政治风险包括以下两个主要方面：一类是"国家风险"，即项目所在国政府由于某种政治原因，对项目实行征用、没收，或者对项目进行制裁，并终止私营机构对项目的经营权，这也被称为国有化风险；另一类是"政策风险"，即用于指导 BOT 项目的国家产业政策、法律法规发生变动，或者是相关税收政策调整，可能会影响到项目的盈利能力。

2）违约风险

违约风险是指项目参与方因故无法履行或拒绝履行合同所固定的责任与义务而给项目带来的风险。BOT 违约风险有多种表现形式，如在规定的日期前承建商无法完成项目的施工建设，借款方无法偿还到期债务等。

3）不可抗力风险

BOT 项目和其他基础设施项目一样，都面临着不可抗力风险。不可抗力风险包括地震、台风、洪水、火山爆发等自然灾害和由于罢工、战争和动乱引起的人为损失。这类风险是项目公司无法控制的，一旦发生将会造成极大的损失。

4）经济风险

经济风险是指由于市场或金融环境中的不可控因素发生变化而对项目所产生的负面影响。经济风险主要包括市场风险、通货膨胀风险、外汇风险和利率风险。

（1）市场风险。在 BOT 项目的特许经营期中，供求关系和产品/服务的市场价格常常会发生变化，对于城市污水资源化设施来说，市场风险主要包括价格风险，水产品需求风险，设备、原材料涨价风险和劳动力供应价格上涨等风险。

（2）通货膨胀风险。BOT 项目的特许经营期很长，很难避免通货膨胀的影响，如果通货膨胀的幅度增长过大，则会使社会经济秩序混乱，项目的投资无法按期收回，项目承包商和项目公司都会因此遭受损失。

（3）外汇风险。很多 BOT 项目的发起人都是国外的企业、公司，为了获得项目收入，他们需要将项目所在国的货币兑换成本国货币。而且 BOT 项目的资金，多来自于国际资金市场，货币的自由兑换程度会对企业或机构的财务状况产生很大的影响。因此，外汇风险主要包括外汇汇率、外汇支付能力和外汇兑换、外汇汇出等方面的风险。

（4）利率风险。在项目经营过程中，利率的变动会直接或间接地造成项目价值降低或收益受到损失。如果投资方利用浮动利率融资，一旦利率上升项目的生产成本就会随之提高；而如果采用固定利率，日后市场利率降低则会造成项目机会成本的提高。因此，采用何种利率方式，不仅要根据实际状况，还要结合未来资本市场的发展趋势。

2. 非系统性风险

非系统性风险可以由项目公司自行控制和管理，它主要包括完工风险、经营和维护风险、成本超支风险和环保风险。

1）完工风险

完工风险指项目无法完工、延期完工、或者完工后无法达到预期运行标准的风险。它是 BOT 项目融资中的核心风险之一。它对项目公司而言意味着利息支出的增加、贷款偿还期的延长和市场机会的错过。完工风险的大小取决于四个因素：

项目涉及的技术要求、承建商的建设开发能力和资金运作能力、承建商履行承诺的能力，以及政府对项目的支持程度。

2）经营和维护风险

经营和维护风险是指经营者的疏忽或者设计上存在缺陷导致的项目经营和维护费用偏高，严重的经营和维护风险可能导致项目的瘫痪，影响项目的盈利能力。

3）成本超支风险

在项目的实际运营过程中，实际成本可能与预测成本不相符合，这可能与前期的调研工作有关，也可能是经营者自身技术上或管理上存在问题所造成的。成本超支风险是指在项目的正常运营过程中，经营者自身技术上或管理方面的问题造成的成本费用超出预算的风险。

4）环保风险

城市污水资源化设施同样行使着城市环保设施的职责，为了不对环境产生进一步的危害和改善环境，污水资源化设施必须达到一定的环保要求，也就是说经城市污水资源化设施处理后的水必须达到一定的质量标准。如果发生环境污染问题，则会对整个社会造成危害。

以上是对 BOT 项目风险的分类介绍，通过介绍可以发现，影响 BOT 项目的风险因素很多，从不同角度定义的风险因素可能是由同一个原因造成的，而且在其中很多因素是相互联系、互为影响的。BOT 项目风险因素的分类如图 9-2 所示。

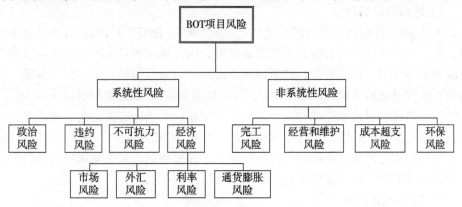

图 9-2　影响 BOT 项目的风险因素

9.2.3　BOT 项目的风险管理

1. BOT 项目风险管理的基本原则

风险管理的最主要任务是控制和处理风险，防止和减少由风险带来的损失，而风险处理就是项目的各参与方努力将损失发生的不确定性减低到可以接受的程度，并将剩余的不确定性责任分配给最适合承担的一方。

BOT项目风险管理应遵循以下两个原则：一是尽量消除或减少可能发生的损失，二是在风险不能消除或降低至可承受水平时应该进行风险转移（如采用购买保险的方式进行转移）。基于以上两个原则，在实际的操作中风险处理的策略包括：①避免或消除某些风险；②制订降低某些风险的方案，使这些风险发生的几率和影响程度降至最低；③利用保险手段将不可避免的风险转移给第三方（保险公司）；④接受风险并将其分配给最有能力控制和处理风险（能将风险对项目造成的损失降至最低）的参与方承担。

2. 城市污水资源化设施的风险管理

城市污水资源化设施属于城市基础设施，它对整个城市的水环境和水资源环境的影响是广泛的。设施的稳定运行是城市水环境得以改善，城市水资源短缺局面得以缓解的必要保证。反之，城市污水资源化设施在建设和运营过程中出现问题，不仅会影响到设施的直接用户（如再生水用户），还会造成城市水环境恶化的严重后果。因此，必须要对采用BOT方式建设的城市污水资源化设施进行风险管理，规避影响项目正常运行的风险因素，保障项目的安全运营。

本部分主要从特许权协议规范和政府监管的角度出发，对城市污水资源化设施的风险管理提出一些建议。

1）政治风险管理

BOT项目首先所要面对的就是政治风险。根据BOT项目风险管理的基本原则，由于东道国政府最有能力承担政治风险，因此项目所发生的政治风险应该主要由东道国承担。而在我国，政府机构不准对项目做任何形式的担保或承诺，这为在我国控制政治风险增加了难度。对于"国家风险"，私营机构可以采取为政治风险进行投保、引入多边机构参与项目贷款或是引入当地有实力的企业（尤其是国有企业）参与项目建设经营等方式规避。而对于"政策风险"，则可以在签订特许权协议时规定政策变动时的操作具体办法，如果遇到政策变动而导致私营机构经济利益受到侵害时，应由东道国政府给予适当的补偿。

2）违约风险管理

由于BOT项目融资采取的是有限追索权融资的模式，因此，各类合同的履行至关重要。为了规避违约风险，东道国政府应该选择那些有经济和技术实力的企业来运作BOT项目，并在签订特许经营权协议时，要求相关义务方提供一定数量的履约保证金，还可以选择中立的第三方对合作中发生的纠纷进行调解和仲裁。为了防止私营机构违约导致的城市污水资源化设施建设停滞，协议中还应该规定政府有权在这种情况下选择其他私营机构继续项目建设。

3）不可抗力风险管理

不可抗力风险具有不可预测性和损失的不确定性，有时可能是毁灭性的损失，而政府和私营机构都无能为力。对城市污水资源化设施可能产生影响的不可抗力风险主要由地震和洪水等，对抗不可抗力风险的主要方法是使风险货币化，通过对项目投保的方式将风险转移给第三方。

4）经济风险管理

由于经济风险包含有许多方面，因此应该根据风险的类型进行区别对待。对于产品的市场风险，在特许权协议中 BOT 项目公司可以和政府签订"或取或付"的产品购买条款，将市场需求量和需求价格风险有效地转移给政府。在原材料供应方面，项目公司也通过签订长期的原材料供应协议，采取固定价格或购买协议一致的方式，将原材料市场所有未来价格上涨风险转嫁给供应商。此外，原材料价格上涨和通货膨胀的风险还可以在特许权协议中有所规定，根据物价上涨和通货膨胀的幅度适当调整。对于利率风险，可以在 BOT 项目融资中，灵活地采取利率掉期、期权等金融工具规避由利率变化引起的经济损失。对于汇率风险，东道国政府可以给私营机构自由汇兑的相关承诺，私营机构也应尽可能地在项目所在国举债，以避免由于币种不同带来的汇兑风险。

5）完工风险管理

一般情况下，完工风险由承建商通过固定价格、固定时间的"交钥匙"承包合同来承担。在这种承包合同中，承建商对项目的按时完工负责。同时为了防止建设期间由融资困难引起的项目无法正常建设，由项目发起人提供无条件的完工担保，在承建商发生资金困难时给予必要的支持，同时东道国政府也可以在特许权协议中签订提供额外资金保障措施的条款，以保障项目建设的顺利进行。

6）经营和维护风险管理

在城市污水资源化设施建成后，项目进入试运营期，业主或项目公司一般都要求承包商对该项目提供一个保证期限，如在设施建成后一年内，主要对设备的技术指标、水处理产品的质量达标情况及设施、设备的损耗情况进行检查，在协议中，承包商必须对维修工作提供资金来源方面的保证。

7）成本超支风险管理

私营机构对成本的预测是建立在详尽的前期调研基础之上的，但是再详尽的调研也可能与实际情况不相符合，而成本超支可能是多种因素造成的，这就需要对成本超支风险因素区别对待。因经营者自身技术上或管理方面的问题造成的成本费用超出预算的风险，应该由项目经营者承担，政府可以在特许权协议中规定，由政府或政府委托机构对项目行使监督的职责，监督项目的日常运营情况，根据监督结果，采取一定的奖惩措施，如增加补贴或对项目公司进行罚款等。

8）环保风险管理

环保风险的管理主要依赖详细的可行性研究，并对可能发生的环境损失进行相应的保险。除此之外，在招标阶段，政府就应该参考环保部门的意见，在特许权协议的签订阶段，环保部门的意见应该作为一个决定性的因素。城市污水资源化设施建成以后的运营阶段也应该接受环保部门的监管，以避免环境问题的发生。

9.3　BOT 方式中的政府监管

传统体制下的城市污水资源化企业普遍存在效率低下的问题，本节应用信息经济学的理论，建立了一个政府与城市污水资源化企业间的"委托—代理"模型。通过该模型，分析了传统体制下污水资源化企业效率低下的原因，并分析了 BOT 方式中政府与污水资源化企业之间的关系，对 BOT 方式下政府的监管提出了建议，最后对两种方式进行了比较[194]。

9.3.1　污水资源化企业运营监管过程描述

1. 现行体制下的政府监管模式

现行的城市污水资源化设施管理体制，是政府主管的企业经营模式，城市污水资源化企业属于半事业性质单位，企业盈利全部归政府所有，而亏损则需要政府的财政补贴。由于政府并没有放开对企业的管理，企业没有全部生产和经营自主权，也不拥有向排污单位收取排污费的权利。城市污水资源化企业的运行机制如图 9-3 所示。

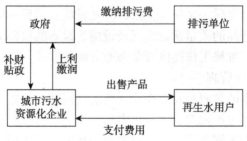

图 9-3　城市污水资源化设施运行机制

如图 9-3 所示，城市污水资源化企业除了向其直接用户——再生水用户收取水费外，并不向制造污染的排污单位收取排污费，而是通过政府对排污单位收取排污费，然后再对企业进行补贴。

2. BOT 方式下的政府监管模式

在 BOT 方式下，政府与城市污水资源化企业的关系变成了监管者与被监管者的关系。政府并不干预企业的正常运营，也不参与企业的日常管理。政府通过对企业进行监管，并根据其运营情况对企业实行适当的奖励（如提供一定的补贴）或者处罚（如罚款）措施，以充分调动企业的积极性，从而提高项目的运营效率。

而我国的实际情况是，污水处理相关产品的定价权由政府掌握，政府制定的产品价格一直偏低，城市污水资源化企业普遍亏损。因此，为了分析简便，这里假设以 BOT 方式建设的城市污水资源化设施依然需要政府进行补贴，由此图 9-4 中的"奖励"方式变成了"补贴"，"惩罚"也相应地变为"不补贴"或者"少补贴"的方式。

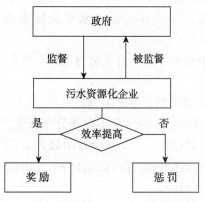

图 9-4　BOT 方式下的监管模式

9.3.2　政府主管部门与污水资源化企业间委托代理模型的建立

1. 假设条件与参数

从信息经济学的角度来看，政府主管部门（简称"政府"）与污水资源化企业（简称"企业"）之间的关系是一种"委托—代理"的关系，政府是委托人，企业是代理人。委托人和代理人的利益目标不一致，政府追求的是社会福利的最大化，而企业则追求自身利益最大化。而且，委托人和代理人之间存在着信息不对称的现象，企业较政府而言，掌握着更多、更准确的关于企业运营的信息。

政府对企业进行规制，企业的产品和服务的价格由政府确定。企业无法通过收费弥补全部成本，因此需要政府进行补贴。因为污水资源化产品和服务的需求函数是外生的，需求价格弹性很小，为了便于分析，在这里假设需求价格弹性为

0，即当价格确定以后，消费量也随之确定，消费者剩余为一常数。这个假设也比较符合污水资源化设施的实际情况。

模型包含参数如下：

S 表示消费者剩余，这里为污水资源化产品的总效用与其市场价值的差额，S 为常数。

R 表示企业的销售收入，由于价格和消费量是确定的，R 也是一个常数。

λ 表示政府征税所带来的影子成本，由于政府的补贴来源于税收，而税收会带来一定的社会成本，因此政府征税的影子成本为 $\lambda > 0$，λ 为一常数。

θ 表示企业技术参数，$G(\theta)$ 和 $g(\theta)$ 分别为 θ 的分布函数和分布密度。

a 表示代表企业效率水平的一维变量，在企业技术参数一定的情况下，a 由企业全体员工的工作努力程度所决定。

A 表示企业可以选择的所有行动（效率水平）的集合。

c 表示企业的成本，由企业的效率水平和技术参数所决定，$c(a, \theta)$，$\partial c / \partial a < 0$，$\partial c / \partial \theta < 0$。

e 表示企业提高效率水平（全体员工努力工作）带来的员工闲暇损失，$e(a)$，$\partial e / \partial a < 0$。

b 表示政府给予企业的补贴，$b(c(a, \theta))$。

$F(c, a)$，$f(c, a)$ 表示 c 的分布函数和分布密度，对给定的 θ 的分布函数 $G(\theta)$，对应于每一个 a，就存在一个 c 的分布函数 $F(c, a)$，$f(c, a) = F'(c, a)$，也就是说关于企业技术参数的信息都可以通过 $F(c, a)$ 和 $f(c, a)$ 来表达，这些函数被假定对于 a 而言是可微的。

T 表示企业效益，T 等于补贴额与销售收入之和减去企业成本和闲暇损失 $T = b + R - c - e$。

Z 表示社会福利，以消费者剩余与不考虑企业经理及员工闲暇损失的企业效益之和减去补贴及其社会成本，$Z = S - (1 + \lambda)b + T + e = S + R - \lambda b - c$。

假定委托人和代理人都有一个定义良好的 V–N–M 期望效用函数 $Z(x)$ 和 $T(x)$，满足 $T'(x)$，$T''(x) \leqslant 0$；$Z'(x) > 0$，$Z''(x) \leqslant 0$。当委托人和代理人为风险中性时，$T''(x) = 0$，$Z''(x) = 0$；当委托人和代理人都为风险规避者时，$T''(x) < 0$，$Z''(x) < 0$。

2. 模型的建立

政府作为委托人，其主要任务是通过观测的企业成本 c 选择补贴 b，诱使企业提高效率水平 a 降低成本 C，从而达到社会福利最大化的目的。它的期望效用函数是

$$\max_{a,\ b(c)} \int Z\big(-\lambda b(c(a,\ \theta)) - c(a,\ \theta)\big) g(\theta) \mathrm{d}\theta + S + R$$

企业作为代理人，其参与约束为

$$(\mathrm{IR}) \int T\big(b(c(a,\ \theta)) - c(a,\ \theta)\big) g(\theta) \mathrm{d}\theta - e(a) + S \geqslant \overline{T}$$

其中，$\overline{T}$ 为企业生存所必须的最低效益。

企业的激励相容约束为

$$(\mathrm{IC}) \int T\big(b(c(a,\ \theta)) - c(a,\ \theta)\big) g(\theta) \mathrm{d}\theta - e(a)$$

$$\geqslant \int T\big(b(c(a',\ \theta)) - c(a',\ \theta)\big) g(\theta) \mathrm{d}\theta - e(a'),\quad \forall a' \in A$$

其中，a' 为企业所选择的任何效率水平，激励相容约束意味着只有当企业从选择 a' 中得到的期望效用大于从选择 a' 中得到的期望效用时，企业才会选择 a'。

根据以上分析，用"分布函数参数化方法"[195]可将上述模型转化为如下模型 1：

$$\max_{a,\ b(c)} \int Z\big(-\lambda b(c) - c\big) f(c,\ a) \mathrm{d}c + S + R$$

$$\mathrm{s.t.}\,(\mathrm{IR}) \int T\big(b(c) - c\big) f(c,\ a) \mathrm{d}c - e(a) + R \geqslant \overline{T}$$

$$(\mathrm{IC}) \int T\big(b(c) - c\big) f(c,\ a) \mathrm{d}c - e(a) \geqslant \int T\big(b(c) - c\big) f(c,\ a') \mathrm{d}c - e(a'),\quad \forall a' \in A$$

9.3.3　传统体制下政府与城市污水资源化企业博弈关系

传统体制下，政府对污水资源化企业实行的是一包到底的政策，企业的盈利归政府所有，企业亏损还由政府补贴。这种情况下，企业员工仍然有对自身的工资收入或者是闲暇等利益的追求。作为直接管理者，政府认为它与企业间信息是对称的，企业的效率 a 和技术参数 θ 是可观测的，政府可以选择各种经济的、行政的手段来强制企业将效率 a 保持在一定的水平上，因此，激励相容约束是多余的。根据模型一，政府的问题变成了如何选择适当的补贴，考虑下列最优化问题：

$$\max_{b(c)} \int Z\big(-\lambda b(c) - c\big) f(c,\ a) \mathrm{d}c + S + R$$

$$\mathrm{s.t.}\,(\mathrm{IR}) \int T\big(b(c) - c\big) f(c,\ a) \mathrm{d}c - e(a) + R \geqslant \overline{T}$$

构造拉格朗日函数如下：

$$L\big(b(c)\big) = \int Z\big(-\lambda b(c) - c\big) f(c,\ a) \mathrm{d}c + S + R$$

$$+ \eta \Big[\int T\big(b(c) - c\big) f(c,\ a) \mathrm{d}c - e(a) + R - \overline{T} \Big]$$

最优化的一阶条件为

$$-\lambda Z'\big(-\lambda b^*(c) - c\big) + \eta T'\big(b^*(c) - c\big) = 0$$

$$\eta = \frac{\lambda Z'\left(-\lambda b^*\left(c\right)-c\right)}{T'\left(b^*\left(c\right)-c\right)} \tag{9-1}$$

式（9-1）表明，政府与企业的边际效用之比为一常数（因为参与约束的等式条件满足）。如果 c_1、c_2 是企业任意的两个成本水平，由式（9-1）可得

$$\frac{Z'\left(-\lambda b\left(c_1\right)-c_1\right)}{Z'\left(-\lambda b\left(c_2\right)-c_2\right)} = \frac{T'\left(b\left(c_1\right)-c_1\right)}{T'\left(b\left(c_2\right)-c_2\right)} \tag{9-2}$$

式（9-2）说明在最优条件下，不同成本状态下的边际替代率对政府和企业是相同的，这是一个帕累托最优条件。

$$\eta = \frac{\lambda Z'\left(-\lambda b^*\left(c\right)-c\right)}{T'\left(b^*\left(c\right)-c\right)}$$

$$\lambda\left(\lambda\frac{\mathrm{d}b^*}{\mathrm{d}c}+1\right)Z'' + \eta\left(\frac{\mathrm{d}b^*}{\mathrm{d}c}-1\right)T'' = 0$$

式（9-1）隐含地定义了最优补贴合同 $b^*(c)$，就式（9-1）对 c 求导得

$$\eta = \frac{\lambda Z'}{T'}$$

将代入 $\lambda\left(\lambda\dfrac{\mathrm{d}b^*}{\mathrm{d}c}+1\right)Z'' + \eta\left(\dfrac{\mathrm{d}b^*}{\mathrm{d}c}-1\right)T'' = 0$ 得

$$\frac{\mathrm{d}b^*}{\mathrm{d}c} = \frac{\rho_T - \rho_Z}{\rho_T + \lambda\rho_Z} \tag{9-3}$$

其中，

$$\rho_T = \frac{T''}{T'}, \rho_Z = \frac{Z''}{Z'}$$

分别代表委托人（政府）和代理人（企业）的阿罗–帕拉特绝对风险规避度（Arrow-Pratt measure of absolute risk aversion）。

式（9-3）说明，政府对企业的补贴 b 与企业成本 c 的关系由绝对风险规避度的比率确定。在传统的体制下，污水资源化企业被作为事业单位来管理，亏损由政府补贴，企业不承担风险，因此，企业是严格的风险规避者，$T'' < 0$，$\rho_T < 0$；政府为风险中性者，风险全部由政府承担，$Z'' = 0$，$\rho_Z = 0$。由此可由式（9-3）推出 $\mathrm{d}b^*/\mathrm{d}c = 1$，即补贴 b^* 随着成本 c 的上升而上升，b^* 与 c 的增幅相同。

在传统体制下，不论污水资源化企业的效益好坏，政府都要包下来，也就是说一般情况下，ρ_Z 和 ρ_T 与各自的效用水平无关，政府和企业的绝对风险规避度都是不变的，因此最优补贴合同是线性的。对式（9-3）积分得

$$b^*(c) = \alpha + \beta c \tag{9-4}$$

其中，$\beta = \dfrac{\rho_T - \rho_Z}{\rho_T + \lambda \rho_Z}$；$\alpha$ 为积分常数。

根据对式（9-3）的讨论，当企业不承担风险，风险由政府全部承担时，$\beta = 1$，式（9-4）变为 $b^*(c) - c = a$ 为常数，即政府给予企业的补贴额与企业成本之差为一常数，企业成本上升，政府补贴随着成本上升而增加；企业成本下降，政府补贴也随之减少，形成了政府预算对企业的软约束。企业越努力降低成本，得到的补贴越少，反之成本越高得到的补贴越多，这就是所谓的"鞭打快牛"，在这种机制下，企业没有提高效率、降低成本的积极性，这也就是传统体制下，我国城市污水资源化企业效率低下的主要原因。

9.3.4　BOT 方式下政府与城市污水资源化企业博弈关系

在以 BOT 方式建设城市污水资源化设施条件下，私营机构作为设施的经营者，具有与政府不同的利益追求，也就是说与政府有着不同的目标效益函数。

由于存在着信息不对称，政府观测不到企业准确的效率水平 a 和技术参数 θ，政府（委托人）的问题是选择激励方案 $b(c)$ 以促使企业（代理人）的行为符合政府的要求，同样利用模型 1 对激励方案进行分性。任何给定的激励方案（补贴 b），污水资源化企业必然会选择自身效益最大化的行为，即

$$\max_a \int T\big(b(c) - c\big) f(c,\ a)\mathrm{d}c - e(a)$$

因此，模型 1 的激励相容约束可以用其一阶条件来代替，即

$$(\text{IR}) \int T\big(b(c) - c\big) f(c,\ a)\mathrm{d}c - e(a) + R \geqslant \overline{T}$$

$$\text{s.t.}\max_{b(c)} \int Z\big(-\lambda b(c) - c\big) f(c,\ a)\mathrm{d}c + S + R$$

$$(\text{IC}) \int T\big(b(c) - c\big) f_a(c,\ a)\mathrm{d}c - e'(a) = 0$$

其中，$f_a(c,\ a) = \dfrac{\partial f(c,\ a)}{\partial a}$。

令 η 和 μ 为上述参与约束和激励相容约束的拉格朗日乘子，构造拉格朗日函数如下：

$$L\big(b(c)\big) = \int Z\big(-\lambda b(c) - c\big) f(c,\ a)\mathrm{d}c + S + R$$
$$+ \eta \Big[\int T\big(b(c) - c\big) f(c,\ a)\mathrm{d}c - e(a) + R - \overline{T} \Big]$$
$$+ \mu \Big[\int T\big(b(c) - c\big) f_a(c,\ a)\mathrm{d}c - e'(a) \Big]$$

上式得最优一阶条件为

$$-\lambda Z'(-\lambda b(c)-c)f(c,\ a)\mathrm{d}c+\eta T'(b(c)-c)f(c,\ a)+\mu T'(b(c)-c)f_a(c,\ a)=0$$

对该一阶条件进行整理得

$$\frac{Z'(-\lambda b(c)-c)}{T'(b(c)-c)}=\frac{1}{\lambda}\left(\eta+\mu\frac{f_a(c,\ a)}{f(c,\ a)}\right) \tag{9-5}$$

当把企业效率水平简化成"低（a_L）"和"高（a_H）"两种时，假定政府要想诱使企业选择高效率时，模型 1 的激励相容约束为

$$\text{(IC)}\int T(b(c)-c)f_H(c,\ a_H)\mathrm{d}c-e(a_H)\geqslant\int T(b(c)-c)f_L(c,\ a_L)\mathrm{d}c-e(a_L)$$

其中，$f_H(c,\ a_H)$ 和 $f_L(c,\ a_L)$ 分别表示效率水平为 a_L 和 a_H 时 c 的概率密度。由类似于式（9-5）的推导可得

$$\frac{Z'(-\lambda b(c)-c)}{T'(b(c)-c)}=\frac{1}{\lambda}\left[\eta+\mu\left(1-\frac{f_L(c,\ a_L)}{f_H(c,\ a_H)}\right)\right] \tag{9-6}$$

其中，η、$\mu>0$。

式（9-5）和式（9-6）被称为"莫里斯-霍姆斯特姆条件"（Mirrless-Holmstrom condition）。比较式（9-1）与式（9-5）和式（9-6）可知，非对称信息情况下的最优合同不同于对称信息情况下的最优合同。如果 $\mu=0$，式（9-5）和式（9-6）就变成对称信息情况下的最优合同。

f_L/f_H 被称为似然率，它反映了一个给定的成本 c_0 在企业低效率（$a=a_L$）时出现的概率与在企业高效率（$a=a_H$）时出现的概率的比值，即 $f_L(c_0,\ a_L)/f_H(c_0,\ a_H)$。如果 $\frac{f_L}{f_H}=1$，c_0 出现在企业选择低效率时的概率大于出现在企业选择高效率时的概率，这进一步说明了由于企业低效率的原因而产生 c_0 的可能性要大于由于企业技术参数 θ 变化的原因而产生 c_0 的可能性，此时企业得到的补贴 $b(c)$ 应该向下调整；反之，政府的补贴 $b(c)$ 则应该增加；当 $\frac{f_L}{f_H}=1$ 时，c_0 来自 $a=a_L$ 和 $a=a_H$ 的可能性相同，政府（委托人）难以据此作出判断。在企业技术参数 θ 没有大幅度的调整的情况下，一般来讲似然率 f_L/f_H 对成本 c 是单调递减的，较低的成本 c 意味着企业选择较高效率的可能性较大，即效率越高成本越低。政府能够根据观测到的企业成本来推断企业的效率是高还是低，通过调整补贴 b 对企业进行奖惩。

按照上面的分析，城市污水资源化企业的成本越低说明其效率越高，政府应该给予越高额度的补贴以鼓励其提高效率，反之则给予越低额度的补贴以惩罚企业的低效率。但是在 BOT 项目中，私营机构对项目成本的预测是建立在当时的市场情况和当时政府的政策基础之上的，企业的运营过程中会经常受到国家政策的

调整或者是市场情况的剧烈变化，这些都会影响到企业的成本。在这种情况下，如果依然按照"成本越高，补贴越低"的原则对企业进行补贴，则可能会导致企业严重亏损，并可能会影响到城市污水资源化设施的正常运营，引发严重的社会环境问题。因此，政府有必要根据市场和政策的变化对企业采取适当的补偿措施。由于政府可以掌握国家政策调整和市场变化的信息，在不对污水资源化产品和服务调价的情况下，解决上述问题的办法是设置一个与企业运行环境有关的外生变量 p 来反映上述情况的变化，并将其写入激励合同，p 是可观测变量。

设 $H(c, p, a)$ 为给定效率水平 a 时企业成本 c 和外生变量 p 的联合分布函数，其密度函数为 $h(c, p, a)$，委托人（政府）的问题是解下列最优化问题

$$\max_{b(c,p)} \iint_{c,p} Z(-\lambda b(c,p)-c)h(c,p,a)\mathrm{d}p\mathrm{d}c - e(a) + S + R$$

$$\text{s.t. (IR)} \iint_{c,p} T(b(c,p)-c)h(c,p,a)\mathrm{d}p\mathrm{d}c - e(a) + R \geqslant \overline{T}$$

$$\text{(IC)} \iint_{c,p} T(b(c,p)-c)h_a(c,p,a)\mathrm{d}p\mathrm{d}c - e'(a) = 0$$

其中，$h_a(c, p, a) = \dfrac{\partial f(c, p, a)}{\partial a}$。

上述最优化问题的一阶条件是

$$\frac{Z'(-\lambda b(c, p)-c)}{T'(b(c, p)-c)} = \frac{1}{\lambda}\left[\eta + \mu\left(1 - \frac{h_L(c, p, a)}{h(c, p, a)}\right)\right] \tag{9-7}$$

当企业只有两种效率水平时——低 a_L 和高 a_H 时，式（9-7）可以改写成如下：

$$\frac{Z'(-\lambda b(c, p)-c)}{T'(b(c, p)-c)} = \frac{1}{\lambda}\left[\eta + \mu\left(1 - \frac{h_L(c, p, a_L)}{h_H(c, p, a_H)}\right)\right] \tag{9-8}$$

h_L / h_H 表示同时考虑了可观测变量 c 和 p 的似然率。在实际中，我们可以把对污水资源化设施运营成本影响比较大的电费、药剂费用价格变动指数作为外生变量 p。通过将 p 写入激励合同，政府（委托人）可以排除外生因素对推断的干扰，更准确地对企业（代理人）的效率进行判断，通过调整补贴 b 的额度更有针对性地对企业进行奖惩，从而减少企业承担的风险，更好地调动企业的积极性，进而达到增进社会福利的目的。

9.3.5　基本结论

1. 两种监管模式的比较

从上面的分析可以看出，在传统的体制下，城市污水资源化企业由政府一包

到底，缺乏经营的自主性。这种情况下，企业的员工对企业缺乏主人翁意识，因为无论企业盈利或亏损，企业的效益都不与员工直接挂钩，企业缺乏提高效率的积极性，企业运营效率低下也就成为了必然。企业亏损需要政府大量的财政补贴，而过多地补贴又使政府缺少资金来建设新的城市污水资源化设施，这更加制约了城市污水资源化设施的发展，导致了城市污水资源化设施发展的恶性循环。

BOT 方式下，政府通过对城市污水资源化企业的监督来决定补贴的多少，企业的效率提高，则选择相对较多的补贴；企业效率降低，则选择相对较少的补贴。通过这种方式，政府可以很好地调动起企业的积极性，使企业努力降低成本，提高服务水平，这样就与政府的"社会福利最大化"的目标相一致，政府和私营机构取得了双赢的结果。

2. BOT 方式下政府监管的建议

BOT 方式下政府监管的主要问题是如何增进政府对项目运营情况的了解，增强与城市污水资源化设施运营有关信息的透明度。为了能够对 BOT 项目实施有效的监管，本书建议由政府发起设立城市污水资源化设施管理委员会，由城市污水资源化设施管理委员会对污水资源化设施的日常运营实施监督，城市污水资源化设施管理委员会的组成人员包含政府成员、污水处理行业专家、相关行业成员、财务顾问和城市市民代表等。城市污水资源化设施管理委员会负责核实私营机构的履约情况，并根据设施的运营效率高低，给予适当的奖励或惩罚。城市污水资源化设施管理委员会的设立，吸收了除政府以外的各行业专家，以及城市污水资源化设施的受益者，这不但增加了政府获得信息的途径，而且有利于避免政府直接管理造成的获取信息不全和信息不对称现象。同时，由城市污水资源化设施管理委员会对项目进行定期审核，实现了管理的专业化，既减轻了政府的任务，又增加了政府决策的科学性。

9.4　城市污水和再生水处理工程 BOT 模式中的问题与对策研究

9.4.1　BOT 模式建设运行中存在的问题分析

我国污水处理工程的 BOT 模式，一方是地方政府，另一方是专业水务公司。污水处理工程的建设往往具有任务急、时间紧、标志性、基础性的含义，常常成为考核地方政府招商引资，环境改善和任期目标任务的重要指标，使地方政府少了博弈的时间从容性，多了在价格刚性面前谈判的屈服性。这往往掩盖和忽视了BOT 模式执行过程中潜在的诸多问题，甚至为政府隐藏了经济上的"陷阱"。因此，完善 BOT 模式，预防和消除 BOT 模式可能产生的一些问题，使之健康发展，就显得尤为必要。

下面的失败例子证实了污水处理工程 BOT 模式执行中商业"陷阱"的存在。

（1）广东一家由德国某水务公司以 BOT 方式承建和运行的 10 万吨城市污水处理厂，由于管网建设难以到位，每日进厂污水量不足 3 万吨。按照合同约定，当地政府仍要向德国水务公司支付 10 万吨污水处理费。德国水务公司明知道管网是污水处理水量保障的基础，却不予以说明，而以不足 10 万吨按照 10万吨收费签订了合同，德方既节约了处理成本，又收到了超额利润，使地方政府陷于进退两难的被动难堪境地。

（2）湖北一家以 BOT 方式建设的污水处理厂，由于缺少资金，政府急于引资建设污水处理厂而许诺了对方不切实际的投资收益率，使污水处理厂运营成本成为一项沉重的负担，最终导致项目失败。

上述两个例子在污水处理厂建设的 BOT 模式中具有普遍性和代表性。

本书的研究经大量的资料分析认为，以 BOT 模式建设运营的城市污水处理厂存在以下隐性问题。

（1）水量水质不确定。一是以预留发展余地为名而虚设污水处理厂规模，使污水实际处理量设计偏大，以增加投资预算，进而算大运行成本，获取非法利益；二是故意不考虑污水管网覆盖率和漏失率，按照供水量故意算大污水处理厂规模，利用实际运行水量远小于设计水量，来水不足或者明显偏小，以获取水量红利；三是利用甲方给定的水质资料设计来水水质，或将原水污染物负荷定得过低，再利用污水水质年内变化（当水质污染物浓度较高时），减少处理水量，获取水质收益。

（2）投资过大。以水质复杂，污水需要除磷脱氮为借口，任意加大投资。

（3）虚拟水处理成本，高额收取水处理费。利用信息不对称和专业知识的限制，任意确定污水处理成本，虚高收费。污水处理的吨水成本及其价格如何合理确定，一直是令甲方（政府）非常头疼的事情。

（4）成本中计算了设备折旧费，却对特许经营期满之后的移交问题含糊其辞，有意在合同上不做清楚、严谨、明确的规定和说明，给期满移交埋下一系列隐患。这里存在的主要问题是如何计算污水处理厂的设备残值及折旧费用的归属移交等问题[196]。

鉴于此，对上述存在的问题进行研究并给出科学的解决方案，对 BOT 模式的健康发展，具有特别重要的实际意义。

9.4.2　BOT 模式实施中相关问题的科学对策研究

1. 水量水质的确定方法

我国对城市污水处理的要求是："全国设市城市污水处理率达到 85%，县城污水处理率达到 70%。"

因此，水量确定必须关注下列因素：①不能以全部污水量作为设计依据。我国城市污水处理率的要求并非 100%。但是常见到的情况是，一般城市，尤其是县级城市，污水处理能力常常按污水全部处理考虑，即污水的处理率达到 100%，有的还考虑一定的发展空间，致使污水处理率超过 100%。这样无形之中就在 BOT 模式实施中由于设计水量偏大而给投资方留下了取利的机会；②要考虑污水管网的覆盖率；③要考虑污水管网的漏失率。本章提出按照式（9-9）核算污水处理厂的设计规模。

$$Q = Q_1 \times 0.9 \times K_1(1 - K_2) \times K_3 \tag{9-9}$$

其中，Q 表示污水处理厂设计规模，米^3/日；Q_1 表示城市实际供水量（包括自备井）（米^3/日）；K_1 表示污水管网覆盖率（%）；K_2 表示管网漏失率，一般可取 10% 左右；K_3 表示污水排水系数，取 0.8~0.9。

考虑到污水年内季节性变化，在合同中可以明确规定：当污水量大于设计规模时，按照实际处理量计费；当污水处理量小于设计规模时，为了保护水务公司的利益，可以以设计水量的百分数（此值可以商定，一般在 80%~90%）计量收费。

由于城市污水的水质不断发生变化，特别是北方的冬夏季，水质会出现明显的差异，有时甚至达 1 倍以上。为此，建议进行必要的统计分析，然后按照一定的保证率进行选取，较为安全可靠。水质的测算和核实可按以下方法进行。

首先，对城镇污水的水量、水质（主要污染物）进行监测；其次，对水质数据进行统计和排序；最后，按照一定保证率要求，利用水质回归公式计算得出主要污染物含量，以此作为主要污染物排放浓度的依据。

下面以陕西省某县城为例确定污水水质的计量方法。

首先获取该县城污水中主要污染物排放数据，表 9-1 为该县城污水总排水量及主要污染物指标年内的监测数据（资料引自西安清源环保工程公司《L 县城镇污水处理厂技术改造方案》2010 年）。

表 9-1　陕西省某城镇污水主要污染物指标年内变化统计

月份	水量	COD	氨氮	月份	水量	COD	氨氮
1	155	620	29	3	155	630	34
2	160	670	28	4	165	600	33

续表

月份	水量	COD	氨氮	月份	水量	COD	氨氮
5	167	580	34	9	180	370	34
6	175	480	33	10	176	420	33
7	187	380	36	11	168	450	29
8	197	350	35	12	160	560	30

注：水量单位为米³/小时，为月平均值；污染物单位为毫克/升，为月平均值

其次，对表中的数据进行排序并进行必要的统计计算，得到表 9-2 的统计数据排序情况与图 9-5 和图 9-6 的回归曲线。

表 9-2　COD 和氨氮的排序情况

序号 指标	1	2	3	4	5	6	7	8	9	10	11	12
COD	350	370	380	420	450	480	560	580	600	620	630	670
氨氮	56	58	59	60	65	65	65	67	67	68	70	71

注：污染物单位为毫克/升，为月平均值

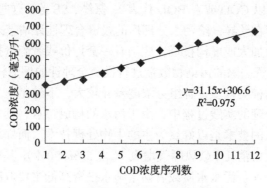

图 9-5　城镇污水 COD 年变化趋势

最后，按照一定的保证率，根据回归方程得到主要污染物选取值。

例如，该城镇污水处理厂的污水水质在 75%保证率下的 COD 和氨氮值分别为 587 毫克/升和 67.5 毫克/升，取整之后可以选择 600 毫克/升和 68 毫克/升。这样的设计参数相对而言，既经济，又有 75%的安全性，也能充分利用生物处理系统的潜力。这样就可以避免因为水质波动，水务公司借机降低处理水量而导致纠纷。

2. 关于投资的估算方法

我国污水处理厂和再生水厂的吨水投资基本上有一个经验数据范围，如污水处理规模换算成日处理量，则吨水投资在 1 500~2 500 元（包括污水处理厂内部设

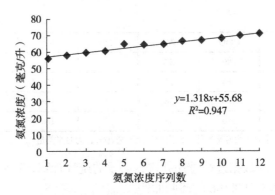

图 9-6　城镇污水氨氮变化趋势

施，不包括管网建设）。其差异主要取决于污水处理厂的规模（水量）、技术选取、原水水质及污水处理厂出水的水质要求。日处理水量越小吨水投资越大，水质越复杂、污染物浓度越高投资越大，出水水质要求越高投资越大。

　　根据污水处理厂的投资经验数据估计，虽然简单，却比较粗糙。这其中最困难的问题是水质的复杂程度及其估计。因为城市污水处理一般主要去除的污染物有耗氧污染物质（以 COD 或者 BOD 代表）、氨氮、SS 等。这些污染物性质不同，去除的难易程度存在差异，给污水处理厂的投资合理性评估带来了困难。

　　为了避免人为加大或虚构投资，应当有一套评价或者衡量投资效益及合理性的尺度，以单位投资去除的污染物数量进行投资合理性的评估较为合理。问题是：由于污水中污染物种类繁多，各组分浓度差异较大，不易比较。

　　在城市污水处理的实践过程中，由于污水的构成特点，其主要去除对象是耗氧污染物。所采取的技术是以好氧为主的生物处理技术。而好氧生物处理技术的处理成本主要是电力消耗（鼓风曝气增氧）（占 50%~70%），其次是人工工资和药剂费用等。因此，评价污水水质或者衡量吨水投资高低主要取决于耗氧污染物的多少，因去除单位不同耗氧污染物的氧消耗量不同。

　　为了方便比较，本书提出"污水耗氧污染物当量浓度"和"去除耗氧污染物总当量值"的概念和计算方法。

　　污水耗氧污染物当量浓度定义为：将污水中拟去除的主要耗氧物质（COD 和氨氮等），按照其单位污染物的耗氧量进行叠加，即为该污水主要耗氧污染物的当量浓度。理论计算证明：去除单位氨氮相当去除 2.304 个单位的 COD 量。

　　污水耗氧污染物当量浓度＝污水 COD 浓度值＋2.304×污水氨氮浓度

　　使用污水主要耗氧污染物的当量浓度可以计算污水去除耗氧污染物的总当量值。

　　污水去除耗氧污染物总当量值的计算方法如下：

　　去除耗氧污染物总当量=［（COD 原始浓度–COD 出水浓度）+2.304（氨氮原

始浓度−氨氮出水浓度）]×污水量 Q

城市污水处理主要去除对象是耗氧污染物，主要指标是 COD（BOD）、氨氮和悬浮物。事实上，单位脱氮的过程包括硝化和反硝化两个过程，前者耗氧，后者在不耗氧的情况下也可以去除耗氧污染物。氨氮对氧的消耗虽然远远大于单位 COD 对氧的消耗，但是反硝化段又在不耗氧的情况下去除了有机物。有脱氮技术的污水处理方案，可以用耗氧污染物当量进行投资或工程效益评估。

这样就得到污水处理投资比较的方法，即投资的合理性以去除单位污染物的投资大小作为衡量标准。凡去除单位耗氧污染物的投资越小的方案为优选方案，相对合理。

悬浮物的去除一般采取重力沉降或者加药剂混凝沉淀。而城市污水的悬浮物必须事先去除，作为污水处理的预处理环节，沉淀是必不可少的。因此一般城市污水的悬浮物数量差异不影响污水处理的成本。故可以省略不予考虑。

3. 关于 BOT 模式的污水处理全成本计算方法

BOT 模式的全成本是指，在 BOT 模式的污水处理或者再生水生产中，除了污水处理直接费用之外，还包括投资收回和特许经营期内的合理回报折算成吨水水价及设备折旧等内容。

BOT 模式的污水处理及再生水生产的合理收费，既关乎污水处理基础设施采取 BOT 方式能否成功，也关乎千家万户的支付意愿和社会安定团结问题。因此，科学合理地确定污水处理收费标准意义深远，影响巨大。所以污水处理和再生水生产的成本可按相应的价格原则进行计算。

1）价格原则

根据国家的有关规定，污水处理及再生水生产成本应遵循以下原则。

（1）作为具有一定公益事业内涵的再生水生产应符合保本微利原则。

（2）按照污水处理再生回用市场化运作的要求，运营企业必须保证成本消化、投资收回，并有合理回报。按照成本核算的基本原则，成本应包括设备更新。

（3）在 BOT 方式特许经营期满之后，必须移交甲方一个设备全值的污水处理和再生水厂。

2）污水处理与再生水生产定价方法

污水处理（再生水生产）价格 [式（9-10）] 应包含直接运行成本、特许经营期内投资收回的吨水折算成本、特许经营期内合理回报的吨水折算成本、其他必须计入的费用以及折旧费用等五项，即

$$污水处理或再生水生产成本（价格）= C_1 + C_2 + C_3 + C_4 + C_5 \quad （9-10）$$

其中，C_1 表示直接运行成本（元/米^3）；C_2 表示特许经营期内投资收回的吨水折算成本（元/米^3）；C_3 表示特许经营期内合理回报的吨水折算成本（元/米^3）；C_4

表示其他必须计入的费用（元/米^3）；C_5表示折旧费用（元/米^3）。

（1）直接运行成本C_1的核算。

再生水直接运行成本包括动力费、药剂费、人工费和税费之和。各地的运行实践证明，污水处理厂的直接运行费基本上维持在一个稳定且大体一致、基本合理的水平上。其主要差异在于电价和人员工资。而电耗是最主要的直接运行成本的构成要素。但是电耗数量有国家的核算定额控制，差价主要体现在人员工资上。若吨水电耗相差太大，则视为技术不合理。因此，这部分不容易做假。直接运行成本核算见式（9-11）。

$$C_1 = C_{11} + C_{12} + C_{13} \qquad (9-11)$$

其中，C_{11}表示吨水综合能耗折算成本（元/米^3）；C_{12}表示吨水药剂综合消耗折算成本（元/米^3）；C_{13}表示吨水人工折算成本（元/米^3）。

其中，

$$C_{11} = (E_{11} \times P_{11})/Q \qquad (9-12)$$

其中，E_{11}表示年耗电总量（千瓦时）；P_{11}表示单位电价（元/千瓦时）；Q表示年处理水量（立方米）。

$$C_{12} = (E_{12} \times P_{12})/Q \qquad (9-13)$$

其中，E_{11}表示年药剂消耗总量（吨）；P_{12}表示单位药剂价格（元/吨）；Q表示年处理水量（立方米）。

$$C_{13} = E_{13}/Q \qquad (9-14)$$

其中，E_{13}表示年人工工资总额（元）；Q表示年处理水量（立方米）。

（2）投资收回的吨水折算成本C_2的核定。

投资收回的吨水折算成本C_2的核定可采用式（9-15）表示：

$$C_2 = (I/Q)/T \qquad (9-15)$$

其中，C_2表示投资回收的吨水折算成本（元/米^3）；I表示污水处理厂的总投资（万元）；Q表示设计的日处理水量，米^3/日；T表示特许经营时间（日）。

显而易见，这部分成本与投资关系密切。

（3）合理回报的吨水折算成本C_3的核定。

任何投资都必须有回报。由于污水处理具有公益性质，且回报稳定。因此国家规定其年回报率略高于银行利率通常限定在 8%左右，一般不超过 10%（与当时的银行利率有关，回报率应稍高于银行利率）。其计算如式（9-16）所示。

$$C_3 = 投资总额 \times 年回报率 / 年处理水量 \qquad (9-16)$$

（4）其他必须计入的费用C_4。

这一部分包括税收、大修、日常维护等未计入的管理费用。一般可以按照设备投资额的 10%计算。

（5）折旧费用 C_5。

折旧费用包括设备与土建两部分。设备折旧率一般按照 10 年计；土建折旧率可以按照 50 年计。这样就得到折旧的吨水换算成本如式（9-17）所示。

$$C_c = Cc1 + Cc2 \qquad\qquad (9\text{-}17)$$

其中，$Cc1$ 表示设备投资吨水折旧成本（元/米^3）；$Cc2$ 表示土建投资吨水折旧成本（元/米^3）。$Cc1$＝（设备投资/折旧年限）/365）/日处理水量；$Cc2$＝（土建投资/折旧年限）/365）/日处理水量。

$$投资＝设备投资+土建投资+其他费用$$

折旧虽然计入成本核算。但是在 BOT 模式中并不能作为特许经营者的收入。因为这是运行期设备更新或者移交时设备完好的保证。

4. 关于移交时的设备价值核定

按照 BOT 模式，特许经营期满之后，污水处理厂需要移交甲方。在以往的 BOT 模式及其合同中，关于移交的条件非常笼统，特别是关于设备的完好率及其价值没有明确说明。

本书的研究认为，按照我国关于金属设备及构件的折旧率规定，其一般折旧期为 10 年左右。因此，污水处理厂的金属设备及构件在特许经营期内有可能更新不至一次。为了公平合理，在建设方特许经营期满之后，移交的污水处理厂应当是一个具有"功能全值"的污水处理厂。所谓"功能全值"是指，在特许经营期内，按照设备折旧费折算到吨水成本中，但是这部分成本费用只能用于设备及土建的维护和更新。当移交时，折旧款连同设备和土建的残值应当等于最初的全值，一并移交，相当移交一个全新的污水处理厂。

因此，折旧成本虽然必须计入成本逐日收取，但是并不能作为经营者的收入。而且要作为移交时设备全新的保证，即其值与污水处理厂设备、构筑物等的残值之和应等于污水处理厂当初的价值。这就是 BOT 模式的全部要义。

5. 应用案例分析

本章以 JB 城镇污水处理厂投标方案评估说明 BOT 模式存在的问题，并进行相应的对策应用分析。

1）基本情况简介

JB 县人口约 5 万人。自来水日供水量约 12 000 立方米。污水处理厂拟采取 BOT 方式，两家公司（SD 公司和 WP 公司）分别提出两个方案。

SD 公司的方案是：以 BOT 模式建设运营，特许经营期 25 年。污水处理厂用地由政府无偿提供，污水处理厂规模均为日处理污水 1 万立方米，其中 0.5 万立方米做深度处理供给工业使用，污水处理出水的水质要求分别是：污水处理厂二级处理出水达到国家城镇污水处理厂污染物排放一级 B 标准。深度处理出水达到国家城镇污水处理厂污染物排放一级 A 标准，其中表 9-3 为 SD 公司设计的进出水水量水质。

表 9-3　SD 公司设计进出水水量水质

项目	水量/ （米³/日）	COD/ （毫克/升）	氨氮/ （毫克/升）	总磷/ （毫克/升）	BOD₅/ （毫克/升）	SS/ （毫克/升）	备注
进水 1	10 000	600	75	5	250	220	污水处理
出水 1		60	8	1	20	30	满足一级 B
进水 2	5 000	60	8	1	20	30	深度处理
出水 2		50	5	0.5	10	30	满足一级 A

　　WP 公司的方案是：以 BOT 模式建设运营，特许经营期 25 年。污水处理厂用地由政府无偿提供，污水处理厂规模均为日处理污水 1 万立方米，污水处理厂二级处理出水达到国家城镇污水处理厂污染物排放一级 B 标准。0.5 万立方米做深度处理供给城市杂用（浇灌），深度处理出水除氨氮指标之外，其他指标达到国家城镇污水处理厂污染物排放一级 A 标准，表 9-4 为 WP 公司设计的进出水水量水质。表 9-5 为 SD 和 WP 公司申报的投资与处理费用一览表。

表 9-4　WP 公司设计进出水水量水质

项目	水量/ （米³/日）	COD/ （毫克/升）	氨氮/ （毫克/升）	总磷/ （毫克/升）	BOD₅/ （毫克/升）	SS/ （毫克/升）	备注
进水 1	10 000	600	75	5	250	220	污水处理
出水 1		60	15	1	20	30	满足一级 B
进水 2	5 000	60	15	1	20	30	深度处理
出水 2		50	15	0.5	10	30	满足一级 A

表 9-5　SD 和 WP 公司申报的投资与处理费用一览表

项目	SD 公司技术	WP 公司技术	备注
技术 1	A/A/O	A/A/O+BAF（生物曝气滤池）	污水处理达一级 B
技术 2	微混凝+沉淀+V 型过滤+消毒	预处理+转盘微滤+消毒	再生水深度处理
污水处理 1	1 800 万元	1 700 万元	污水处理达一级 B
深度处理 2	550 万元	450 万元	再生水深度处理
投资合计	2 350 万元	2 150 万元	
处理费 1	0.75 元	0.70 元	污水处理达一级 B
处理费 2	0.25 元	0.20 元	再生水深度处理
合计	1.00 元	0.90 元	

　　注：①A²/O 技术+BAF（生物曝气滤池）（二期污水处理技术）；②预处理+CMF（连续膜过滤）（再生水深度处理技术）

2）方案评价

（1）水量水质设计参数核算。

设该城镇的总供水量约为 12 000 立方米，城镇的污水收集管网实现了全覆盖。按照本书的研究提出的水量核准方式进行计算：

设计水量

$$Q=12\ 000×0.9×100\%×（1-0.1）=9\ 720\ 米^3/日$$

设计水量为日处理 10 000 立方米，总体合理。

由于没有水质监测统计资料，略去水质核算。

（2）投资核算与比较。

首先计算两家方案的耗氧污染物的当量去除量。

第一，耗氧物去除的总当量① = （600-60）×10 000+（60-50）×5 000+[（75-8）×10 000+（8-5）×5 000]×2.304=7.03 吨/日。

第二，耗氧物去除的总当量② = （600-60）×10 000+（60-50）×5 000+（（75-15）×10 000）×2.304=6.83 吨/日。

其中，耗氧物去除的总当量①代表 SD 公司方案中的耗氧物质当量数；耗氧物去除的总当量②代表 WP 公司方案中的耗氧物质当量数。

计算结果表明，SD 公司方案的日处理耗氧污染物当量约合 7.0 吨；WP 公司方案的日处理耗氧污染物当量约合 6.8 吨。

SD 和 WP 公司投资效果计算结果比较如表 9-6 所示。

表 9-6　SD 和 WP 公司投资效果核算比较

项目	总投资/万元	处理水量/ 万吨	吨水投资/ （元/吨）	去除单位污染物投资/ （元/吨）	备注
SD 公司	2 350	1.5	1 566.7	334.4	
WP 公司	2 150	1.5	1 433.3	305.9	
比较	200	0	133.4	28.5	

按照吨耗氧污染物的投资及成本比较，可见，如果按照吨水投资比较，SD 公司比 WP 公司吨水高出 133.4 元；如果按照单位耗氧污染物去除相比较，则 SD 公司比 WP 公司的吨耗氧污染物高出 28.5 元，每千克约高出 0.028 元；评估认为：尽管两家再生水的源头不同，但两家的方案从投资效益上讲，基本近似，差别不大。与国内同等级别的污水处理厂及再生水厂相比，单位投资的污染物去除量处于中等偏上水平。

（3）吨水处理收费的核算。

政府期望的污水处理及再生水的吨水综合费用控制在 1.50 元之内。因为政府拟出售的再生水价格初步定为 3 元（当地自来水价格为 3.5 元）。政府希望通过再生水的销售获得回报并用以支付污水处理与再生水的处理费用。SD 公司和 WP 公司给出的吨水综合报价分别为 1.50 元和 1.20 元。表 9-7 为 SD 和 WP 公司吨水处理成本核算比较情况。核算结果表明：两家的综合成本应当在 1.10 元左右。报价均偏高，SD 公司的报价偏高约 35%。建议给出成本核算细目。

表 9-7　SD 和 WP 公司吨水处理成本核算比较情况

项目	SD 公司	WP 公司	备注
综合能耗/千瓦时	0.41	0.45	电费 0.65 元/千瓦时
人工工资/（元/月）	2 000	2 000	
职工人数/人	10	12	
药剂费/（元/吨水）	0.08	0.10	
直接运行费/（元/吨水）	0.39	0.45	
投资收回/（元/吨水）	0.17	0.16	
回报/（元/吨水）	0.43	0.39	10%
合计/（元/吨水）	0.99	1.00	
其他费用/（元/吨水）	0.10	0.10	按照总费用 10%计算
综合成本/（元/吨水）	1.09	1.10	相当收费价格

参 考 文 献

[1] 姚兴柱，夏建国. 四川丘陵区水资源评价与利用研究[J]. 中国农学通报，2005，21（5）：386-389.

[2] 马韬. 基于 LabVIEW 的反渗透海水淡化仿真系统的设计与实现[D]. 南京理工大学硕士学位论文，2010.

[3] 卫蓉. 水资源约束下的产业结构优化研究[D]. 北京交通大学硕士学位论文，2008.

[4] UNDP. Human Development Report[R]. 2001.

[5] 王效琴. 城市水资源可持续开发利用研究[D]. 南开大学博士学位论文，2007.

[6] 陈志凯，王浩，汪党献. 西北地区水资源配置生态环境建设和可持续发展战略研究：水资源卷[M]. 北京：科学出版社，2004.

[7] 钱易，汤鸿霄. 西北地区水资源配置生态环境建设和可持续发展战略研究：水污染防治卷[M]. 北京：科学出版社，2004.

[8] 胡洪营，吴乾元，黄晶晶，等. 国家"水专项"研究课题——城市污水再生利用面临的重要科学问题与技术需求[J]. 建设科技，2011，（3）：33-35.

[9] 郑兴灿.《城市污水再生利用技术政策》要点解读[J]. 市政水务，2006，13：48-49.

[10] 西安市水务局. 西安市城市再生水合理利用技术研究与示范[R]. 西安：西安市水务局，2009.

[11] 周彤. 我国污水回用历程与展望[C]. 21世纪国际城市污水处理及资源化发展战略研讨会与展览会会议论文，北京，2001.

[12] 邬扬善，屈燕. 北京市中水设施的成本效益分析[J]. 给水排水，1996，22（4）：31-33.

[13] 张雅君，庞维海. 建筑中水系统的优化选择[J]. 北京建筑工程学院学报，2003，19（2）：6-12.

[14] 张杰，张富国. 提高城市污水再生水水质的研究[J]. 中国给水排水，1997，（3）：19-21.

[15] 付春平，唐运平，陈锡剑，等. 3 种植物对泰达高盐再生水景观河道水质的净化[J]. 重庆大学学报：自然科学版，2006，29：118-120.

[16] 师荣光，王德荣，赵玉杰，等. 城市再生水用于农田灌溉的水质控制指标[J]. 中国给水排水，2006，22：100-104.

[17] 高橋達，椎野渡，鳥養正和，等. 住宅の雨水・排水再生水活用システムの実測とエクセルギー解析[J]. 日本建築学会環境系論文集，2008，73：39-45.

[18] 椎野渡，鳥養正和，布施安隆，等. 41300 住宅の雨水・排水再生水活用システムに関する実測とエクセルギー解析：その 1. 連続監視と実測情報開示後の手入れによる水質改善（雨水・排水の活用とエクセルギー，環境工学 II）[J]. 学術講演梗概集. D-2，環境工学 II，熱，湿気，温熱感，自然エネルギー，気流・換気・排煙，数値流体，空気清浄，暖冷房・空調，熱源設備，設備応用，2007：605-606.

[19] 仲村元，鋼鉄幸博，荒川浩成. 日本初，再生水利用による大規模かんがい計画について——国営土地改良事業地区調査「島尻地区」の概要[J]. 水と土，2009，（156）：74-82.

[20] 王晓玲，吕伟娅，梁磊，等. 日本再生水回用发展现状及研究分析[J]. 西南给排水，2012，（2）：29-32.

[21] 陈卫平. 美国加州再生水利用经验剖析及对我国的启示[J]. 环境工程学报，2011，5（5）：961-966.

[22] 马志超，金克林，马宗仁，等. 我国高尔夫球场再生水灌溉现状分析[J]. 节水灌溉，2010，（2）：30-33.

[23] 李健，李富元. 美国和新加坡采用膜技术实现污水再生回用的技术水平与发展动态[J]. 给水排水技术动态，2004，（2）：42-43.

[24] 郭清斌，陈永，关兴旺，等. 城市污水再生利用于农业灌溉的经济性分析[C]. 2006年全国给水排水技术信息网年会，2006.

[25] 杨扬，胡洪营，陆韵，等. 再生水补充饮用水的水质要求及处理工艺发展趋势[J]. 给水排水，2012，38（10）：119-122.

[26] 傅涛，郑兴灿，陈吉宁. 再生水的战略思考与定位[J]. 中国给水排水，2007，23：42-46..

[27] Arabatzis S，Manos B. An integrated system for water resources monitoring，economic evaluation and management[J]. Operational Research，2005，5（1）：193-208.

[28] Wada Y，Gleeson T，Esnault L. Wedge approach to water stress[J]. Natere Geoscience，2014，7：617.

[29] 黄廷林，李梅，王晓昌. 再生水资源价值理论与价值模型的建立[J]. 中国给水排水，2002，12：22-24.

[30] 汪妮，方正，解建仓. 改进的熵权法在再生水资源价值评价中的应用[J]. 西安理工大学学报，2012，4：416-420.

[31] 熊家晴，华莉芳，王巧，等. 再生水生命周期综合价值模型与计算[J]. 建筑科学，2008，10：95-99.

[32] 张俊杰，曾思育，陈吉宁. 再生水与长距调水的费用—效果比较[J]. 中国给水排水，2004，11：22-24.

[33] 胡毓瑾. 城市再生水资源利用项目的技术经济综合评价研究[D]. 西安建筑科技大学硕士学位论文，2004.

[34] 吴珊，孙丽萍，唐世文. 膜法再生水项目费用效益综合评价体系探讨[J]. 环境科学与管理，2009，3：115-117，176.

[35] 范育鹏，陈卫平. 北京市再生水利用生态环境效益评估[J]. 环境科学，2014，10：4003-4008.

[36] 余化龙. 房山区再生水在水资源优化配置中作用的探讨[J]. 西南给排水，2014，2：47-51.

[37] 杨林林，杨培岭，任树梅. 再生水回用在可持续发展中的作用[C]. 北京市科学技术协会，北京水利局. 2003年北京"水与奥运"学术研讨会论文集，2005.

[38] 吕立宏. 再生水利用经济效益和社会效益分析[J]. 科技创新导报，2011，11：135.

[39] 宋兰合. 城镇供水水质监测预警系统建设实践[J]. 中国给水排水，2014，30（18）：15-17.

[40] 郑兴灿，李激，孙永利，等. 无锡芦村污水处理厂一级A达标难度分析与对策措施探讨[C]. 全国城镇污水处理厂除磷脱氮及深度处理技术交流大会，2010.

[41] 周彤. 污水回用是解决城市缺水的有效途径[J]. 给水排水，2001，27：1-6.

[42] 张昱，刘超，杨敏. 日本城市污水再生利用方面的经验分析[J]. 环境工程学报，2011，5（6）：1221-1226.

[43] Metcalf & Eddy AECOM. Water Reuse Issues，Technologies，and Applications[M]. 北京：清

华大学出版社，2011.

[44] Pindyck R，Rubinfeld D L. Microeconomics[M]. 5th ed. Upper Saddle River：Prentice Hall，2001.

[45] 何承耕，林忠. 自然资源定价主要理论模型探析[J]. 福建地理，2002，17（3）：1-5.

[46] 赵然杭. 济南市城市水价模型研究[D]. 山东大学硕士学位论文，2002.

[47] 章铮. 边际机会成本定价——自然资源定价的理论框架[J]. 自然资源学报，1996，11（2）：107-112.

[48] 姜文来. 水资源价值模型研究[J]. 资源科学，1998，（1）：35-43.

[49] 丁科亮. 浙江省可持续发展的城市水价研究[D]. 浙江工业大学硕士学位论文，2002.

[50] 姜文来，武霞. 水资源价值模型评价研究[J]. 地球科学进展，1998，13（2）：178-183.

[51] 张铆，张世英. 中水价格的构成机器实践意义[J]. 价格理论与实践，2003，5：26-27.

[52] 李明，金宇澄. 再生水价格形成机制[J]. 河北建筑科技学院学报，2005，22（2）：90-92.

[53] 程志宏. 城市水价模型及其应用[D]. 合肥工业大学硕士学位论文，2005.

[54] 孙震宇. 苏子河流域水资源价值分析[D]. 吉林大学硕士学位论文，2009.

[55] 刘晓君，丁超. 再生水定价模型构建及应用——以西安市为例[J].价格理论与实践，2012，2：26-27.

[56] 段涛. 城市污水资源化中再生水的定价理论与方法研究[D]. 西安建筑科技大学硕士学位论文，2005.

[57] 段涛，刘晓君. 城市再生水项目的特许经营权拍卖机制设计及水价研究[J]. 水利经济，2006，24：49-51.

[58] 马东春，汪元元. BOT 模式建设中水厂的中水价格分析对比研究[J]. 水利经济，2008，26：31-33.

[59] 余海静，王献丽. 中水水价模型建立及应用研究[J]. 安徽农业科学，2010，38（33）：18938-18941.

[60] 周妍. 水资源定价研究[D]. 天津大学博士学位论文，2007.

[61] 俞海宁. 城市供水价格理论研究与实践分析[D]. 同济大学硕士学位论文，2006.

[62] 褚俊英，陈吉宁，王灿，等. 城市公共用水的节水和污水再生利用潜力分析[J]. 给水排水，2007，33：49-55.

[63] 张俊杰，张悦，陈吉宁，等. 居民对再生水的支付意愿及其影响因素[J]. 中国给水排水，2003，19：96-98.

[64] Thomas J F，Syme G J. Estimating residential price elasticity of demand for water：a contingent valuation approach[J]. Water Resources Research，1988，24（11）：1847-1857.

[65] Yong R A. Determing the Economic Value of Water：Concepts and Methods[M]. WashingtonD.C.：Resourcesfor the Future Presss，2005.

[66] Mills R A，Asano T. Wastewater Reclamantion and Reuse[M]. Water Quality Management Library，10，CRC Press，Boca Raton，FL.，1998.

[67] Ocanas G，Mays L W. A model for water reuse planning[J]. Water Resource Research，1981，17（1）：5-32.

[68] 徐志嫱，黄廷林. 污水采用集中或分散处理再生回用的经济比较[J]. 中国给水排水，2007，23（6）：79-83.

[69] 李纯，孙艳艳，申红艳，等.国外再生水回用政策及对我国的启示研究[J].环境科学与技术，

2010, 33 (12F): 626-627.

[70] 斯奈尔 L. 项目经济分析[M]. 孙礼盟等译. 北京: 清华大学出版社, 1985.

[71] 塞尼 M M. 把人放在首位[M]. 王朝纲, 张小利译. 北京: 中国计划出版社, 1998.

[72] Dubourg W R. Estimating the mortality costs of lead emissions in England and Wales[J]. Energy Policy, 1996, 24 (96): 621-625.

[73] Quah E, Boon T L. The economic cost of particulate air pollution on health in Singapore[J]. Journal of Asian Economics, 2003, 14 (1): 73-90.

[74] Cowell D, Apsimon H. Estimating the cost of damage to buildings by acidifying atmospheric pollution in Europe[J]. Atmospheric Environment, 1996, 30 (1): 2959-2968.

[75] 张殷俊. 城市环境质量综合评价研究综述[C]. 2012 中国环境科学学会学术年会论文集 (第四卷), 2012.

[76] 徐冉, 迟成龙, 陈书怡. 污水处理工艺的技术经济综合评价方法[J]. 同济大学学报: 自然科学版, 2013, 41: 869-874.

[77] 刘明辉, 樊子君. 日本环境会计研究[J]. 会计研究, 2002: 58-62.

[78] 纪丹凤, 夏训峰, 刘骏, 等. 北京市生活垃圾处理的环境影响评价[J]. 环境工程学报, 2011, 5: 2101-2107.

[79] 杨建军, 董小林, 张振文. 城市大气环境治理成本核算及其总量、结构分析——以西安市为例[J]. 环境污染与防治, 2014, 36.

[80] 徐福海, 李存弟, 齐爱玲. 关于水资源开发项目的环境评价及战略环境评价[J]. 北方环境, 2011, 23: 92-93.

[81] 傅家骥. 对技术经济学研究对象和理论基础的探讨[J]. 数量经济技术经济研究, 1987, (1): 79-82.

[82] 花拥军, 雍少宏, 张志恒. 项目社会评价研究概述[J]. 商业时代, 2006, (1): 32-33.

[83] 吴宗法, 王浣尘. 投资项目社会评价及其应用[J]. 上海交通大学学报 (哲学社会科学版), 2003, 11: 57-60.

[84] 李燕. 城市轨道交通项目综合评价体系与方法研究[D]. 山东大学硕士学位论文, 2010.

[85] 张义庭. 基于环境成本的项目综合评价研究[J]. 情报杂志, 2011, 30: 95-98.

[86] 许丽. 陕西省环境保护投资项目综合评价方法研究[D]. 西安理工大学硕士学位论文, 2006.

[87] Lokiec F, Kronenberg G. South Israel 100 million m3/y seawater desalinationfacility: build, operate and transfer (BOT) project[J]. Desalination, 2003, 156 (1~3): 29-37.

[88] Ho S P. Real Options and Game Theoretic Valuation, Financing and Tendering for Investments on Build-Operate-Transfer Projects[D]. PhD. Thesis, University of Illinois at Urbana-Champaign, 2001.

[89] 毛学明. 对污水处理 BOT 项目投资风险的研究[J]. 中华民居, 2011 (7): 1102-1103.

[90] 俞波, 余建星. 投资项目决策中的财务风险分析-以污水处理 BOT 项目为例[J]. 福建农林大学学报 (哲学社会科学版), 2005, 8 (2): 41-45.

[91] 侯延辉, 简放陵. 城市污水处理 BOT 投资项目成本计算方法探讨[J]. 市场周刊·理论研究, 2011 (2): 58-60.

[92] 蹇兴超, 金世峰. 城市污水处理厂建设和运营的服务费计算方法 [J]. 环境保护, 2003, (3): 62-64.

[93] Hartling E C. Laymanization, an engineer's guide to public relations[J]. Water Environment

Technology，2001，13（4）：45-48.

[94] Marks J，Cromar N，Fallowfield H，et al. Community Experience and Perceptions of Water Reuses[J]. Water Science Technology，2003，3（3）：9-16.

[95]] 张衍广，林振山，陈玲玲. 山东省水资源承载力的动力学预测[J]. 自然资源学报，2007，4：596-605.

[96] 何小赛，杨玉岭，戴良松. 区域水资源承载力研究综述[J]. 水利发展研究，2015，2：42-45，73.

[97] 梅双纬. 多目标算法分析研究水资源承载力[D]. 河海大学硕士学位论文，2007.

[98] 刘昌明，王红瑞. 浅析水资源与人口、经济和社会环境的关系[J]. 自然资源学报，2003，5：635-644.

[99] 卫蓉. 水资源约束下的产业结构优化研究[D]. 北京交通大学硕士学位论文，2008.

[100] 程莉，汪德爟. 苏州市水资源承载力研究[J]. 水文，2010，1：47-50，55.

[101] 阿琼. 基于 SD 模型的天津市水资源承载力研究[D]. 天津大学硕士学位论文，2008.

[102] 丁超. 刘晓君. 支撑西北干旱地区经济可持续发展的水资源承载力评价与模拟研究[D]. 西安建筑科技大学博士学位论文，2013.

[103] 王银平. 天津市水资源系统动力学模型的研究[D]. 天津大学硕士学位论文，2007.

[104] 姜秋香. 三江平原水土资源承载力评价及其可持续利用动态仿真研究[D].东北农业大学博士学位论文，2011.

[105] 叶龙浩，周丰，郭怀成，等. 基于水环境承载力的沁河流域系统优化调控[J]. 地理研究，2013，6：1007-1016.

[106] 童玉芬. 北京市水资源人口承载力的动态模拟与分析[J]. 中国人口.资源与环境，2010，9：42-47.

[107] 杨开宇. 运用系统动力学分析我国城镇化对水资源供需平衡的影响[J]. 财政研究，2013，6：10-13.

[108] 宋健峰，吴艳，郑垂勇.再生水资源供需循环系统模型分析[J]. 干旱区资源与环境，2011，2：112-117

[109] 樊楠. 西安城市公共环境休息设施研究[D]. 长安大学硕士学位论文，2011.

[110] 麻建丽. 西安市城市供水管网工程扩大供水区域研究[D]. 长安大学硕士学位论文，2007.

[111] 罗永席，杜安宇. 基于环境承载力浅谈北京中心城区不适宜再新建企业总部聚集区[J]. 环境保护，2014，5：38-40.

[112] 康曲. 西安市分散式中水利用的可行性研究及工程实例分析[D]. 长安大学硕士学位论文，2010.

[113] 苏继文. 对于构建"大西安"过程中的环境保护法治研究[D]. 西安建筑科技大学硕士学位论文，2012.

[114] 郭毅，王彩芹，龚洁. 西安市再生水利用存在问题及预测分析研究[J]. 环境科学与管理，2013，5：79-82.

[115] 司渭滨. 中国北方城市污水再生利用系统建设管理模式研究[D]. 西安建筑科技大学博士学位论文，2013.

[116] 陈荣. 西安市房地产开发中的污水再生利用研究[D]. 西安建筑科技大学硕士学位论文，2008.

[117] 西安规划局. 《西安城市总体规划（2008 年—2020 年）》概要[J]. 建筑与文化，2008，7：

9-17.

[118] 于京玄. 未来五至十年实现"八水润西安"[N]. 西安日报，2011-12-13，002.

[119] 李如旦. 实施八水润西安共建美丽大西安[N]. 西安日报，2013-05-09，002.

[120] 张振文，沈炳岗，李英杰，等. 国家科技重大专项《渭河水污染防治专项技术研究与示范》（2009ZX07212-002-003）课题阶段报告[R]. 陕西西安，2012.

[121] 陕西省环境科学研究院. 西安浐灞生态区创建生态区技术报告[R]. 西安浐灞生态区，2010.

[122] 西安理工大学. 西安浐灞生态区水生态系统保护与修复试点工作技术报告[R]. 西安浐灞生态区，2012.

[123] 国务院办公厅. 2012. "十二五"全国城镇污水处理及再生利用设施建设规划[Z]. 2010-04-19.

[124] 张堃，秦汉军，孔伟，等. 分散式污水处理系统研究进展[J]. 环境卫生工程，2014，5：8-9，12.

[125] 国家质量监督检验检疫总局，中国国家标准化管理委员会.城镇污水处理厂污染物排放标准[S]. 北京：中国标准出版社，2002.

[126] Zhang B，YamamotoK. Seasonal change of microbial population and activities in a buiding wastewater reuse system using a membrane separation activated sludge process[J]. WatSci Tech，1991，34（5~6）：295-302.

[127] 曹相生. 污水深度处理中的生物强化过滤技术研究[D]. 哈尔滨工业大学博士学位论文，2003.

[128] 周彤. 污水回用决策与技术[M]. 北京：化学工业出版社，2002.

[129] 国家质量监督检验检疫总局，中国国家标准化管理委员会. 城市污水再生利用分类（GB/T 18919—2002）[S]. 北京：中国标准出版社，2002.

[130] 国家质量监督检验检疫总局，中国国家标准化管理委员会. 城市污水再生利用城市杂用水水质（GB/T 18920—2002）[S]. 北京：中国标准出版社，2002.

[131] 国家质量监督检验检疫总局，中国国家标准化管理委员会. 城市污水再生利用景观环境用水水质（GB/T 18921—2002）[S]. 北京：中国标准出版社，2002.

[132] 国家质量监督检验检疫总局，中国国家标准化管理委员会. 城市污水再生利用地下水回灌水质（GB/T 19772—2005）[S]. 北京：中国标准出版社，2005.

[133] 国家质量监督检验检疫总局，中国国家标准化管理委员会. 城市污水再生利用农田灌溉用水水质（GB/T 20922—2007）[S]. 北京：中国标准出版社，2007.

[134] 国家质量监督检验检疫总局，中国国家标准化管理委员会. 城市污水再生利用工业用水水质（GB/T 19923—2005）[S]. 北京：中国标准出版社，2005.

[135] 国家质量监督检验检疫总局，中国国家标准化管理委员会. 城市污水再生利用绿地灌溉水质（GB/T 25499—2010）[S]. 北京：中国标准出版社，2010.

[136] 刘晓君，魏莹军. 分散式污水再生水回用工程的经济性分析[J]. 环境工程学报，2014，12：5226-5230.

[137] 马志武. 对城市污水由集中处理向分散处理转变的分析[J]. 黑龙江水利科技，2005，5：9.

[138] 程璞，李多松，张雁秋. 城市小区分散型生态污水处理[J]. 能源环境保护，2004，18（6）：4-6.

[139] 于少鹏，王海霞，万忠娟，等. 人工湿地污水处理技术及其在我国发展的现状与前景[J]. 地

理科学进展，2004，23（1）：22-29.

[140] 闵毅梅. 日本净化槽技术在中国的推广前景[J]. 污染防治技术，2003，16（4）：74-75.

[141] 康缇. 日本小型合并处理净化槽的性能初探[J].贵州环保科技，2002，8（3）：26-28

[142] 赵江冰，胡龙兴. 移动床生物膜反应器技术研究现状与进展[J]. 环境科学与技术，2004，27（2）：103-106.

[143] 向连城. 中国分散型污水处理系统的现状及发展[J]. 北京建筑工程学院学报，2005，21（4）：55-58.

[144] 中华人民共和国建设部，中华人民共和国科学技术部.城市污水再生利用技术政策[R]. 2006.

[145] 范婧，周北海，张鸿涛，等. 再生水补充景观水体中藻类的生长比较[J]. 环境科学研究，2012，25（5）：573-578.

[146] WHO. Guidelines for Safe Recreational Water Environ-ments.Vol 1. Coastal and Fresh Waters[R]. Geneva：WHO，2003.

[147] Len P，Zeenman G，Lettinga G. Decentralized Sanitation and Reuse—Concept Systems and Implementation[M]. London：IWA Publishing，2001.

[148] 褚俊英，陈吉宁，邹骥，等. 城市污水处理厂的规模与效率研究[J]. 中国给水排水，2004，20（5）：35-38.

[149] 李晓琳. 水价研究的理论、模型与实践[D]. 河海大学硕士学位论文，2002.

[150] 吕荣胜，李璨. 基于环境先导的再生水资源定价研究[J]. 内蒙古农业大学学报（社会科学版），2010，（1）：66-68.

[151] 董琳. 城市居民生活用水的阶梯式计量水价研究[D]. 西安理工大学硕士学位论文，2007.

[152] 彭晓明，王红瑞，董艳艳，等. 水资源稀缺条件下的水资源价值评价模型及其应用[J].自然资源学报，2006，21（4）：670-675.

[153] 柴华奇，宋德强，罗淑娟. 基于模糊评价分析的天津市水价模型应用研究[J]. 江西农业学报，2010，22（10）：166-169.

[154] 李梅. 城市污水再生回用系统分析及模拟预测[D]. 西安建筑科技大学博士学位论文，2003.

[155] 魏兴民. 信息技术与初中数学新课程整合的课堂教学评价策略研究[D]. 西北师范大学硕士学位论文，2007.

[156] 方燕. 递增阶梯定价理论[D]. 中国社会科学院研究生院博士学位论文，2012，30-50.

[157] 陈贺，杨志峰. 基于效用函数的阶梯式自来水水价模型[J]. 资源科学，2006，（1）：109-112.

[158] 李怡，王莉芳. 二部制水价定价模式研究[J]. 武汉科技大学学报（自然科学版），2007（5）：553-336.

[159] 周小梅. 对城市自来水价格调整以及价格管制政策的分析[J]. 城市公用事业，2009，23（4）：4-7.

[160] Jayasuriya R，CreanJ，Hannah R. Economic assessment of water charges in the Lachlan Valley，2001.

[161] 田一梅，赵新华，张雅君. 城市再生水与中水系统综合规划的优化研究[J].给水排水，2001，27（5）：23-26.

[162] 司昱，李玉萍. 基于Ramsey模型的城镇水价定价方法研究[J]. 哈尔滨商业大学学报（社会科学版），2010，（4）：107-109.

[163] 方必和，何雪梅. 基于供求理论的区域水价模型[J]. 合肥工业大学学报（自然科学版），2004，27（2）：189-190.

[164] 赵辉，李江昆. 明年西安再生水用量将达每天 30 万吨[N]. 西安晚报，2014-03-21.

[165] 汤少林. 陕西西安市再生水使用期待打通管网瓶颈[N]. 中国水利报，2013-06-25.

[166] 郭军，汤少林. 推行再生水利用难在哪里[N]. 陕西日报，2013-06-20.

[167] 卢其福. 西安市水资源及污水资源合理配置研究[D]. 西安理工大学硕士学位论文，2008.

[168] 武学军. 西安市城市污水再生回用研究[D]. 西安建筑科技大学硕士学位论文，2005.

[169] 北京市城市节约用水办公室. 再生水工程实例及评析[M]. 北京：中国建筑工业出版社，2003.

[170] 马骁威. 阶梯式水价方案的定价策略研究[J]. 科学技术与工程，2008, 8(24）：6546-6549.

[171] 克拉克森 K W，米勒 R L. 产业组织：理论、证据和公共政策[M]. 化工工学院经济发展研究所译. 上海：上海三联书店，1989.

[172] 张璐琴. 再生水与自来水供水价格的合理比价关系分析[J]. 中国物价，2014,（11）：40-43.

[173] 吴艳，宋健峰，郑垂勇. 基于产品差异化的再生水需求与市场定价模型[J]. 统计与决策，2011,（14）：48-51.

[174] 宋杨. 西安市再生水推广利用体系研究[D]. 西安理工大学博士学位论文，2009.

[175] 云逸，邹志红，王惠文. 北京市用水结构与产业结构的成分数据回归分析[J]. 系统工程，2008，26（4）：67-71.

[176] 李晨洋，吕福财，李晓丹. 基于 LCC 理论的污水处理工程经济性研究[J].东北农业大学学报，2011，5（42）：140-144.

[177] 李瑞. 基于 LCC 价值分析理论的建设项目方案决策研究[D]. 长安大学硕士学位论文，2010.

[178] 孙俊. 全寿命费用分析方法在工业废水处理工程项目中的应用研究[D]. 上海交通大学硕士学位论文，2011.

[179] 耿建新，黄冰，周晶. 污水处理厂全寿命周期成本分析[J]. 财会月刊，2012，12：52-55.

[180] 武萌. 西安护城河景观水体自循环利用的研究[D]. 西安理工大学硕士学位论文，2008.

[181] 刘维，徐志嫱，张建丰，等. 污水再生利用工程运行状况评价指标体系的构建与应用[J]. 水资源与水工程学报，2011，22（6）：38-42.

[182] 高旭阔. 城市再生水资源价值评价研究[D]. 西安建筑科技大学博士学位论文，2010.

[183] 李晋. 公路建设项目环境影响经济损益分析方法研究[D]. 长安大学硕士学位论文，2010.

[184] 刘向华，马忠玉，刘子刚. 意愿调查法在环境经济评价中的应用探讨[J]. 生态经济，2005，（4）：36-38.

[185] 吕宏德. 分散式污水处理系统的特征及其应用[J]. 环境科学与管理，2009, 8(34):113-115.

[186] 张佳，姜同强. 综合评价方法的研究现状评述[J]. 管理观察，2009，（6）：154-157.

[187] 王庆永. 分散式生活污水的处理模式探讨[J]. 农村经济与科技，2009，20（4）：92-93.

[188] 原培胜. 污水处理厂处理成本分析[J]. 环境工程，2008，26（2）：55-57.

[189] 刘昌平. 房地产企业在生态环境中的角色定位及其生态价值评价[J]. 建筑经济，2010,（7）：41-44.

[190] 刘红生，李帮义. 政府激励下中小企业贷款融资利益协调机制[J]. 系统工程，2012,（12）：45-50.

[191] 况勇，廉大为，赵雪锋. 城市轨道交通 PPP 融资模式中补偿和服务水平的确定研究[J]. 中

国工程科学，2008，10：87-90.

[192] 何小锋. 资产证券化：中国的模式[M]. 北京：北京大学出版社，2002.

[193] 杨勇华. 我国居民储蓄—投资转化效率的实证分析[J]. 财经理论与实践，2006，27：55-60.

[194] 孟煜. BOT 融资模式在唐山海港开发区污水处理厂建设中的应用[D]. 西安理工大学硕士学位论文，2006.

[195] 黎波，迟巍，余秋梅. 一种新的收入差距研究的计量方法——基于分布函数的半参数化估计[J]. 数量经济技术经济研究，2007，24：119-129.

[196] 罗观树. BOT 建设经营移交业务的会计处理[J]. China's Foreign Trade，2011，(24)：70-79.